世界兽医经典著作译丛·小动物外科系列

小动物胸部手术

【西班牙】乔斯·罗德里格斯·戈麦斯（José Rodríguez Gómez）

【西班牙】玛利亚·乔斯·马丁内斯·萨纳多（María José Martínez Sañudo） 编著

【西班牙】贾米·格劳斯·莫拉莱斯（Jaime Graus Morales）

周庆国 田 超 主译

中国农业出版社

北 京

原著作者

José Rodríguez Gómez

María José Martínez Sañudo

Jaime Graus Morales

撰　稿:

María Carmen Aceña
Faculty of Veterinary Medicine
University of Zaragoza
（Zaragoza，Spain）

Víctor Ara
Clinical Veterinary Centre
of Jaca
（Huesca，Spain）

Rodolfo Bruhl-Day
School of Veterinary Medicine
St. George's University
（Grenada，West Indies）

Roberto Bussadori
Veterinary Clinic Gran Sasso
（Milan，Italy）

Jordi Cairó
Canis Veterinary Hospital
（Girona，Spain）

Jesús Calvo
Clinical Veterinary Centre
of Jaca
（Huesca，Spain）

Amaya de Torre
Faculty of Veterinary Medicine
University of Zaragoza
（Zaragoza，Spain）

Pedro Esteve
Cardiosonic
（Madrid，Spain）

Rocío Fernández
Faculty of Veterinary Medicine
University of Zaragoza
（Zaragoza，Spain）

Javier Gómez-Arrue
IACS
（Zaragoza，Spain）

Ana González
Veterinary Hospital
University of Zaragoza
（Zaragoza，Spain）

Cristina Gracia
Clinical Veterinary Centre
of Jaca（Huesca，Spain）

Alicia Laborda
Faculty of Veterinary Medicine
University of Zaragoza
（Zaragoza，Spain）

María Elena Martínez
Teaching Hospital
Faculty of Veterinary Sciences
UBA（Buenos Aires，Argentina）

Pablo Meyer
Teaching Hospital
Faculty of Veterinary Sciences
UBA（Buenos Aires，Argentina）

Silvia Repetto
Veterinary Clinic Gran Sasso
（Milan，Italy）

Carolina Serrano
Faculty of Veterinary Medicine
University of Zaragoza
（Zaragoza，Spain）

Ramón Sever
Veterinary Polyclinic Rover
（Zaragoza，Spain）

Patricio Torres
Veterinary Hospital Animal
Medical Center
（Concepción，Chile）

Amaia Unzueta
Veterinary Hospital
University of Zaragoza
（Zaragoza，Spain）

译审名单

主　译　周庆国　佛山科学技术学院
　　　　　　　　瑞派佛山先诺宠物医院
　　　　田　超　河南农业职业学院
　　　　　　　　瑞派郑州昱奕动物医院
参　译（按姓氏笔画排序）
　　　　牟维平　瑞派天津红黄蓝宠物医院
　　　　李小波　瑞派成都宠爱畜科宠物医院
　　　　杨开红　河南农业职业学院
　　　　　　　　瑞派郑州昱奕动物医院
　　　　宋火松　瑞派宠物医院镇江分院
　　　　胡炳浩　瑞派上海果果宠物医院
　　　　徐慧琳　瑞派长沙伍一宠物医院
　　　　曹　峰　瑞派沈阳我宠我爱动物医院
　　　　韩　龙　瑞派深圳皇家宠物医院
　　　　焦　淼　瑞派东莞守望者宠物医院
审　校　刘为民　佛山科学技术学院
　　　　陈睿杰　深圳卡拉宠物医院
　　　　刘传敦　瑞派福华宠物医院

序

　　无论是在个人生活还是职业生涯中，身边有好老师是很重要和必要的。好老师是那些有耐心、有经验、有智慧的人，他们能以自然流畅的方式进行教学，使学习成为很轻松自然的事情。

　　小动物外科系列丛书清晰、简明地介绍了手术操作的实用步骤和要点，使得具有一定难度的技术，对于没有外科手术天赋的兽医而言，也会变得简单易行。

　　本书对于大多数没有经验且有疑惑的兽医的手术训练很有帮助。它是解剖学、生理学、外科病理学，甚至外科"经典"基础教科书的组合，涵盖了治疗胸部疾病的各个方面：从传统手术到微创手术，从影像学诊断到细胞学诊断。

　　有了这本书，任何兽医都可以采用日常门诊常用的简单方法来处理某个胸腔问题，比如心包切除、气胸、膈疝或心包填塞，或是其他更复杂的技术操作如食管或气管修复，甚至是纠正动脉导管未闭。

　　就我个人而言，我有幸与本书的一位作者讨论了书中提到的外科手术，感觉就像站在一个被麻醉的病患旁边，分享手术过程中遇到的疑惑和困难及解决方案。

Carlos Muñoz Sevilla

Veterinary Clinic San Francisco.Castellón（Spain）

前　言

　　二十多年来，我们有机会，也有幸为外科不同领域的数百名学生和兽医的外科培训做出贡献。在此期间，我们一直在拍摄临床病例和手术过程，并标注每种手术方法的不同阶段，尽可能真实地传递我们的临床经验。

　　七年前，鉴于我们长期积累的方法和技巧，我们有了发表这些资料的想法。此后，三部关于腹部和盆腔的作品已经出版。本书描述了胸部最重要的外科手术。

　　与前几本书一样，本书的主要目的是提供另一个信息来源，除了编入解剖学、生理学和手术技术的内容外，还帮助临床兽医采取适宜的治疗方法，在面临手术时能够采用更精确、更轻松和更安全的方法获得最佳结果。

　　我们意识到，对于许多兽医来说，胸部手术是一个挑战，涉及无法自主呼吸病患的麻醉管理、小术野操作、胸腔内器官的持续运动和动物术后的护理。

　　我们希望这本书中的图片、建议和技巧有助于你为病患的胸外科手术制订良好的计划。

　　我们也希望收到你的评论和建议，以改进未来的版本。

我们再次为某些图片的质量道歉。但我们相信，在极度紧张手术中抓拍的技术瑕疵与这些照片所包含的信息相比，微不足道。

如果这本书能在某种程度上帮助你提高手术技巧，那么便实现了它的主要目标。

非常感谢你的兴趣与关注，期待你能享受你的外科手术过程！

致　谢

　　值此付梓之际，我们要感谢所有帮助完成本书出版的人。与本系列之前出版的几本书一样，这本书也有一个很长的致谢列表！有无数的人每天帮助我们，以确保我们的教学、临床和研究活动顺利进行。

　　诚挚地感谢医院的行政和服务人员、临床辅助人员、清洁和消毒人员、外科讲师和临床医师。

　　特别感谢Maria José Poeyo每天帮助我们简化工作，以及和我们一起接受专业训练的兽医，Amaya de Torre、Alicia Laborda、Carolina Serrano 和 Rocío Fernández，你们是我们的未来！

　　手术室的日常工作很辛苦，有时压力很大，萨拉戈萨大学兽医院的实习生们都知道这点，他们与我们一起工作，并出色地确保一切工作顺利进行。衷心感谢Patricia、Isabel L、María U、Isabel T、María B、Javi、Cristina、Bárbara 和 Ester，你们对学习知识的渴望会让你们走得更远。我们为你们所做的工作感到骄傲，祝你们前程似锦。同时非常感谢将临床病例委托给我们治疗的所有畜主，希望我们没有让你们失望。

　　当然，我们还要感谢所有正在阅读这本书的人，希望你会喜欢它包含的信息，希望它能帮助到你。

　　最后，我们真诚地感谢Servet出版公司的优秀团队，他们一如既往地出色完成了这项工作，且细致入微，最终使读者拥有了这本具有吸引力的书。

Dr. D. José Rodríguez Gómez
Dra. Dña. María José Martínez Sañudo
Dr. D. Jaime Graus Morales
Veterinary Hospital
Zaragoza University

如何使用本书

本书介绍了胸部（胸廓和胸腔、食管、肺、心血管系统、纵隔和气管）最常见的疾病，以及传统和新颖的外科手术方法。

与本系列的前几本书一样，本书最后一章为"常用技术"，包括对常用诊断技术（放射学、细胞学、内窥镜检查）和外科手术技术（麻醉、插管和引流、微创手术和开胸手术）的描述。

章节篇　　　　　　　　　　每一章节页上，示意图提供了该区　　　　　　　　章节的名称
域的解剖学视野

便于参考的临床病例或
外科技术索引

某些页面的方框内提供了所述疾病治疗方法的技术难度和临床常见度（1～5）

临床病例和疾病介绍

病例1. 胸部食管后段异物–食管切开术

临床常见度
技术难度

Sul 是一只4岁的雄性比特犬（图3-24）。发病前一天，主人发现其在采食垃圾桶里的剩菜和骨头。从那以后，所有摄入的食物和水都会返流。

临床检查和实验室检查均显示正常，但胸部X线片显示膈前区有异物，并且可能是骨块（图3-25）。

消化道内未发现其他异物或便阻塞迹象。考虑病犬体型和异物大小及特点，由于异物棱角分明，故决定采用胸部食管切开术取出异物。行左侧开胸，经第8肋间隙接近该区域食管（图3-26）。

接近食管前，术野必须显露良好。

逐步地介绍外科技术

图3-24 麻醉前的Sul，进入手术室前已经镇静。

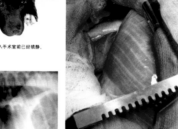

用优质图片示意手术过程

图题简洁完整地描述每一步骤

图3-25 侧位胸片显示心膈上方和贲门括约肌处有骨性异物。

图3-26 经第8肋间隙进入胸腔后段区域，使用生理盐水浸泡的纱布将靠近膈肌的肺叶向前推，以显露最佳术野。

胸部食管手术

胸部食管手术一般从左侧开胸进入，当异物位于心基部时，需要从右侧开胸进入。

胸部食管前段	左侧第3或第4物间隙
主动脉弓附近食管（心脏基部）	右侧第4或第5物间隙
胸部食管后段	左侧第8或第9肋间隙

使用无菌微温生理盐水浸泡的擦拭了移动和保护肺叶后，识别血管、迷走神经和膈神经，以预防意外损伤，并选择食管切口位置（图3-22）。

胸部食管应当谨慎处理，应使用牵引线，以辅助食管显露和增强缝合效果，从而减少术后狭窄的风险（图3-22）。

止血是防止术中及术后出血的关键，因为出血会使手术和术后康复变得更复杂。

这些注释指出干预的风险或须特别注意的阶段

有些情况下建议放置胃饲管，以避免食物在食管愈合期通过食管。可以经左侧肋骨旁切口将28～30FR的Foley导管置入胃内作为胃饲管（图3-23）。

食管切开术未参照后面的章节。

方框突出有用的提示

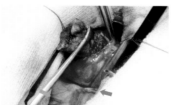

图3-22 在第8肋间隙打开胸腔，取出卡在横膈处的食管异物。开胸术例使用湿润纱布保护，使用蒂迪切托肋骨撑开器分开肋骨。主动脉处于迷走神经（蓝色箭头）和膈神经（黄色箭头）背侧，食管上放置牵引线，以便操作。

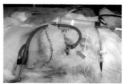

用图片逐步示意手术步骤

图3-23 将卡在食管裂孔处的异物取出后的图片，注意胸腔引流管（黄色箭头）和胃饲管（蓝色箭头）。

目　录

序
前言

| 第一章　引言 | 1 |

| 第二章　胸廓和胸腔 | 7 |

概述 8
胸外科仪器和设备 13

胸膜腔 19
气胸 23
病例1　外伤性气胸 27
胸腔积液 29
乳糜胸 32
病例1　乳糜胸 36
脓胸 39

横膈 42
横膈破裂 44
病例1　犬复杂的放射状横膈破裂 50
病例2　猫横膈环形撕裂 57
腹膜-心包膈疝 61
病例1　一只母犬的PPDH 66
食管裂孔疝概述 70
病例1　食管旁裂孔疝及胃食管套叠 78

胸廓 82

"连枷胸" 84

第三章 食管 89

概述 90

食管异物 96
病例1 胸部食管后段异物-食管切开术 102
病例2 胸部食管后段异物-胃切开术 110

持久性右主动脉弓（PRAA） 113
病例1 持久性右主动脉弓（PRAA） 121

巨食管症 124

特发性巨食管症 食管-膈-贲门成形术 128
病例1 巨食管症 135

第四章 肺 141

概述 142

肺部肿瘤 146
病例1 肥大性骨病（肢端肥大症） 150

肺脓肿 155
后纵隔闭合性脓肿 160

肺叶扭转 166

第五章 心血管系统 169

概述 170

动脉导管未闭（PDA） 175
PDA常规手术治疗 179
病例1 PDA术中破裂 186
病例2 使用血管缝合器闭合 190
病例3 使用Amplatzer犬导管封堵器（ACDO）封堵 PDA 193

肺动脉狭窄 198
肺动脉狭窄的治疗-瓣膜成形术 202
肺动脉狭窄的治疗-跨瓣环补片（开放性补片移植） 204

血流阻断技术-全静脉回流阻断 209

心包填塞 214

心脏肿瘤 219

第六章　前纵隔 227

概述 228

猫胸腺瘤 229

前纵隔肿瘤 233

第七章　气管 237

概述 238

气管塌陷 241

气管塌陷-颈部气管腔外成形术 246

气管塌陷-气管腔内成形术 252

第八章　常用技术 257

胸外科手术的麻醉技术 258

胸腔引流 265

胸腔穿刺 277

引流管的放置 279

胸部放射学 284

胸部细胞学 310

胸腔内窥镜 324

微创手术 332

影像引导的微创手术 334

胸腔镜 340

开胸术 348

侧壁开胸术 353

中线开胸术 361

第一章　引　言

进入胸腔的外科手术通常需要预先对呼吸功能受损的病患进行稳定治疗。因此，理解和掌握诸如胸腔穿刺术和胸腔引流术等技术至关重要（图1-1）。

涉及胸部的手术应在工作日开始时就实施，以便对病患进行全天监护并及早发现术后并发症。而且，病患应该住院和接受重症监护24h。

胸外科手术具有不同于其他部位和体腔手术的几个特点（图1-2至图1-4）：

- 包含的组织和解剖结构不容许粗心分离及粗暴处理，比如气管和食管。
- 由于肋间开口限制，术野小而深。
- 缝合错误可能造成灾难性后果，如肺切除后发生支气管缝线裂开。
- 接近大的血管和神经，如沿食管的迷走神经干。
- 食管或气管等某些结构表现为节段性血液供应。

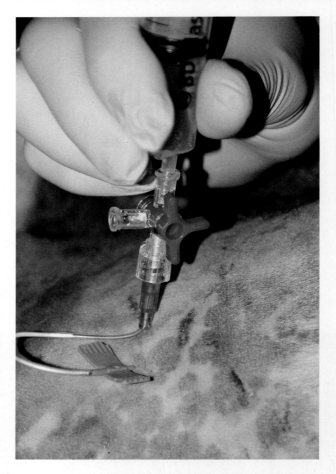

图1-1　对一例病患进行胸腔穿刺，抽吸其在格斗中发生的气胸。

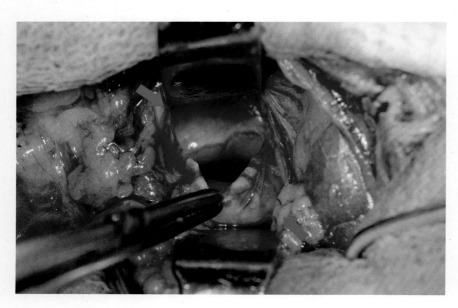

图1-2　准确细致地剥离胸内气管，以保护食管（蓝色箭头）和气管的血管（绿色箭头）。

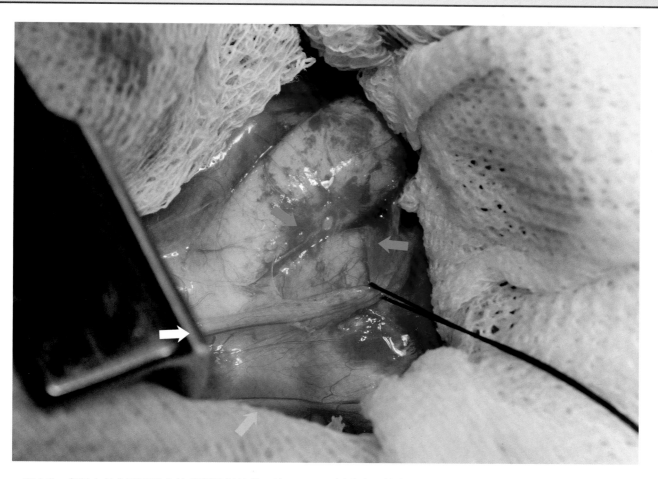

图1-3　术野小且含不可损害的重要解剖结构。该图显示一例动脉导管未闭手术的心基部通路：膈神经（黄色箭头）、迷走神经（白色箭头）、喉返神经（绿色箭头）、动脉导管未闭（蓝色箭头）。

图1-4　胸部食管手术中应防止对食管及邻近血管、神经的污染和损伤，缝合线要精确小心地放置。

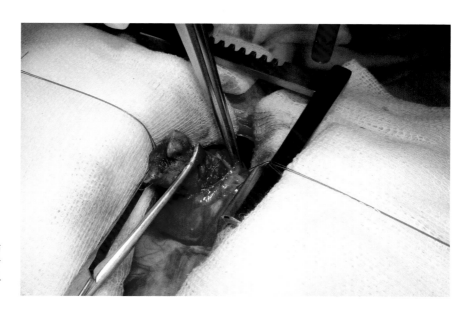

由于这些原因，术中术后的并发症可能相对常见。为了尽量减少这些并发症，外科医生应该做到：

■ 全面理解该区域内器官系统的解剖学和生理学。
■ 具备特殊仪器和监护设备。
■ 缜密地设计手术。
■ 有替代计划和应急方案。
■ 手巧和接受过外科入路有难度的手术训练。
■ 无创伤的精确的操作技术。

■ 在手术各个阶段与麻醉师沟通。

外科医生还应了解和预测手术前、中、后可能出现的并发症，特别是：

■ 术前肺、心脏和大血管的受压情况。
■ 最常见吸入性肺炎引起感染。
■ 气胸引起的呼吸功能障碍。
■ 由迷走神经刺激引起的心动过缓。
■ 由心脏操作引起的心脏疾病。
■ 出血。
■ 低血压。

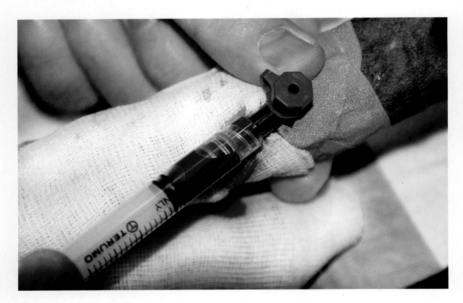

应采取必要措施将并发症的风险降至最低。病患的常规监测包括心电图、非侵入性血压监测、体温监测、脉搏血氧测量和CO_2浓度监测。如果可能，对严重病例应定时进行血气分析（图1-5）。

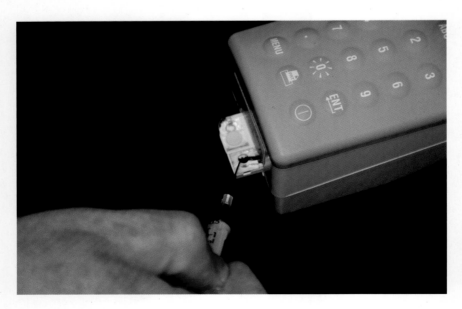

图1-5 血气分析对病患机体内环境是否稳定提供了有价值的信息。这些图片显示从后肢背侧动脉（胫前动脉分支）采集血液样本并及时处理。

进入胸腔可通过侧壁开胸术或正中胸骨切开术。侧壁开胸术是接近胸背区或心肺基部的首选方法，但术野非常有限。相反，中线入路能使整个胸腔显露更大。

对于所有病例，术中、术后都要评估和控制失血及疼痛。病患手术后至少24h处于重症监护，由合格人员负责，能识别可能的并发症，并能迅速做出反应（图1-6）。

> 侧壁切开和正中胸骨切开的术后并发症类似。

> 在病患恢复期，主要目标是通过持续的液体疗法、氧气疗法以及保持体温和减轻疼痛，恢复其正常的呼吸和血流动力学功能。

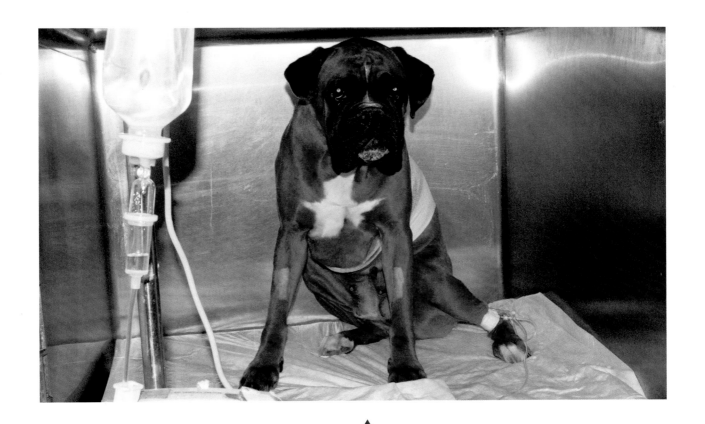

▲ 图1-6 接受了胸外科手术的病患应在重症监护室进行术后监护，重点监测胸腔引流和肺再扩张状态，为病患恰当地补充水分和食物，确保术后疼痛得到控制。

术后应缓解疼痛，避免病患痛苦并加速恢复（图1-6）。恢复期需要监测的疼痛迹象包括：

- 心动过速
- 流涎
- 呼吸急促
- 坐立不安
- 高血压
- 行为改变（攻击性或抑郁）
- 心律失常
- 姿势异常
- 瞳孔扩张
- 磨牙
- 呻吟

犬的胸腔

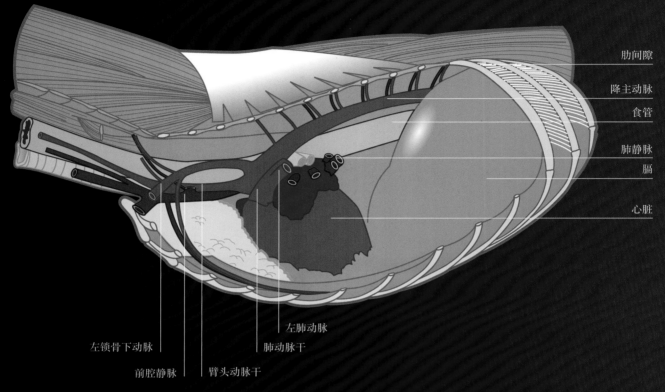

肋间隙
降主动脉
食管
肺静脉
膈
心脏

左锁骨下动脉
前腔静脉
臂头动脉干
左肺动脉
肺动脉干

横断面 后面观

左　　　　　　　右

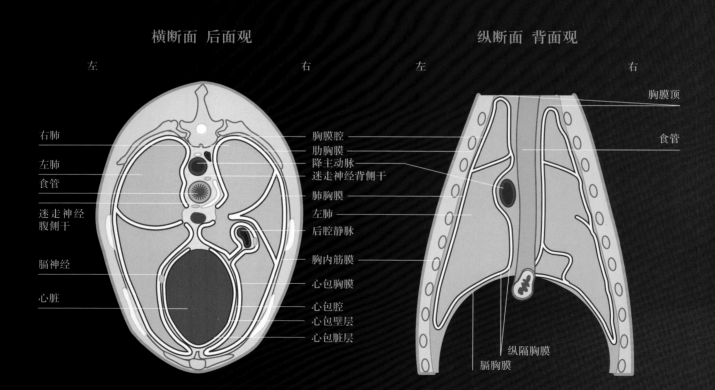

右肺
左肺
食管
迷走神经
腹侧干
膈神经
心脏

胸膜腔
肋胸膜
降主动脉
迷走神经背侧干
肺胸膜
左肺
后腔静脉
胸内筋膜
心包胸膜
心包腔
心包壁层
心包脏层

纵断面 背面观

左　　　　　　　右

胸膜顶
食管

纵隔胸膜
膈胸膜

膈

前面观

右　　　　　　　　　左

胸腰最长肌

膈（左膈脚）

迷走
神经干

主动脉

食管

膈
（肋部）

后腔静脉

膈中央腱

膈
（胸骨部）

胸骨

胸廓横肌

后面观

左　　　　　　　　　右

腹横肌

腰小肌

腹肋退肌

膈（腰部）
左右膈脚

主动脉裂孔

食管裂孔

腔静脉孔

膈（肋部）

膈中央腱

膈（胸骨部）

剑状突

第二章　胸廓和胸腔

概述
胸外科仪器和设备

胸膜腔
气胸
　病例1　外伤性气胸
胸腔积液
乳糜胸
　病例1　乳糜胸
脓胸

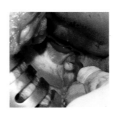  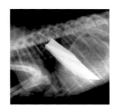

横膈
横膈破裂
　病例1　犬复杂的放射状横膈破裂
　病例2　猫横膈环形撕裂
腹膜-心包膈疝
　病例1　一只母犬的PPDH
食管裂孔疝概述
　病例1　食管旁裂孔疝及胃食管套叠

胸廓
"连枷胸"

概　述

胸廓由肋、胸骨、胸椎和相关肌肉组成，容纳胸腔和腹腔器官。要了解和修复可能涉及两个体腔的病变，需要对该区域的解剖学和生理学有很好的了解。

开胸对于治疗小动物临床遇到的几种紊乱和疾病是必要的，从放置胸腔引流管到复杂的外科手术，包括开胸术或肋骨切除联合剖腹术。

> 胸部手术需要在麻醉期间进行辅助通气。

解剖结构

了解胸壁的解剖结构很重要，将减少手术创伤和疼痛。

皮肤

这个区域的皮肤特征使得手术重建很容易（图2-1），大面积皮肤缺损易于修复（图2-2、图2-3）。此外，肘部的皮肤皱褶可以被分割成皮瓣，以覆盖胸部或前肢的皮肤缺损（图2-4）。

骨骼

胸部的骨结构由13个胸椎和13对相应的肋及胸骨组成，胸骨与前9对肋的肋软骨相连。

肌肉

这个区域有许多肌肉，有些与呼吸有关，有些与运动或腹壁有关。

具有运动功能的肌肉是背阔肌、锯肌和胸肌，开胸手术中可能受到损伤（图2-5、图2-6）。

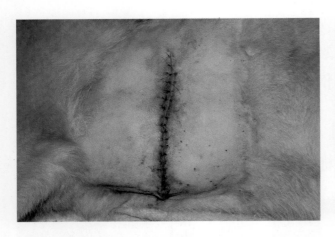

图2-1　该病患有一个皮下脓肿，完全切除后的缺损可以缝合，不会造成皮肤过度紧张。

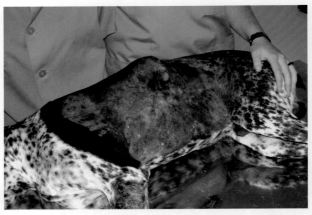

图2-2　这个病例的皮肤肿瘤切除范围较大，采用Z形成形术重建。

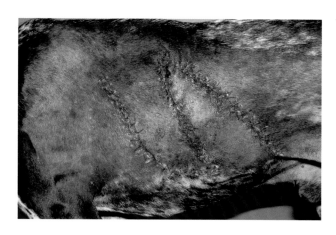

图2-3　前一张图中病例接受皮瓣成形术后第10天的结果。

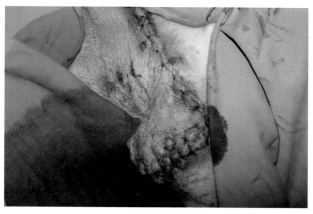

图2-4　使用腋下皱褶皮瓣修复肘部的皮肤缺损。

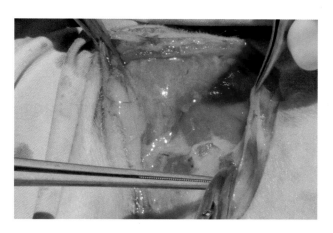

图2-5　此图显示背阔肌切开，露出腹侧锯肌。

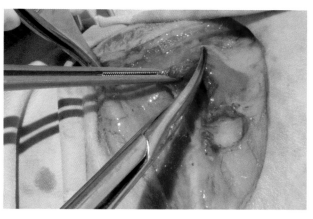

图2-6　为尽量减少组织损伤，最好沿着腹侧锯肌纤维线切开，而非横切。

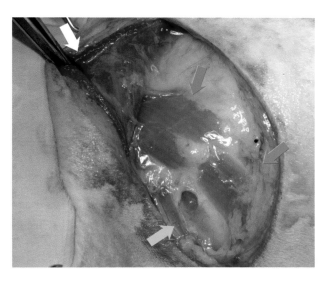

图2-7　如图所示：蓝色箭头表示腹外斜肌在第五肋骨的附着点，其他结构是横断的背阔肌（白色箭头）、腹侧锯肌（绿色箭头）和斜角肌（黄色箭头）。

侧壁开胸手术的一个重要解剖标志是腹外斜肌在第五肋骨的附着点，一旦识别了该肌肉附着点，容易定位第四肋间隙（图2-7）。

胸肌位于胸骨和肱骨内侧之间，在中线开胸手术中需要将其分离（图2-8）。

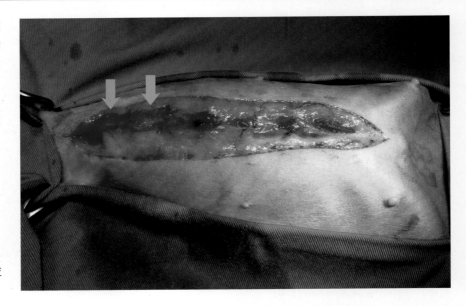

图2-8　胸浅肌位于胸骨两侧，在胸骨中线切开术中，胸浅肌应从胸骨上分离并抬起。

膈由两部分组成，一部分是中心腱，另一部分是与肋、胸骨和腰椎相连的肉质缘，腔静脉、食管和主动脉在相应的裂孔中通过（图2-9）。

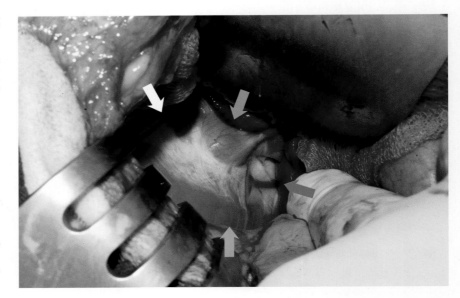

图2-9　术中膈右侧图像：膈肌（黄色箭头）及腱部（白色箭头）、膈血管（绿色箭头）、腔静脉孔（蓝色箭头）。

神经支配

肋间神经与相应动脉、静脉一起沿每根肋骨后缘走行。为减少术后疼痛，加快病患康复，术中应进行椎旁麻醉。

左、右迷走神经穿过前纵隔后，分出众多内脏分支和沿主动脉弓向头侧走行的喉返神经。向后左、右迷走神经合并，形成沿食管走行的背侧干和腹侧干（图2-10）。膈神经穿过胸腔，在涉及纵隔的手术中应加以识别和保护（图2-10）。

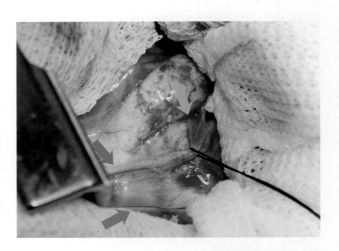

图2-10　术中应识别以防止意外损伤的胸腔内主要神经：迷走神经（蓝色箭头）、喉返神经（黄色箭头）和膈神经（绿色箭头）。

血管分布/血管

在开胸手术中，避免损伤与肋间血管平行的腹壁前浅脉管和胸廓内脉管。在侧壁开胸术中，还应注意背阔肌血供，背阔肌血管从第五、六肋间隙周围进入肌肉。关于胸腔大血管和心脏大血管的解剖学，请查阅与此主题相关的专门文本（图2-11）。

> 外科医生应该花时间学习，全面地了解胸腔内的解剖结构。

本章将讨论在小动物临床实践中最常遇到的先天性异常、继发性病变和胸腔疾病。目的是为成功实施胸部手术做好准备，同时也为处理更复杂的问题和（或）紧急情况做好准备（图2-12、图2-13）。

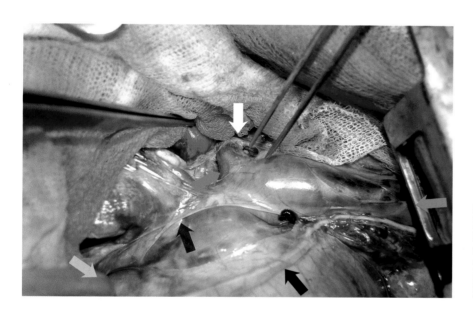

图2-11　需要研究和熟悉心脏和胸腔大血管的解剖结构。这张图片显示了在右胸切口看到的前腔静脉（蓝色箭头）、奇静脉（绿色箭头）、后腔静脉（黄色箭头）。迷走神经背侧支（白色箭头）、迷走神经腹侧支（灰色箭头）、右侧膈神经（黑色箭头）。

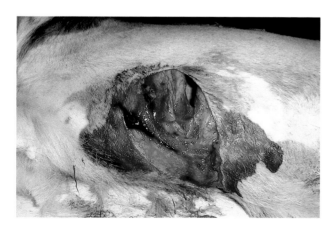

图2-12　犬只打斗造成的胸壁严重创伤。这个病例应开胸探查，以评估内部损伤和修复任何的胸部伤害（图片由Rodolfo Bruhl-Day提供）。

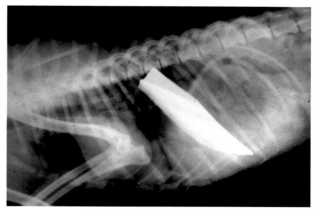

图2-13　该病患被刺伤，刀卡在胸腔内造成肺损伤（图片由西班牙吉罗纳犬科动物中心Jordi Cairó提供）。

胸外科手术中可能出现的一般并发症

在计划和实施胸部手术时，应注意以下可能的并发症。

血胸

胸膜腔内有血可能是胸部手术中的一个严重并发症，应当控制任何形式的出血，无论出血起源于胸壁（肌层、肋间血管或胸骨）还是全身循环（支气管动脉、纵隔血管、奇静脉系统）。

> 如果出血得到控制，犬能在90h内吸收胸膜腔30%的血液。

任何明显的血胸都应当引流，以防止胸腔积液引起呼吸窘迫。如有必要，通过液体治疗和输血来控制低血容量。这种并发症通常在24h内出现，如果之后发生，最可能是由于血管糜烂，应施行紧急开胸手术。

气胸

术后残留气胸是正常的，胸膜能够迅速地吸收空气。然而，应每天拍摄X线片监测其进展。

由于胸腔引流管放置或维护不当造成的气胸可能引起严重的并发症，因为空气会通过引流管或引流管周围进入胸腔。

肺水肿

肺水肿是指液体在肺间质、气道和肺泡中的异常积聚，改变了通过毛细血管的液体输送和肺的淋巴引流之间的平衡。液体积聚干扰了肺部的气体交换，导致呼吸窘迫。

引起肺水肿的原因很多，最常见的是：
- 肺毛细血管压力升高，继发于左心衰竭或过量输液导致的医源性水合过度。
- 治疗气胸时快速抽出胸膜腔内气体导致肺间质负压升高，是试图加速病患康复的错误操作。
- 由于误吸入消化道内容物而改变肺泡毛细血管膜的通透性。

这种并发症的治疗基于给氧和给予皮质类固醇、利尿剂和支气管扩张剂。

肺不张

肺不张可由肺受压或气道阻塞所引起。

肺不张常发生在开胸手术中，术后常有一定程度的肺压迫。

在某些情况下，麻醉过程中肺容量降低是由于吸入的干燥空气损害了肺表面活性物。此外，术后疼痛会减少呼吸运动和咳嗽，导致分泌物积聚和小气道塌陷，从而降低肺容量和肺顺应性。

为防止肺不张，应清除胸腔内的空气或液体，以改善肺扩张。术后镇痛有助于增加呼吸深度和咳嗽。改变病患体位，进行胸部叩击以刺激分泌物排出，可能也是有益的。

急性呼吸衰竭

如果病患不能维持肺的气体交换，就会发生急性呼吸衰竭。

这种并发症是由于病患的通气-灌注失调所导致的高碳酸血症（$PaCO_2 > 45mmHg^*$）和低氧血症（$PaO_2 < 60mmHg$）。

治疗包括氧疗、皮质类固醇、抗生素、利尿剂和支气管扩张剂，以及呼气末正压通气。

心律失常

心脏手术操作可能会导致心肌异常，但也可能发生在任何胸部手术过程中。

并发症的原因包括以下几点：
- 肺血管阻力增加。
- 纵隔肿块。
- 迷走神经张力增加。
- 低氧血症。
- 电解质和酸碱失衡。
- 潜在的心脏病或失常。

---

* mmHg为非法定计量单位，1mmHg≈133.3Pa。

胸外科仪器和设备

器械

除了任何外科手术所需的一般器械外，胸部手术还需要特殊器械：

> 胸外科手术器械应该要长（平均18~24cm），因为术野非常窄，这样它们就可以到达操作区域的最深处。

- 菲诺切托（Finochietto）肋骨牵开器，可根据病患情况选择不同大小（图2-14）。
- 创伤使用的自锁式牵开器：可在小型犬和猫中代替菲诺切托牵开器（图2-15）。

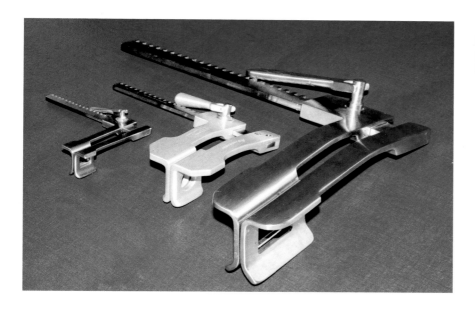

图2-14　菲诺切托肋骨牵开器非常强大，在开胸术中保持肋骨或胸骨分离。外科医生至少应该准备一个中号和一个大号。

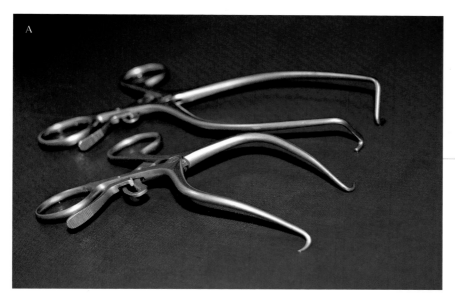
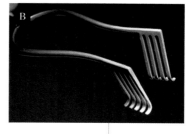

图2-15　幼犬、猫和小型犬肋骨可以用自锁式牵开器牵开，如单钩牵开器（A）或Schuhknecht牵开器（B）。

■ DeBakey镊，有两种不同长度用于深部术野，可安全、非损伤地操作组织（图2-16）。

■ 弯曲的Metzenbaum组织剪，也有不同长度，可以进入更深层次的结构（图2-17）。

■ 具有45°刃的伯茨（Potts）剪，可能在某些血管手术中有用（图2-18）。

■ 持针钳应该长，大小不一，能适应各种缝针（图2-19）并具有高质量的钳口，确保缝合过程中的良好抓持。

■ 胸腔弯钳（解剖钳）是此类手术的必要器械，用于分离精细结构和准确地放置结扎线。它们应该处于良好的状态，其顶端应该完全咬合和闭合。外科医生至少应有两把不同长度和弯度的胸腔弯钳（图2-20）。

弯钳在血管外科中必不可少，使用前检查钳齿是否光滑，是否有不规则锯齿，这会损伤或划伤血管。

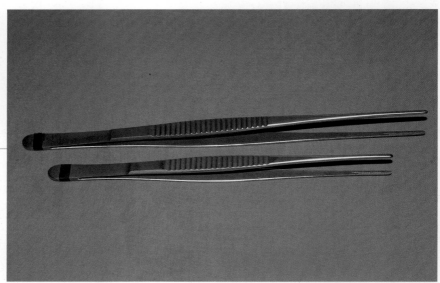

图2-16　DeBakey镊用于处理诸如血管等的脆弱结构，可以夹紧而不会损坏血管壁。

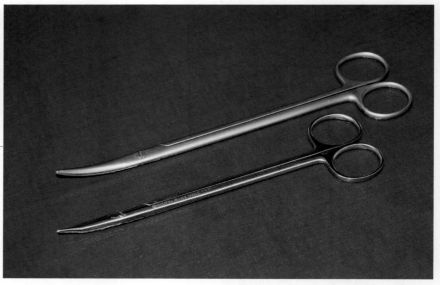

图2-17　解剖剪应当仅用于这些操作，不仅方便使用，而且剪切性能优良。强烈推荐使用精细刀刃剪，如图中下方这把，剪切精细而准确。

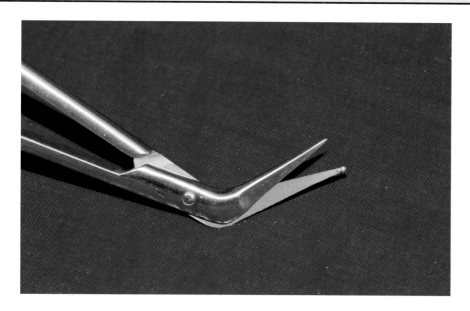

图2-18　伯茨（Potts）剪在剪切和分离深部结构时有很大帮助，特别是纵向剪切血管。

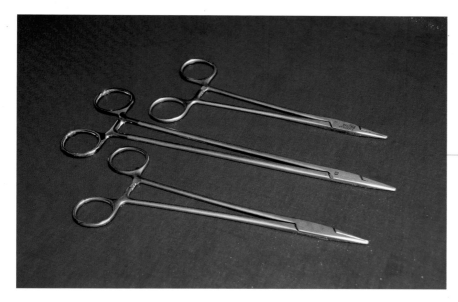

图2-19　持针器应较长，以便缝合胸腔深处的结构；钳口应坚实而精密，以便缝合时针头不会移动。

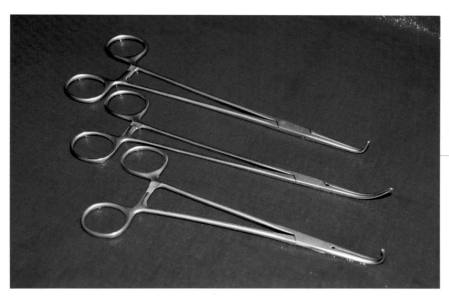

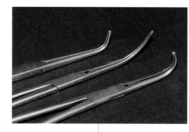

图2-20　弯钳用于轻柔地分离血管结构、结扎缝线和在必要时确保深部结构止血，需要两把不同角度的弯钳。

■ 血管夹是用于肺结构及暂时性闭塞血管的非损伤性夹，有不同形状和大小，中号切向的血管夹最为常用（图2-21）。

■ 拉美尔（Rumel）止血带是手术中暂时阻断血流且损伤最小的方法之一（图2-22）。

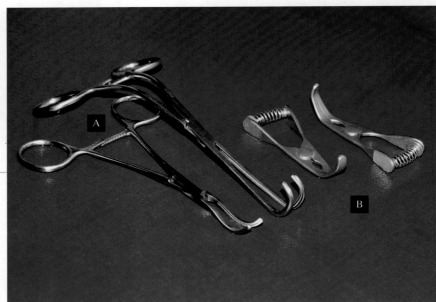

图2-21　不同类型的血管夹：Satinsky（A）和Bulldog（B），切向的血管夹可以阻塞部分血管，剩余部分可继续通过血流。

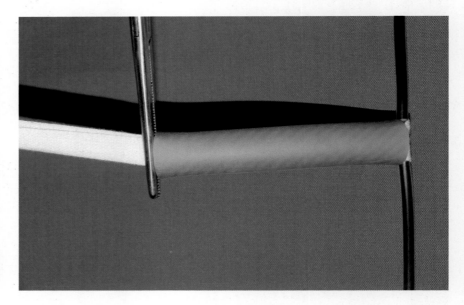

图2-22　Rumel止血带是绕在血管上的一根带子，穿过橡胶管或硅胶管后被拉紧并夹住。

■ 外科缝合器是各种胸内手术（包括肺切除术或动脉导管未闭等血管闭合）缝合的替代品，手术用的缝合器能使组织缝合密闭而稳定。根据组织的不同厚度，所用缝合器的长度有三种类型（图2-23至图2-25、表2-1）。

> 外科缝合器放置两排或三排交错排列的钛钉，在不引起缺血的情况下使组织密闭。

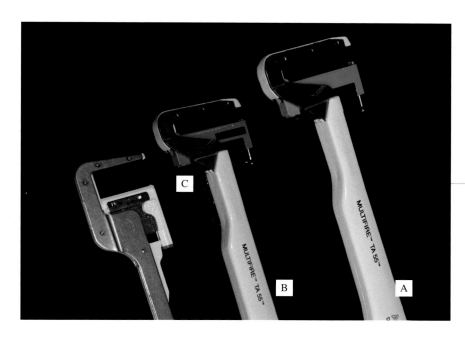

图2-23 胸部手术中使用的手术缝合器类型。A.绿色缝合器：缝合钉长度2mm；B.蓝色缝合器：缝合钉长度1.5mm；C.白色缝合器：缝合钉长度1mm。在这种情况下，放置三排缝合钉以提高安全性。

表2-1 胸外科手术用的缝合器类型			
钉类型	钉尺寸（宽度）	缝合后的钉高度	应用
绿色	4.8mm	2mm	厚（近端）肺实质切除术
蓝色	3.5mm	1.5mm	薄（远端）肺实质切除术
白色	3.0mm	1mm	血管闭合术（PDA*）、心耳切除术

*PDA：动脉导管未闭。

※ 如果操作正确，缝合器的缝合效果很好。组织应健康，无缺血灶。不要让缝合器闭合过多组织。选择适合组织厚度的缝合器。仔细检查有无任何可能的差错。

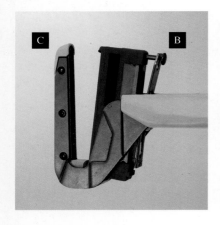
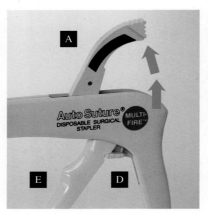

图2-24 打开缝合器时先松开杠杆A，使钉盒B与砧座C分离，然后将要钉的组织放置在B和C之间。A.杠杆，使缝合器的头端运动；B.钉盒，颜色取决于所含钉的大小；C.砧座，使用时钉在砧座上闭合；D.安全锁，防止不小心启动缝合器；E.扳机手柄，将缝合器上的钉钉入组织。

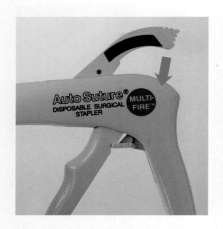
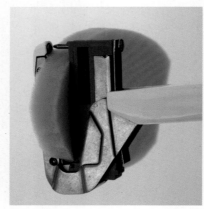

图2-25 将缝合的组织放入缝合器中，挤压杠杆A，将会释放缝合器远端的金属固定销插入砧座顶部圆孔，以确保缝合器能正确放置。启动缝合器时，固定销确保组织不会滑出缝合器。然后打开安全锁D，扣紧扳机手柄E。完成缝合后，将安全锁D返回锁定位置，松开杠杆A，拆下缝合器。

缝合材料

大多数胸内手术使用的缝合材料应装在无损伤圆针上，通过分离组织纤维而穿过组织（图2-26）。如果使用边缘锋利的针头，可能会割伤组织，使其更容易被撕裂，增加缝合处裂开的风险。

缝合线的粗细取决于相关组织，如缝合血管可用5/0或6/0规格的缝线，而关闭体积大的病患胸腔时可用2/0缝线。

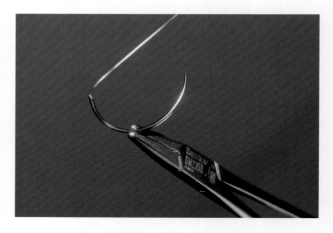

图2-26 通常应该选用圆针，在其穿过组织时能防止损伤组织中的血管。

胸膜腔

临床常见度

概述

胸膜是覆盖胸腔所有表面的浆膜：

■ 胸膜壁层覆盖胸壁、膈和纵隔结构。

■ 胸膜脏层覆盖肺部。

胸膜腔位于这两层膜之间，是一个密闭的负压（4 ~ 6mmHg）腔隙，当胸壁伸展时允许肺扩张。

为了帮助胸膜运动和肺部无摩擦运动并避免损伤，胸膜的间皮细胞和胸膜壁层的毛细血管可以分泌液体，后者被胸膜脏层的肺毛细血管和胸膜壁层的淋巴管吸收。

> 犬和猫的纵隔有孔，所以胸腔两侧相通。

胸膜改变

静水压、胶体渗透压或淋巴再吸收的改变，可能增加胸膜腔液体的产生或减少其吸收，导致胸腔积液。

创伤和某些影响胸膜腔的疾病可能造成胸膜分离，由于空气（气胸）、液体（胸腔积液）或两者的积聚而危及呼吸（图2-27）。

> 胸膜炎可能损害胸膜腔液体再吸收，导致胸腔积液（表2-2）。

表 2-2 胸腔积液类型

类型	蛋白质（g/L）	细胞（10⁹/L）
漏出液	<25	<1 ~ 1.5
改性漏出液	>25	<5 ~ 7
渗出液	>30	>7

通过膈缺损进入胸腔的腹腔器官也可以占据胸膜腔（图2-28）。

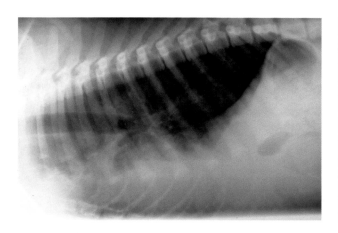

图2-27 胸腔积液。这张X线片是在动物站立情况下拍摄的，水平X线束可以准确地评估胸膜腔积液情况，胸膜腔液体会在胸腔下部聚集。

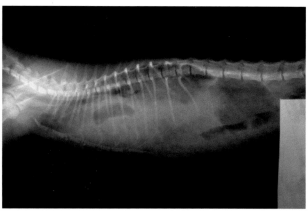

图2-28 膈的外伤性缺损引起部分小肠和肝脏向头侧移位，影像细节丢失是因腹腔器官移位引起胸腔积液所致。

＊ 腹腔脏器突入胸腔时，因移位器官血管损伤而导致的液体外渗可能引发呼吸问题。

由于纵隔相通，胸腔引流可在任何一侧胸膜腔进行，但并不总是如此，最好先拍摄腹背位X线片。

通常情况下，胸腔积液和气胸是双侧的，因为两侧胸膜腔之间的纵隔相通。然而，有时是单侧发生（图2-29），这些病例的纵隔可能有明显炎症，从而阻断了两侧胸膜腔的通道。

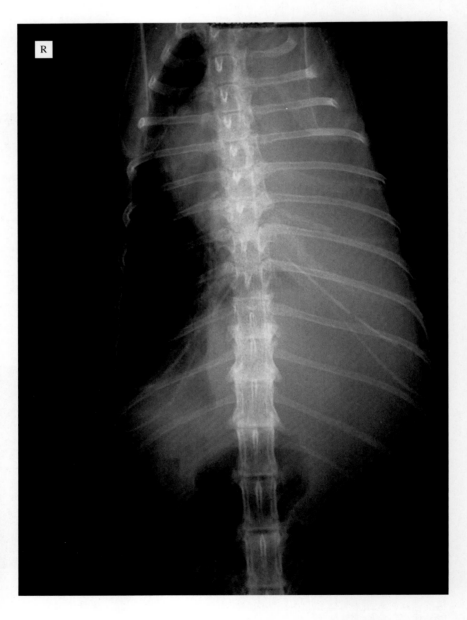

图2-29　由脓胸引起的单侧胸腔积液，占据了左侧胸腔。

临床症状

　　患病动物的临床症状是由肺扩张能力降低引起的，呼吸快而浅，但也有深的腹式呼吸。

　　肺呼吸音和心音低沉，在严重缺氧的情况下，黏膜发绀。

> 患胸膜腔疾病的动物最常见的临床症状是呼吸急促。

　　根据潜在原因，病患可能有其他临床症状，例如：

- 咳嗽
- 厌食
- 心杂音
- 沉郁
- 消瘦
- 腹水
- 发热
- 心律失常
- ·········

　　应定期监测胸部有问题的病患以评估其肺通气情况，特别注意呼吸和心率、呼吸模式、黏膜颜色和毛细血管再充盈时间（表2-3）。

表2-3　犬、猫的正常生理值		
	犬	猫
呼吸频率	20～40次/min	20～40次/min
心率	70～140次/min	145～200次/min
毛细血管再充盈时间	<2s	

诊断

　　胸片提供了很多信息，关于肺受压的类型、空气或液体的数量、受影响的结构和造成问题的根本原因。

> ✳ 对于极度呼吸困难的病患，在进行放射拍片或其他诊断程序前，胸腔穿刺术应具有绝对的优先权，先清除胸膜腔中的空气或液体。

　　超声检查对于评估潜在的心脏病或鉴别纵隔肿块非常有用，也用于指导细针穿刺胸内肿块进行细胞学检查。

> 胸腔积液作为一个声学窗口，有助于超声诊断。

　　细胞学检查对胸腔积液和胸内肿块的诊断提供了有价值的信息。

　　所有外伤病患都应做心电图，因为心脏挫伤后可能会发生心脏改变。

　　脉搏血氧饱和度检测仪是一种非介入性的方法，被广泛用于评估病患的呼吸功能和氧合状态，这取决于血红蛋白饱和度（图2-30）。

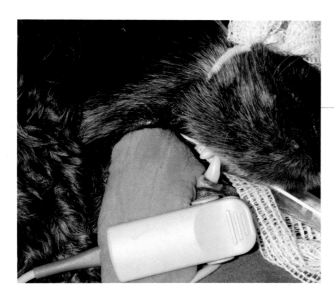
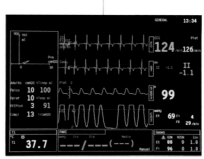

图2-30　将脉搏血氧仪的夹子夹在舌头（或耳朵）上以测定血红蛋白的氧饱和度，这个麻醉病患显示的血氧饱和度为99%。

动脉血气分析（ABG）提供了关于肺泡通气和气体交换效率的许多信息（图2-31、表2-4）。

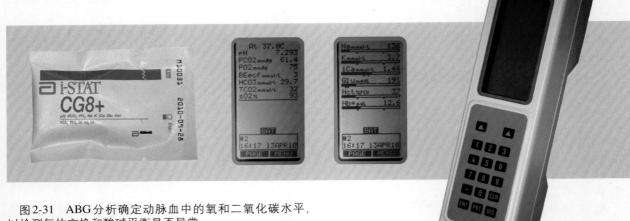

图2-31　ABG分析确定动脉血中的氧和二氧化碳水平，以检测气体交换和酸碱平衡是否异常。

表2-4　犬动脉血气正常值		
参数	平均值	参考范围
pH	7.41	7.36 ~ 7.45
PaO$_2$	99 mmHg	70 ~ 157 mmHg
PaCO$_2$	37 mmHg	28 ~ 46 mmHg
HCO$_3^-$	23 mmol/L	17 ~ 29 mmol/L
EB	−1	−7a+5
SATO$_2$	97%	95% ~ 99%

注：PaO$_2$，氧分压；PaCO$_2$，二氧化碳分压；HCO$_3^-$，碳酸氢盐；EB，剩余碱；SATO$_2$，氧饱和度。

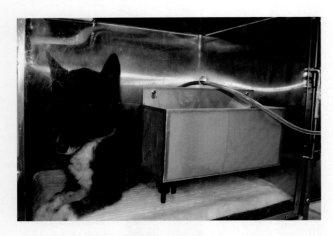

图2-32　供呼吸功能障碍病患使用的氧仓。空气应加湿以预防呼吸道分泌物和黏膜变干。氧仓的温度和湿度也应检查，确保不要太高。

治疗

开始治疗时，使用鼻导管或氧仓给病患吸氧可能有益（图2-32）。

首先，尽可能减少对病患的处理和保定使其安定下来，以减轻应激；必要时使用氧疗法、液体疗法、胸腔穿刺术和针对革兰氏阳性、阴性及厌氧菌的静脉内广谱抗生素疗法。

治疗包括通过胸腔镜或开胸手术检查胸腔，以获取微生物和组织学的检测样本，并在适当情况下通过手术解决问题。

麻醉诱导后放置气管导管，提供间歇正压通气，保持足够的潮气量。

术后

在术后24 ~ 48h内，病患应接受重症监护和持续监测，以发现和纠正这一关键时期可能出现的任何问题，如：

■ 呼吸困难、呼吸衰竭。
■ 气胸。
■ 心脏问题、心律失常、心功能不全。
■ 血胸。
■ 感染性休克。
■ 全身性炎症反应综合征（SIRS）。
■ 弥散性血管内凝血（DIC）。

气胸

临床常见度 ▮▮▮▮▮▯

> 猫和犬的气胸通常发生在双侧。

概述

气胸是空气或气体在胸膜腔的积聚（图2-33）。

气胸可能是开放性的，也可能是闭合性的，取决于病因。在开放性气胸中，胸膜腔和外部有直接的联系（图2-34）；而在闭合性气胸中，空气来自呼吸道或食管（异物）的病变。

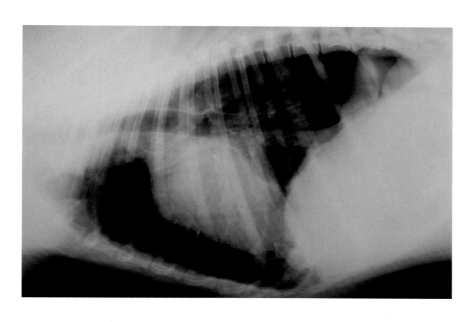

图2-33 外伤性气胸。侧位片显示心尖抬高，正常应贴在胸骨上。

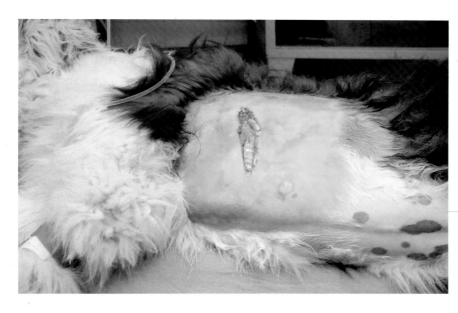

图2-34 该病患因穿刺伤致肺实质损伤引起气胸，需施行部分肺叶切除和胸壁重建。

自发性气胸（图2-35）可发生在先前存在肺部疾病的病患，如肺实质囊肿或大泡的破裂，或继发于慢性肺炎、肺脓肿或原发性腺癌的穿孔。

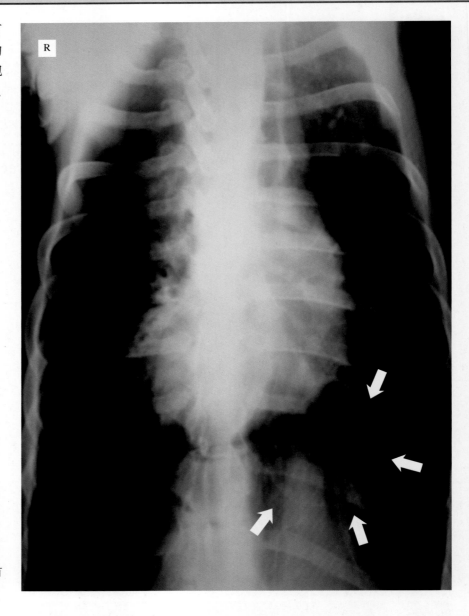

图2-35　该自发性气胸病例有一个肺大泡（箭头）。

若空气进入胸膜腔而不能随呼气经同一开口排出，就会发生张力性气胸，呼吸困难会渐进性加重。若不能及时排出空气，病患可能会死亡（图2-36）。

医源性气胸在开胸和胸腔镜检查时不可避免，但在胸腔穿刺术中不应发生。在关闭胸腔时，由于引流操作不当或术后护理欠缺，可能会偶然发生气胸。

临床症状

呼吸困难是这些病例的主要临床症状，还有呼吸急促和浅表呼吸等症状。

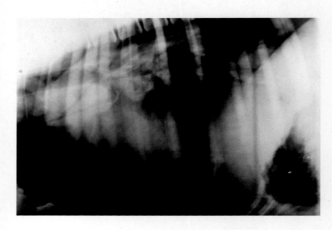

图2-36　张力性气胸表现为明显的肺实质塌陷，压力在胸腔背侧。

治疗

气胸引起的呼吸窘迫程度决定了是否最好等待，或者是否需要通过导管或针头进行胸腔引流和抽吸。

- 轻度呼吸窘迫：住院治疗，频繁监测。
- 中度呼吸窘迫：胸腔穿刺，缓慢抽吸。
- 严重呼吸窘迫：放置胸腔引流管。

在大多数病患中，创伤性气胸的治疗是基于休息和通过间歇性胸腔穿刺从胸膜腔抽出空气，以防止在胸膜破裂愈合中的呼吸困难。如果症状没有改善，应考虑放置一个Heimlich引流阀（图2-37）。

对胸部开放性伤口使用纱布、局部抗菌剂和不妨碍呼吸的绷带包扎，直到缺损可行手术修复。

一旦病患病情稳定，就进行手术。

对病患进行麻醉和通气时，应小心控制压力，防止已封闭的肺缺损再次开放，防止再出血和空气漏出。

气胸占据胸腔30%的容积很少会出现临床症状，空气通常会在几天内被吸收。

＊ 气胸时若快速抽出空气，可能会由于肺组织突然重新扩张而引起肺水肿。

＊ 在张力性气胸的情况下，必须迅速采取行动，放置胸腔引流管，直到问题得到解决。

胸膜腔可通过以下方式引流：
- 当关闭胸壁时，用力吸气使肺扩张。
- 用导管或针头进行胸腔穿刺。
- 胸腔引流管。

在考虑手术修复自发性气胸时，应考虑以下因素：
- 这种疾病很少能通过保守治疗得以解决。
- 这是一种很容易复发的疾病。
- 切除病灶将降低复发的风险。
- 如有多处病变，可行胸膜固定术。

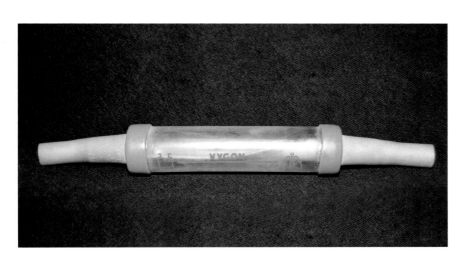

图2-37　Heimlich引流阀是一种非常简单的连续引流装置，可以在动物每次呼吸时排出胸膜腔中的空气和液体。

纠正自发性气胸的常规手术包括：

- 中线胸骨切开检查整个肺表面。
- 用无菌微温生理盐水注入胸腔，观察呼吸过程中的空气损失。
- 如果病变在边缘（肺大泡通常位于肺尖），则实施部分肺叶切除术（图2-38）。
- 如果病变影响到肺的周边部分，则实施全肺叶切除术（图2-39）。
- 如果病变广泛，则为胸膜炎。
- 闭合胸腔。
- 放置胸腔引流管。

> ***** 胸膜炎是一种在胸膜壁层和脏层之间产生粘连的病变过程，继发于手术中的机械损伤（用干纱布刮胸膜）或在胸膜腔局部应用刺激剂（滑石粉、四环素）。

> 胸膜炎是一个痛苦的过程，需要控制疼痛。

图2-38　部分肺叶切除术：1.将止血钳放置在肺实质病变近端的上方；2.在止血钳下方做一个贯穿缝合线以牵引；3.剪断止血钳和缝线之间的组织；4.使用可吸收线进行简单连续缝合。

图2-39　全肺叶切除术：1.结扎并切断供应受累肺叶的血管；2.用Satinsky钳夹紧阻塞主支气管，并在一定距离处切断；3.在靠近钳的位置放置水平褥式缝线；4.用简单连续缝合法缝合切口边缘。

这个病例的支气管是用外科缝合器闭合的。

病例1　外伤性气胸

临床常见度				
技术难度				

本病例为一只5岁的雄性杂交犬，体重27kg，在道路交通事故后被送到急诊室。

病犬的一般检查显示口鼻和右前腿有擦伤，黏膜呈健康粉红色，意识清醒，但有呼吸急促（95次/min）和心动过速（200次/min）表现，毛细血管再充盈时间小于2s，直肠温度39.0℃。

胸部检查未发现任何可见的外部损伤。

胸部听诊呼吸音沉闷，尤其是右侧。

病犬用布托啡诺（0.22mg/kg，肌内注射）轻度镇静，并戴上氧气面罩。

在左前肢放置22G静脉导管后，于两侧第七肋间上1/3处经皮行胸腔穿刺。这个过程中使用一个22G蝶形针，连接到一个三通阀和一个50mL注射器（图2-40）。

从胸腔右侧排出400mL空气，从左侧排出150mL空气。在整个操作过程中，病犬一直吸氧和输入乳酸林格液治疗。一旦稳定下来，即进行胸部X线检查（图2-41）。

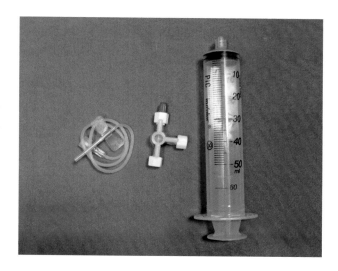

图2-40　经皮胸腔穿刺术所需的用具。

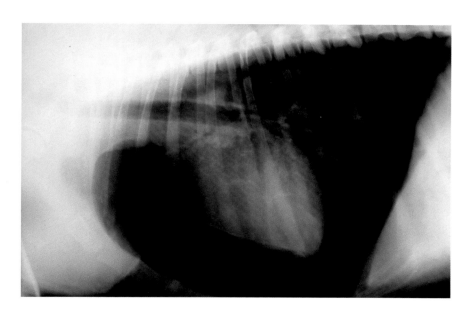

图2-41　右侧位片显示气胸导致心脏轮廓抬高。

每3h进行胸腔穿刺术治疗气胸。

第三次胸腔穿刺术后，将一根16FG胸腔引流管放置在似乎还有大量空气的右侧胸腔内（图2-42），并用荷包缝合和中国指套法固定在皮肤上，以防止引流管滑出。这根引流管连接到一个Heimlich引流阀上，以便在每次呼吸时能让胸腔内的空气排出。

给病犬戴上伊丽莎白项圈，以防引流管被其意外地拔掉。

术后治疗包括液体治疗和镇痛（丁丙诺啡0.01mg/kg，q8h，皮下注射）。胸腔引流管放置36h后，关闭Heimlich引流阀24h，观察气胸是否继续形成。一旦确定不再有空气进入胸膜腔，移除引流管。对病犬继续观察24h，当无气胸的临床或影像学征象时，病犬出院。

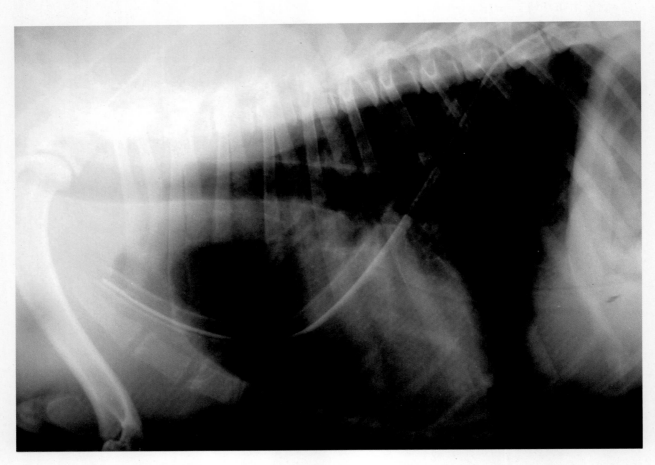

图2-42　放置胸腔引流管后的影像学图片，注意气胸已经减轻。

胸腔积液

临床常见度 ■□□□□

概述

胸膜间隙的改变通常导致快速的浅呼吸、吸气用力和反常的腹式呼吸。当液体产生量超过吸收量，或者液体来源于肺、血管或胸导管时，就会发生胸腔积液。

面对胸腔积液，应回答以下问题：

- 积液是渗出液还是漏出液？
- 如果积液是渗出液，其原因是什么？

通过胸腔穿刺对获得的胸膜腔液体分析，将为超过2/3的病患提供诊断依据（图2-43）。

胸腔积液的性质可能有：胸水、乳糜胸、血胸或肿瘤性胸腔积液。

- 胸水：由调节胸膜液吸收的Starling力的改变引起。可能的原因包括：
  - 继发于肠病、肾病、肝病的低蛋白血症（白蛋白<0.15g/L）。
  - 充血性心力衰竭。如果右心受到影响，液体生成增加；如果左侧受到影响，吸收减少。
  - 淋巴或静脉阻塞。
  - 肺叶扭转。
  - 膈破裂或膈疝并发肝嵌顿。

治疗的基础是胸腔引流和纠正胸腔积液的原因。

- 脓胸：由胸膜腔细菌或真菌感染引起的脓性渗出。原因包括：胸壁穿透伤、异物移位、血液播散或医源性污染。

治疗的基础是抗生素和通过胸膜引流或开胸冲洗胸膜腔。

胸腔积液的发病机制
胸腔积液增多
■ 肺间质积液增加（心力衰竭、肺炎）。
■ 胸膜血管内压增高（心力衰竭、静脉阻塞）。
■ 胸膜毛细血管通透性增加（肺炎、肿瘤）。
■ 肿瘤性血压降低（低白蛋白血症）。
■ 胸膜压降低（肺不张）。
■ 腹腔积液增多（腹水、肝病）。
■ 胸导管破裂（乳糜胸）。
■ 血管破裂（血胸）。
胸腔积液吸收减少
■ 引流胸膜壁层的淋巴管阻塞（瘤变）。
■ 全身血管压力升高（心力衰竭、静脉阻塞）。

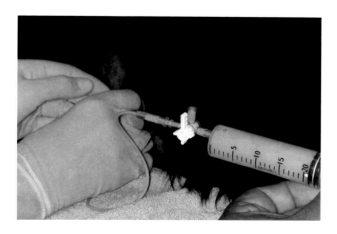

图2-43　从胸膜腔抽出液体进行分析，同时排出胸膜腔积液以稳定病患，这个病例是一只乳糜胸患猫（图片由Rodolfo Bruhl-Day提供）。

- 乳糜胸：经胸导管回流的乳糜液外漏并积存于胸膜腔内，可能是由以下原因造成的：
  - 创伤。
  - 前腔静脉压力升高（阻塞、血栓形成、压迫）。
  - 充血性心力衰竭。
  - 三尖瓣发育不良。
  - 心脏病。
  - 特发性原因。

治疗分为内科和外科两种疗法。

- 血胸：在这种情况下，胸膜腔有血液积聚，可能是由于：
  - 外部或外科创伤。

> ＊　血胸最常见的原因是胸部创伤，如果肋间血管在闭合过程中被刺穿，那么血胸是开胸手术的并发症。

  - 凝血障碍（血小板减少、抗凝剂中毒）。
  - 肿瘤。
  - 寄生虫（狼尾旋线虫、心丝虫）感染。

- 肿瘤性积液：由影响胸腔的原发性肿瘤或转移瘤所引起，包括：
  - 淋巴肉瘤。
  - 肺癌。
  - 其他癌转移。
  - 血管肉瘤。
  - 间皮瘤。

> 肿瘤性渗出液的细胞学检查仅能在50%的病例中检出肿瘤细胞。

临床症状

病患出现运动不耐受或呼吸困难。呼吸困难的特征是延迟呼气之后的强烈吸气，听诊显示心音低沉、腹侧肺音减弱、背侧支气管水泡音增强。

诊断

如果病患未出现明显的呼吸困难，应进行侧位和背腹位X线检查（图2-44、图2-45），尽量避免对动物造成压迫，并使用氧气面罩防止呼吸功能恶化。

> 肺叶周围可见游离的胸膜腔液体，侧位片上呈波浪状，也可以掩盖心脏轮廓和膈线。

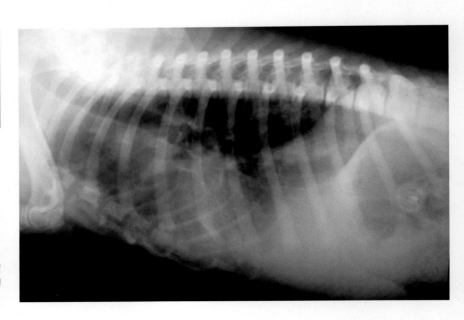

图2-44　这个病患有胸腔积液，引起严重的呼吸困难。为改善病患的呼吸状况和管理，抽出了胸腔液体。

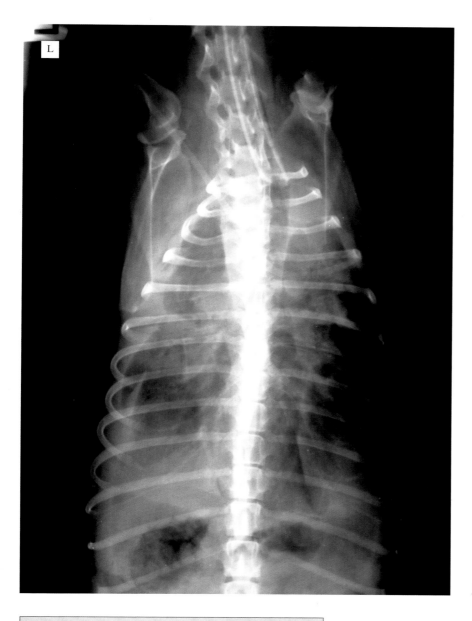

图2-45　这个病例是由严重的胸肺损伤引起血胸。

如果病患有严重的呼吸困难，首先通过胸膜腔穿刺抽出胸腔积液。

抽取胸腔积液后，应进行胸片检查，以排除由于液体积聚而不能识别的肿块或其他异常。

超声检查应在排出胸膜液之前进行，因为液体可以充当"声窗"使胸腔结构的影像增强。超声成像对评估心脏病或发现纵隔肿块非常有用，在胸腔穿刺和胸膜腔积液清除术中也推荐使用。

胸膜液用枸橼酸盐管进行生化分析，用EDTA管进行细胞学检查。必须测量总蛋白和白蛋白浓度，并对提取液进行细胞计数。

乳糜胸

临床常见度				

技术难度				

乳糜是在消化系统中形成的淋巴液，含有高浓度脂类，乳糜从胸导管进入胸膜腔即发生乳糜胸。若积液起源于乳糜池，则称为乳糜腹。

在大多数情况下，找不到乳糜胸的具体原因，将这类情况归为特发性乳糜胸。

> 乳糜胸是一种消耗性疾病，可以影响犬和猫。

> 几乎所有的乳糜胸病例都属于特发性乳糜胸。

乳糜胸的病因尚不十分清楚。可能是由于：
- 胸导管内压力增加，随后淋巴管扩张，导致乳糜淀粉症，随后出现乳糜胸。
- 肿瘤或血栓导致前腔静脉压力升高。
- 心脏病（心肌病、三尖瓣发育不良、心力衰竭、法洛四联症）。
- 心包疾病。
- 犬恶丝虫病。
- 胸导管异常（阿富汗猎犬）。
- 膈疝。
- 肺叶扭转。
- 特发性淋巴管扩张。
- 低蛋白血症。
- 胸导管破裂。

临床症状

临床表现为乳糜刺激性胸膜炎伴胸腔积液。在某些情况下，特别是猫，体重会减轻。

> 宠物表现急性呼吸困难、精神沉郁和嗜睡等临床症状，全天呼吸困难。

诊断

乳糜胸的诊断基于胸部X线片和胸腔积液分析（图2-46、图2-47）。乳糜液通常不透明，呈乳白色（图2-47），但也可呈粉红色或黄色，罕见病例甚至可能无色。

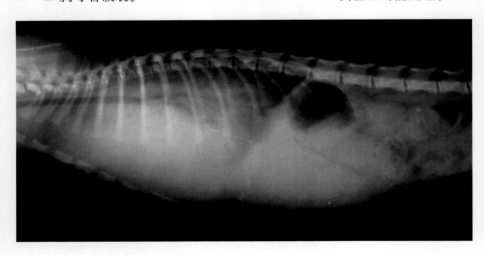

图2-46　乳糜胸影像学表现与胸腔积液相似。

乳糜液的特性与改性漏出液非常相似（比重1.019 ～ 1.050；总蛋白35g/L）。细胞学检查显示有大小淋巴细胞和乳糜微粒[1]（可被苏丹红Ⅲ或Ⅳ染色剂检测出）。在慢性病例中，可发现大量中性粒细胞、巨噬细胞和间皮细胞。通过测量血清和抽吸液中的胆固醇和甘油三酯水平来确诊。乳糜胸病例的胸膜液中胆固醇水平低于血清，而积液中的甘油三酯水平可高出血清10 ～ 100倍（乳糜胸液与血清甘油三酯比值>1）。其他诊断技术包括乙醚清除试验[2]。

> 为了在X线片上显示胸导管，可以用碘造影剂进行肠系膜或胸膜内淋巴造影。

治疗

如果深层原因已经确定，治疗的基础是纠正紊乱。初期治疗的目的是将乳糜引流出胸腔，减少其产生。低脂饮食会降低乳糜中甘油三酯的水平，但对乳糜的产生影响较小。

> 这些病患应通过在饮食中添加脂溶性维生素获得营养支持，因为大多数病患都很虚弱或营养不良。

- 如果出现以下情况，需要手术治疗：
- 在开始内科治疗的5 ～ 10d内，乳糜产生量没有显著下降。
- 乳糜流入胸腔的量超过20mL/（kg·d），持续5d以上。
- 有营养不良和低蛋白血症。

解剖学复习
犬的胸导管尾部在主动脉背侧偏右、肋间动脉外侧和奇静脉腹侧，在第五胸椎水平面，导管移向左侧，沿着食管左腹侧继续向前，直至左颈静脉与前腔静脉交界处。
猫的胸导管位于主动脉和奇静脉的左侧。
经典的解剖变异包括在单导管和双导管系统的中部和尾部出现多个导管侧支。

手术目的

- 闭合胸导管，在某些情况下切除乳糜池。
- 在胸部和腹部之间放置被动-主动引流管。
- 降低心脏右侧压力，以保持正常淋巴通道。

> 为了突显手术中的淋巴结构，可在术前1h给病患饲喂高脂肪饮食。

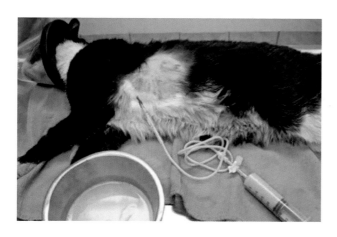

图2-47　猫胸腔积液引流，抽出淋巴液（图片由Rodolfo Bruhl-Day 提供）。

1　乳糜微粒是一种大而圆的微粒，从小肠中收集膳食甘油三酯、磷脂和摄入的胆固醇，并通过淋巴系统将它们输送到组织中。
2　如果样品与乙醚混合，随着脂肪溶解，白色消失。

外科手术

手术的不同步骤是：

■ 第九或第十肋间是犬右侧胸廓切开或猫左侧胸廓切开的手术部位（图2-48），也可以通过胸骨中线切开术进入胸腔。

■ 将主动脉和脊柱之间的所有结构（包括胸导管和奇静脉）进行结扎，但应避开交感干（图2-49、图2-50）；使用非吸收性材料（聚丙烯线或丝线）的1、0、2/0或3/0规格，具体取决于病患的体格大小。

图2-48　经胸腔后部胸侧壁切口进入胸腔后部，以识别和分离主动脉、奇静脉和交感干。

图2-49　胸腔上部解剖结构：结扎线穿过胸导管和奇静脉周围，不包括交感干。

结扎胸导管阻断了乳糜流入胸膜腔，有利于重建新的淋巴静脉分支。

图2-50　在奇静脉和胸导管周围做"整体"双重结扎。

> ✱ 如果仅部分结扎胸导管，或遗留应结扎而未结扎的侧支结构，手术将会失败。

■ 第四或第五肋间隙膈下心包切除术。由于乳糜的刺激，心包增厚，导致系统压力增加，阻碍了淋巴分流。

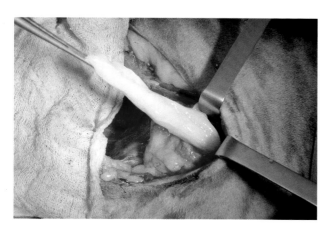

图2-51　在肋膈交界处切开后，将一块大网膜拉入胸腔，增加淋巴渗出再吸收。

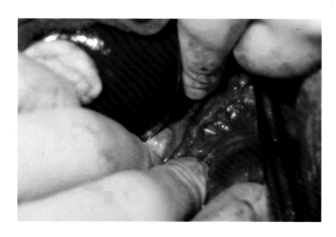

图2-52　手术图片显示第一腰椎水平腹腔顶部的乳糜池。

■ 作为姑息性引流技术的胸膜腔网膜化。
■ 通过膈或肋-膈结合处的开口，使用普尔（Poole）套管✱吸引，将一块大网膜拉入胸膜腔（图2-51），然后用2/0或3/0单丝可吸收缝线将其部分固定在纵隔前部和后部。
■ 重建胸壁并放置引流管。

如果胸导管的"整体"结扎不能解决问题，可以切除乳糜池（图2-52）。犬的乳糜池是一个位于腰椎L1-L4腹侧的蓄积池。猫的乳糜池是由主动脉背侧的囊状部分和腹侧丛状部分组成的双叶结构。

切除乳糜池和结扎胸导管可消除继发性淋巴管高压，因为结扎可促进淋巴静脉分支的形成。

然而，这种技术的并发症可能是乳糜腹水，特别是淋巴管扩张的病患。

术后

术后每4h需要对胸膜腔进行一次抽吸。

作者通常用头孢唑啉（每8h，30mg/kg，静脉注射）进行抗生素治疗，用甲苯胺酸（每48h，4mg/kg）和曲马多（每天2mg/kg）进行镇痛。正常情况下，第二天不能再抽出胸膜液，3～4d后移除引流管。

术后的几天内，评估病患的整体状况及所产生的积液量和特征。测量胆固醇和甘油三酯水平，对于判断渗出液是淋巴性还是炎性非常重要。

✱　普通外科用抽吸套管。

病例1　乳糜胸

技术难度	■	■	□	□	□
临床常见度	■	■	■	■	

　　本病例是一只8岁的雄性波尔多犬，2个月前接受了肺动脉瓣膜成形术，除了体重减轻外，没有任何异常的临床症状。

　　在一次术后超声检查中意外发现胸腔积液，通过抽吸积液进行分析后，确诊为乳糜胸（图2-53、图2-54）。

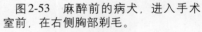

胸腔积液的实验室表现
■ 乳白色外观
■ 存在淋巴细胞、巨噬细胞和间皮细胞
■ 积液中的甘油三酯＞血清中的甘油三酯
■ 胆固醇/甘油三酯＜1
■ 乙醚清除试验阳性

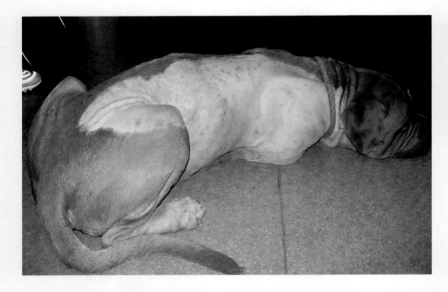

图2-54　病犬胸腔积液外观和血清对比。

图2-53　麻醉前的病犬，进入手术室前，在右侧胸部剃毛。

　　胸侧第十肋间隙切口为手术入路（图2-55）。

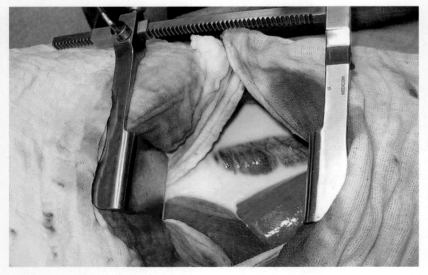

图2-55　经右侧第十肋间开胸后，显露大量的淋巴液。

抽出胸腔积液后识别和分离奇静脉和胸导管（图2-56、图2-57）。

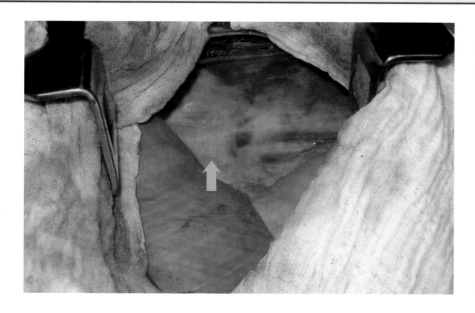

图2-56 胸导管和奇静脉（箭头）位于胸腔背后侧。

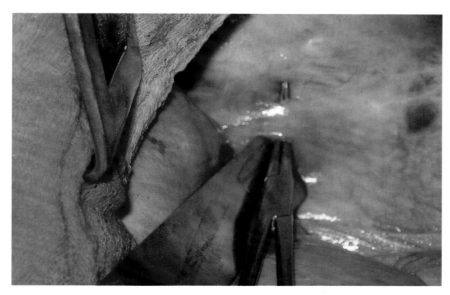

图2-57 在靠近膈的区域分离出胸导管和奇静脉，将交感神经干隔离开。

接着，用2/0单丝合成不可吸收材料对胸导管和奇静脉进行双重结扎，"整体"阻断（图2-58）。

图2-58 环绕胸导管和奇静脉做两道结扎。

接下来在最后一根肋骨后进行剖腹术，识别大网膜并将其移向头侧（图2-59），检查无任何张力后，经膈上的小切口将其拉入胸膜腔。

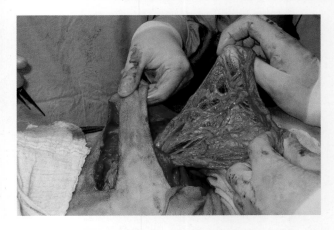

图2-59 大网膜通过膈切口进入胸膜腔。

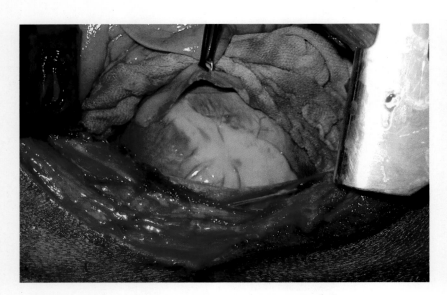

最后，施行膈下心包切除术，以改善经过腔静脉的静脉回流（图2-60）；手术结束时放置胸腔引流管（图2-61），并以标准方式关闭胸腔。

图2-60 心包切除术最终外观，注意心包厚度。

术后

术后最初24h内，引流出60mL血清样液体。接下来几天内，没有排出更多液体。第4天考虑问题已经解决，移除胸腔引流管。5个月以后，该犬表现健康，未复发乳糜胸。

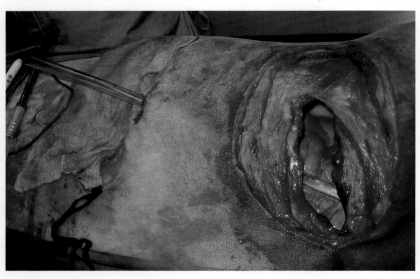

图2-61 关闭胸壁切口前放置一条大口径引流管，以便抽吸空气和积聚的淋巴液。

脓胸

临床常见度					
技术难度					

胸膜炎有不同形式：干燥性、浆液纤维蛋白性、脓性肉芽肿性和化脓性，后者被称为化脓性胸膜炎或脓胸。

> 脓胸的特点是胸膜腔积聚脓性液体。脓胸主要发生在猫身上。

病原体（表2-5）进入胸膜腔的途径包括：胸部、颈部和/或纵隔的穿透性伤口，食管穿孔，其他败血性病灶的血液传播，颈椎或腰椎的椎间盘炎，肺部感染，胸腔穿刺术或开胸术后的寄生虫和医源性污染。

> 猎犬和工作犬可通过呼吸吸入植物而面临更高风险。

病原体进入胸膜腔后，释放炎症介质，引起局部毛细血管通透性增加，导致胸膜腔积液及蛋白质和炎性细胞积聚。

临床症状

病患可能需要几天、几周甚至几个月才出现临床症状，因此很难确定脓胸的起源。

最常见的临床症状是：

- 精神沉郁，嗜睡。
- 呼吸困难，呼吸急促，咳嗽，直视呼吸*。
- 发热，食欲减退，体重减轻，运动不耐受。

可能有感染性休克的迹象，如高热或低温、黏膜充血或苍白、脉搏强或弱。

表2-5　脓胸病例常见的分离菌（南欧）		
	病菌	首选抗生素
厌氧菌	放线菌属	阿莫西林、阿莫西林/克拉维酸、青霉素
	拟杆菌属	阿莫西林、阿莫西林/克拉维酸、克林霉素
	梭菌属	阿莫西林/克拉维酸、甲硝唑、氨苄西林
	梭杆菌属	阿莫西林、阿莫西林/克拉维酸、克林霉素
	克雷伯菌属	阿米卡星、头孢噻唑肟、恩诺沙星
	巴氏杆菌属	阿莫西林、阿莫西林/克拉维酸、头孢菌素类
需氧菌	大肠杆菌	恩诺沙星、阿米卡星、头孢菌素
	诺卡氏菌	磺胺甲氧苄啶、阿米卡星、环丙沙星
	假单胞菌属	阿莫西林/克拉维酸、恩诺沙星、阿米卡星

诊断

胸腔X线影像显示胸腔积液（图2-62）。注意对呼吸窘迫的病患，在未抽吸胸腔内容物和给氧治疗使病患稳定前，不应进行侧位胸片检查。

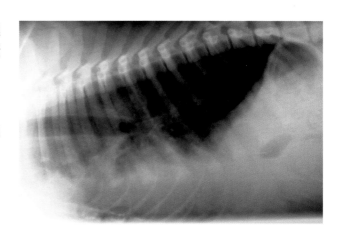

图2-62　胸腔底部可见积液。为防止侧卧位保定发生危险，这张X线片是病患站在摄片台上拍摄的。

---

* 呼吸时头和颈部伸直，肘部外展，站立或胸卧位姿势。

胸腔穿刺获得的样本呈黄色、混浊、黏稠且有异味（提示厌氧菌感染）。样本显微镜检查显示有退行性中性粒细胞和细胞内外细菌（尽管没有也不能排除脓胸），还观察到硫黄样颗粒。

血液学检查通常显示白细胞增多，伴有（或无）杆状中性粒细胞和中毒中性粒细胞数增多，严重病例可见白细胞核左移减少和贫血。

> 样品培养应当考虑需氧菌和厌氧菌。

> 对呼吸窘迫病患的处理尽可能要少，保持其处于安静环境，避免应激。

治疗

首先，应通过液体疗法、氧气疗法和胸腔引流术稳定病患（图2-63）。

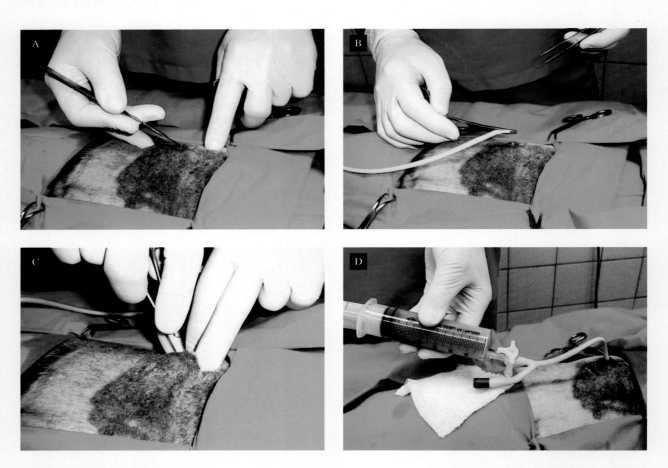

图2-63　胸腔引流管的放置。A.切开皮肤造皮下隧道；B.钳夹引流管；C.将引流管导入胸腔；D.引流管与病患已连接，抽吸胸腔积液。

在获悉细菌培养及药敏试验结果前，应全身使用广谱抗生素：

■ 针对厌氧菌：氨苄西林、阿莫西林/克拉维酸、甲硝唑。
■ 针对需氧菌：恩诺沙星、阿米卡星、磺胺类。

抗生素治疗应在病患出院后至少维持4～6周。

> 抗生素使用方法：病患住院期间以静脉途径给予，居家改为口服。

图2-64　通常情况下，应在胸腔两侧放置引流管，确保脓性物从胸膜腔排出。

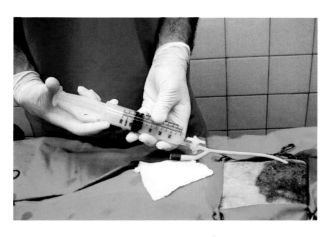

图2-65　如文中所述，冲洗胸膜腔可以去除脓性物。

液体疗法应防止病患脱水，并有利于胸腔积脓液化而容易抽吸。

胸腔引流是治疗的主要方法之一，应通过胸壁造口和插入引流管进行（图2-64）。

> 应对每侧胸膜腔进行引流，除非积液仅在单侧。

如果积液浓稠，可能有必要用无菌微温生理盐水（20mL/kg，注入10～15min，每6～24h重复一次）冲洗胸腔（图2-65）。在冲洗液中加入肝素（每100mL生理盐水中1 500U）可能有益，但不要添加抗生素或蛋白水解酶。

> ＊ 冲洗液应当非常缓慢地注入，当出现呼吸窘迫症状时则停止注入。保留冲洗液在胸膜腔内1h再行抽吸，大约25%的溶液会被病患吸收。

> 胸腔冲洗应在无菌条件下进行。

脓肿和异物是手术的适应证。在开胸手术中，清除坏死的组织碎片、胸膜腔黏稠渗出物和纤维化粘连。

> 通常情况下，中线开胸术可以探查胸腔两侧。

术后

术后对病患至少进行24～48h的密切监测和重症监护，因为可能会出现脓毒性休克或全身炎症反应综合征（SIRS）。

液体疗法非常重要，严重低血压可能需要用血管加压剂治疗，同时监测血清钾水平，直至病患能自行进食和饮水。

经过正确且积极治疗的犬猫存活率超过50%，复发率低于10%。

横 膈

临床常见度 ███ ██

　　横膈属于一种肌腱结构，其将胸腔和腹腔分隔开，并积极参与呼吸过程和淋巴的运输。

　　横膈收缩时，膈圆顶变得扁平，内脏向身体尾部方向运动，从而导致胸腔的扩张，气流顺畅地进入肺部。肋间肌也参与吸气过程，即使横膈不发挥作用，病患也可以继续吸气。

解剖概述

　　横膈附着在腰椎、肋骨和胸骨的腹侧表面。其中央为一个Y形肌腱，外周为肌肉部分。横膈的背侧部分由环绕主动脉裂孔的两根肌肉柱组成，主动脉、奇静脉、半奇静脉和胸导管经该孔穿过。食管裂孔边缘被两个厚厚的肌肉缘包围，并承载着食管和迷走神经干。腔静脉孔位于横膈的膜性部分（图2-66）。

横膈异常

　　横膈疾病主要由先天性缺陷或解剖性创伤引起，在这两种情况下，可能存在因腹腔内脏进入胸腔引起的呼吸道和/或消化道症状。

　　疝是内脏通过一个比通常更大的正常的解剖开口。但在横膈破裂的情况下，疝是通过创伤性裂口发生的。

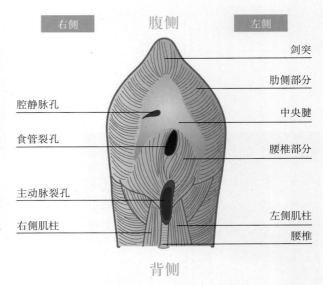

图2-66　横膈后侧观。

　　后面将讨论食管裂孔疝、腹膜心包疝和横膈破裂（图2-67至图2-70）。

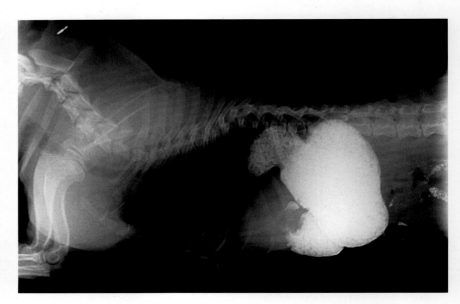

图2-67　对一只患有横膈裂孔疝的英国斗牛犬幼犬口服硫酸钡后的影像，可见胃前部位于胸腔内（图片由Jorge Llinas提供）。

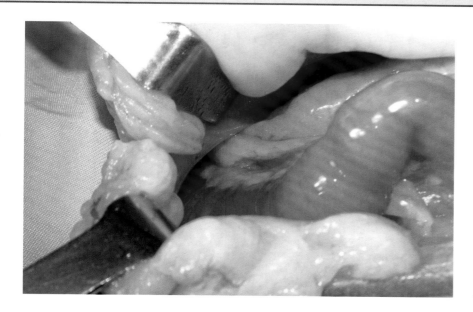

图 2-68　一只腹膜-心包疝病患，图示返回腹腔的肠袢。

图 2-69　该病患因车祸造成横膈破裂。图示胃和部分肠道已返回腹腔，左肝叶仍在胸腔内（通过横膈裂口可以看到）。

对这些病患的手术处理包括将腹部脏器恢复到正常位置，然后重建横膈缺损和解剖损伤。

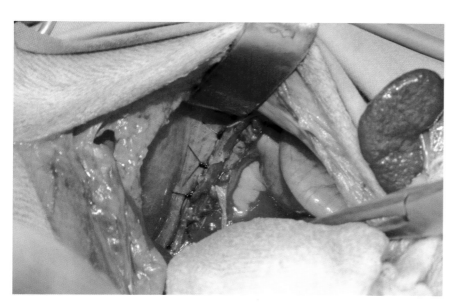

图 2-70　图片显示了横膈左侧径向外伤的重建结果。

横膈破裂

临床常见度 ■■■□□

　　横膈破裂是外伤造成腹内压过大的结果，常表现为呼吸道症状。但慢性无症状病例或表现消化系统症状的病患并不少见（图2-71）。

> 许多横膈破裂的病例是在创伤发生后几周甚至几个月才被确诊的。

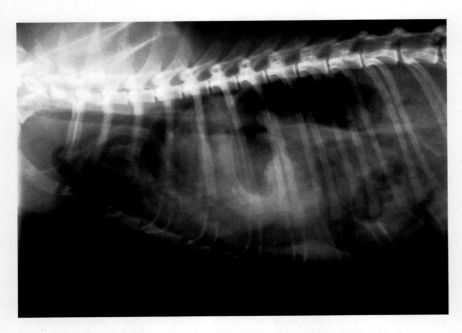

图2-71　该肠梗阻病患完全没有呼吸系统症状，可观察到胸腔的肠袢。

表2-6　慢性横膈破裂的动物的临床检查	
临床表现	病患比例
肺呼吸音和心音沉闷	58%
呼吸困难	34%
恶病质、体重减轻	32%
呼吸急促	26%
黄疸	6%
休克	6%
精神萎靡	6%

临床检查

　　临床表现呈多样化，从急性休克、呼吸困难、运动不耐受等到呕吐、腹泻、体重减轻等消化道症状。在慢性病例中，临床症状模糊，经常易被忽略，而破裂是临床检查中的意外发现（表2-6）。

> 膈疝中几乎总是存在肝脏；通常由于疝内的肝脏血管损伤而出现胸腔积水。

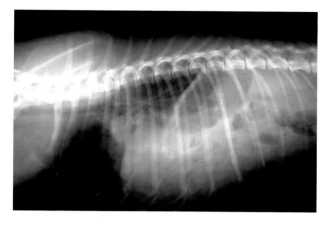

图2-72　该图显示胸腔腹侧膈线消失，包裹肠道的影像向前方移位。

胸腔后部影像显示膈线不连续、心脏轮廓丧失、肺移位、胸腔内存在肠袢和胃，以及胸腔积液（图2-72、图2-73）。在腹部X线片上，相关消化器官缺失（图2-74）。

如果影像学征象模糊且存在怀疑，应进行硫酸钡X线造影以观察消化道。如果存在胸腔积液，但X线片未显示上述征象，超声检查可为诊断横膈破裂提供依据。血液检查不显示特定的变化，但当肝脏与疝的发生有关时，肝酶会增高。

在30%的病例中，由于肝脏疝入引起的胸腔积液和腹水可能会影响X线诊断。

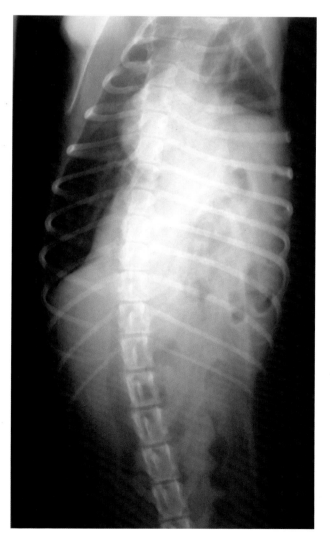

图2-73　在腹背位X线片上，可以观察到肺叶向前移位和胸腔内的腹部器官，此病例的左半侧胸腔被腹部脏器占据。

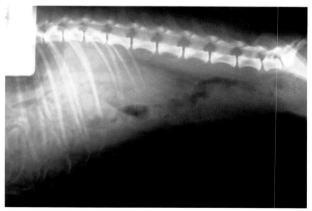

图2-74　因为肠道移位于胸腔内，腹部X线片显示腹腔空虚。

外科治疗

技术难度 ■■■□

　　病患的手术治疗可能从简单到复杂，取决于横膈病变的类型、存在的时间以及可能形成的粘连。膈肌破裂的修复应延期到病患稳定后，但不应无必要的延期。应定期监测病患状况，以发现可能的并发症。

 如果在创伤发生后过早或过晚地实施手术，会增加这些病患的死亡率。

术前考虑

　　肝脏等器官的疝入可能导致缺血以及毒素和血管活性物的积聚，当器官恢复到解剖位置时，这些有害物质被释放到血液中。静脉注射类固醇（甲基泼尼松龙 10 ～ 30mg/kg）可减轻血管重建后的反应，以及慢性病患由于肺部再扩张引起的肺水肿。

外科技术

　　选脐前中线通路开腹，在剑突一侧向前延伸，避免损害横膈。为了观察受伤的横膈区，将该区域的腹部器官移到一边，并用浸湿的手术敷料加以保护。胸腔内的异位腹部器官必须复位，必要时应扩大横膈撕裂口，以避免其被过度牵引（图 2-75、图 2-76）。

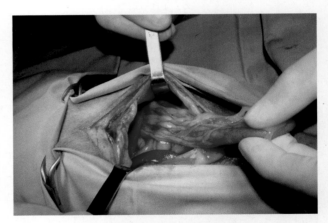

图 2-75　轻轻牵拉腹部器官使其复位。

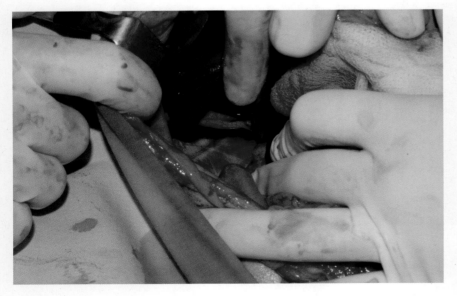

图 2-76　所有腹部器官已恢复至解剖位置，即将闭合膈肌缺损。

> ❋ 突入于胸腔的器官很脆弱，可能会撕裂或破裂，从而导致血胸。

如果在胸腔内发现粘连，应小心分离，以避免肺损伤或胸腔内出血，通常可以经过膈肌缺损来完成，但有时需要开胸。要仔细地检查横膈破裂情况，并拟定重建计划。

> 当分离胸内粘连时，应当非常小心地控制出血。

> ❋ 即使对于慢性病例，裂口边缘都不应修整或剪切；这将增加创伤，同时增大缝合张力。

使用带无损伤圆针的 0～3/0 单丝不可吸收或缓慢吸收缝线，以水平或垂直褥式缝合法缝合裂口（图2-77、图2-78）。

图 2-77　在研究了横膈病损后，从最深处开始缝合。由于位置太深且靠近重要的血管和神经，这是裂口修补最复杂的部分。

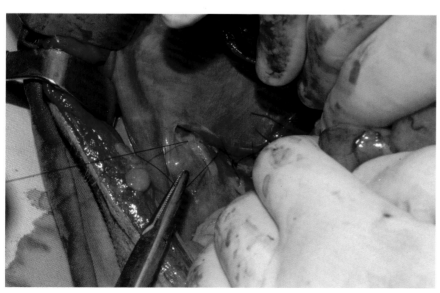

图 2-78　使用带有无损伤圆针的3/0单丝不可吸收缝线，以水平褥式缝合法逐渐闭合横膈缺损。

通常使用可吸收缝合材料，除非对慢性病例首先使用不可吸收材料。

如果横膈已从肋骨上撕脱（环形破裂），则缝合应包括肋骨和胸骨（图2-79）。

图2-79 注意这个病例附着在腹壁的横膈撕脱。缝合应涵盖数支肋骨，以增加缺损闭合的强度。

应检查整个腹腔，排除可能存在的器官损伤。所有缺损均应修复，特别是肠系膜损伤，以避免未来可能发生的肠嵌闭。

对急性病例，在完成前应排除胸膜腔内的空气。为此，缝合最后一针时，麻醉师应让病患保持几秒钟深吸气使肺充分扩张，在第二次吸气后进行最后缝合。

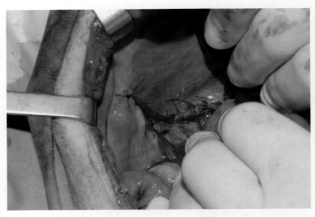

在急性病例中，为了从胸膜腔中排除空气，肺部通过缓慢、深度、持续吸入和压力不超过20cmH$_2$O的方式扩张，此时外科医生完成横膈缝合的最后一个打结（图2-80）。

图2-80 在持续几秒的深度吸气后完成最后缝合。

对于慢性病例，应放置引流管，使肺逐渐地重新扩张而避免损伤；由于内部病变引起的胸腔积液或可能的血胸也需要引流，以便评估进展情况。

在慢性病例中，应该通过胸腔引流使肺逐渐地重新扩张。

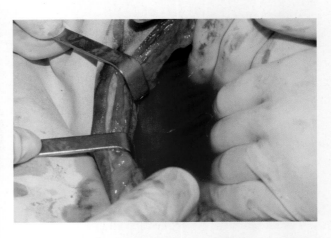

接着，检查横膈缝合的密封情况。方法是在前腹部充满无菌微温生理盐水，当病患吸气时检查缝合处是否有气泡产生（图2-81）。

图2-81 确认缝合的密封性，可使腹腔内充满生理盐水，吸气时检查是否有气泡产生。

如果横膈修复后存在泄漏，术后将持续存在气胸，并不会被吸收。

在抽吸腹腔内的液体后，以标准方式关腹而结束手术。

术后存活率约为90%。

术后

术后应立即对病患进行监测并治疗换气不足，应让其吸氧；如有过度的气胸，应行胸腔穿刺术。

＊ 在慢性病例中，肺部快速再扩张的可能并发症之一是肺水肿，这是为什么从胸膜腔中抽吸空气应该缓慢而渐进，并持续监测的原因。

肺的扩张应当呈渐进性，不要为了使病患恢复正常呼吸而尽快清除胸膜腔内的所有空气。要有耐心。

术后应给予布托啡诺（每2～4h，0.05～0.1 mg/kg）或丁丙诺啡（每6h，5～15μg/kg）来缓解疼痛。镇痛24h后，病例预后很好。

其他可能发生的并发症有：

■ 由于技术问题导致疝复发，如：
  ■ 缝线太靠近膈肌缺损的边缘。
  ■ 缝合材料对病患来说太细。
  ■ 使用快速失去抗拉强度的缝合材料。
  ■ 缝合材料不支持太大的张力。
  ■ 缝合出现滑结。
  ■ 不正确的无菌技术引起感染。

膈肌背侧部分破裂时，由于难以接进，缝合不牢更为常见。

■ 由于缝合泄漏或剥离粘连时发生肺损伤导致气胸。
■ 肝脾疝出部分变脆破裂，引起血胸。此种并发症也可能是胸内粘连剥离的结果。缝合过程中要小心，不要损伤腔静脉或膈血管。
■ 在大量腹部内容物进入胸腔的慢性病例中，腹肌已收缩，呈"空腹"状态（图2-82）。当脏器恢复到原解剖位置和关腹后，腹部压力会变得很高，增加了横膈破裂复发的风险。

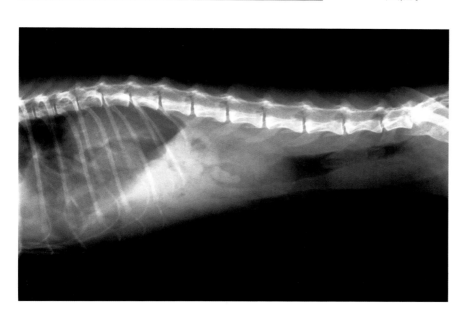

图2-82　该病患腹部仅包含膀胱、结肠、肾脏和小肠的最后一部分。

病例1　犬复杂的放射状横膈破裂

技术难度 ▮▮▮▮▮▮

Friki（图2-83）是一只2岁的母犬，就诊原因是已经数天无法进食。经问诊其病史得知，一个月前被一辆小车撞倒，但恢复得很快。

图2-83　手术当天的病犬，其横膈破裂发生于一个月前。

经临床检查有明显的恶病质（图2-84）。血液检查指标唯一升高的值是BUN：50mg/dL（参考值7～25mg/dL）。

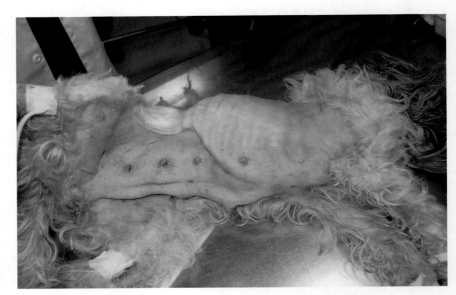

图2-84　胸腹部剃毛后可见明显的消瘦状态。

由于横膈右侧破裂，X线检查显示，胸腔内存在腹部内容物（图2-85、图2-86）。

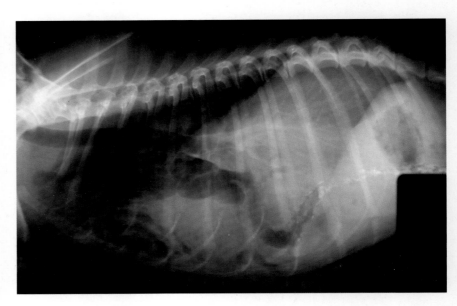

图2-85　胸侧位X线片。显示肠袢位于心脏前部，肺塌陷。

考虑到事故发生后经过的时间和胸腔内肝粘连的可能性，准备进行脐前腹中线切开，同时可能需要右侧开胸术。

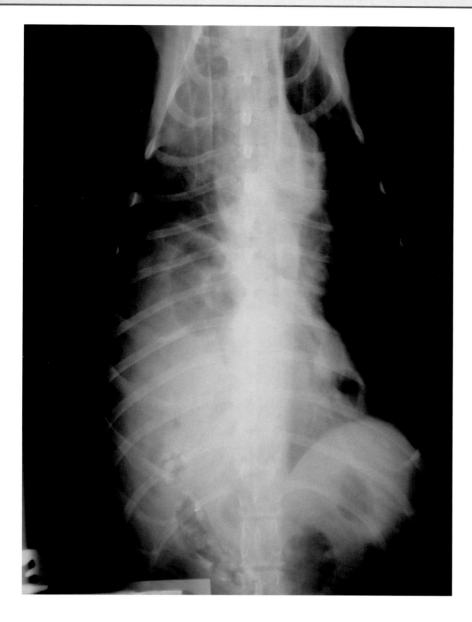

图 2-86　腹背位 X 线片显示，胸腔右后部密度增加，与肝突入胸腔相符，而同侧前部可见肠袢。

手术过程

经腹中线切口打开腹腔后，在右侧发现横膈破裂，肠袢疝入胸腔（图 2-87）。

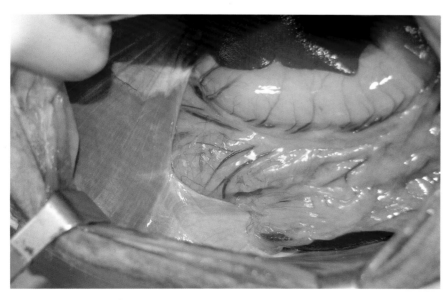

图 2-87　开腹后见右侧横膈破裂，肠袢、胃和部分肝脏突入胸腔。

接着，从胸腔中轻柔地提取肠袢，重新放回腹腔（图2-88）。

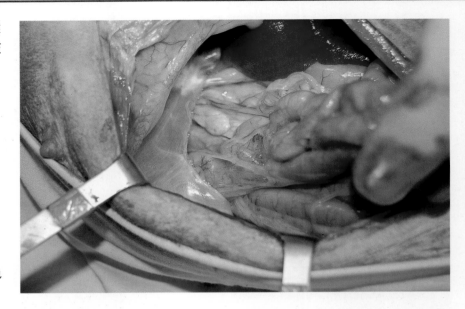

图2-88　轻柔牵引肠管，避免损害肠壁或肠系膜。

将肠袢送回腹腔后，在胸腔内发现几个肝叶（图2-89）。必须小心地将这些器官送回正常位置，避免损伤。

> 如果从膈肌破裂到手术干预经历了太长时间，应预计到胸腔内发生了肝脏粘连。

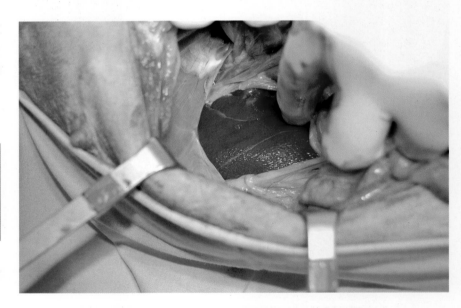

图2-89　仍位于腹腔的尾状叶因淤血而增大。

> 为降低血流重建综合征的风险，静脉注射了甲基泼尼松龙（30mg/kg）。

小心地移动每个肝叶，以便查明胸腔内粘连，并避免肝脏实质破裂（图2-90）。用剪刀剪断纤维性粘连，直到受累肝叶完全游离为止（图2-90至图2-92）。

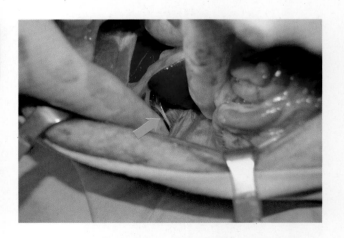

图2-90　肝尾叶与膈肌圆顶有明显的粘连（箭头）。

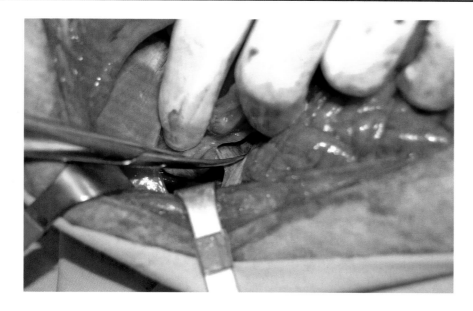

图 2-91 小心地处理肝脏粘连，避免肝损伤和出血。

❋ 肝脏位置异常会导致全身静脉回流受阻，受累肝叶增大且易碎。

图 2-92 该图显示右侧肝叶和胸壁之间的粘连正被剪断。

将肝粘连分离切断后，使肝叶恢复到正常解剖位置。肝尾状叶返回腹腔非主要问题，但肿大的肝右叶很难通过横膈裂口（图 2-93）。在这种情况下，唯一的选择是扩大横膈裂口，使用剪刀朝着肋骨的离心方向剪开（图 2-94）。这种扩大有助于更好地进入胸腔移动右侧肝叶，使其脱离粘连，并复位到正常解剖位置（图 2-95）。

使用无菌生理盐水湿润的纱布抓取肝叶后，处理肝叶会显得更加容易。

图 2-93 肝脏淤血引起的继发性肝肿大使得右外叶很难复位。

图2-94 为使剩余的肝叶返回腹腔，用剪刀延长横膈裂口是必要的。

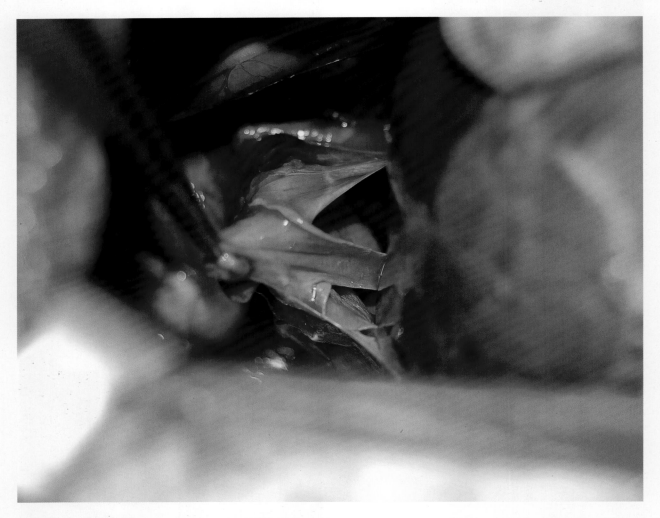

图2-95 通过向后牵拉肝脏右内侧叶，可以观察到肝脏和胸部之间的粘连。

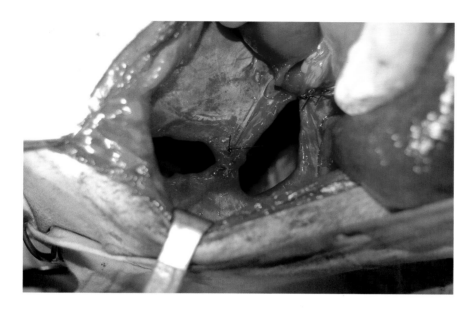

仔细检查胸部是否有出血，在决定如何重建横膈后，缝合缺损（图2-96、图2-97）。

图2-96 为了闭合横膈缺损，使用单丝不可吸收线进行水平褥式缝合。

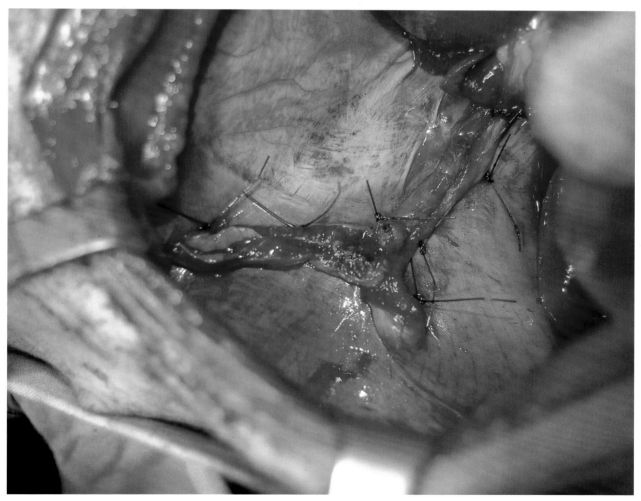

图2-97 已完成横膈重建的外观。缝合线末端保留得相对较长，以防止在其接触肝脏处造成肝损伤。

本病例放置了胸腔引流管以监测任何继发性胸腔出血，并在术后数小时内逐渐从胸腔中抽出空气，避免因突然的肺部再扩张引起肺水肿（图2-98）。

✳ 在慢性病例中，肺的快速或高压扩张可能导致严重的肺水肿。

病例跟踪

每小时通过胸腔引流管从胸膜腔中抽吸空气；患犬被放置在氧笼中以改善氧合状况（图2-99）。患犬恢复良好。24h后，X线片证实气胸已减少到最低限度，拆除了胸腔引流管。2d后，该犬生理功能全部恢复，出院。10d后，拆线。

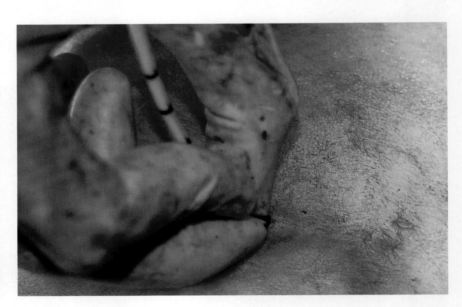

图2-98 通过胸腔引流管从胸腔逐渐抽吸空气，并使长期塌陷的肺部缓慢扩张。

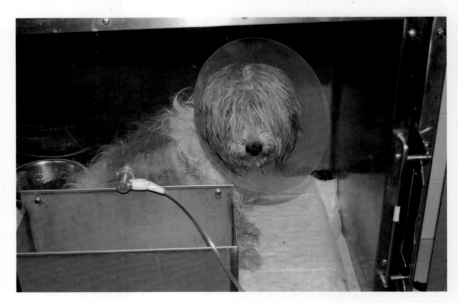

图2-99 Friki从手术后在氧笼中恢复。

病例2 猫横膈环形撕裂

技术难度 ■■■□□

Pipo，一只4岁的雄性家养短毛猫，被一辆摩托车碾过，在一家兽医中心看病后，病情很快稳定。通过进行一些诊断性检查，发现其横膈破裂（图2-100）。

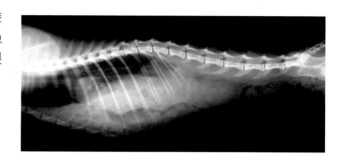

图2-100 在Pipo的胸部X线片上看不到横膈分界线，胸腔腹侧部分已经被腹腔脏器占据。

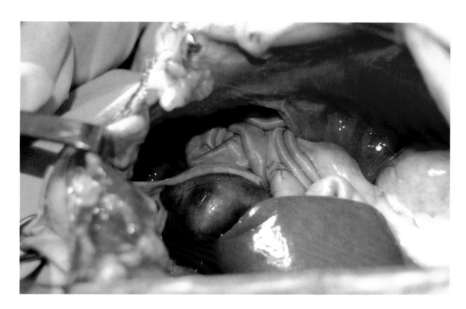

3d后，患猫体况稳定，入院进行横膈裂口修复。损伤处为横膈中央区撕裂，伴左侧径向撕裂（图2-101至图2-107）。

图2-101 开腹后可见横膈有一个大的撕裂口；由于横膈损伤较大，以及事故发生后的时间短，所以将内脏送回到腹腔非常容易。

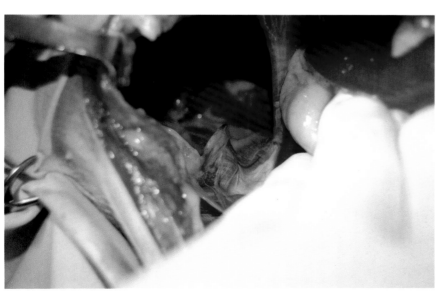

图2-102 胸腔检查除发现左肺塌陷外，未见其他内部病变。

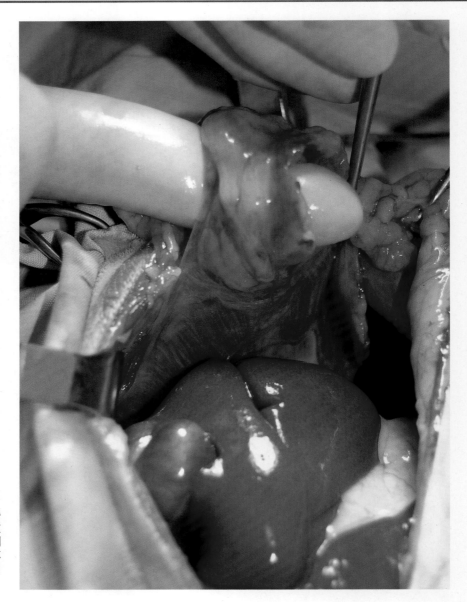

图2-103　重新复位腹部脏器后，检查膈肌撕裂情况以制订重建计划。该猫的横膈在胸壁右侧附着处及中部有一个非常大的环形撕裂，伴朝向左侧张力区的另一个径向缺损。

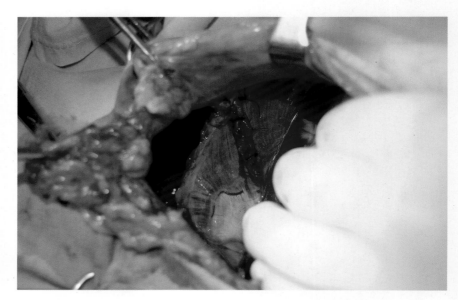

图2-104　重建开始于径向撕裂的缝合，使用可吸收单丝缝线进行间断褥式缝合。

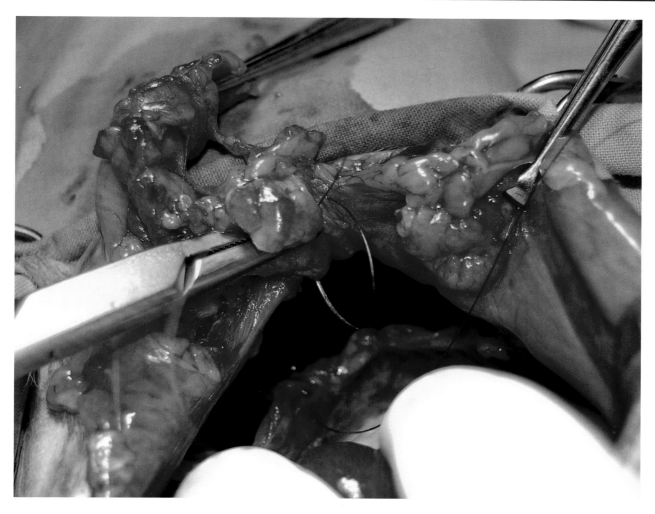

图2-105　为了确保膈肌紧贴胸壁，在胸骨和两根肋骨周围进行了缝合。图中可见膈肌中央区与胸骨剑突相连的缝合线。

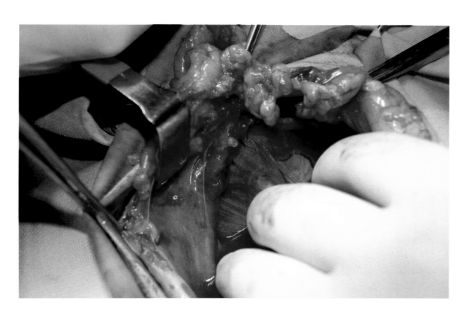

图2-106　横膈的间断水平褥式缝合。

＊ 为了避免肺部突然再
扩张（这可能导致急
性肺水肿），强制、
深吸和持续吸入的压
力不能超过20cmH₂O。

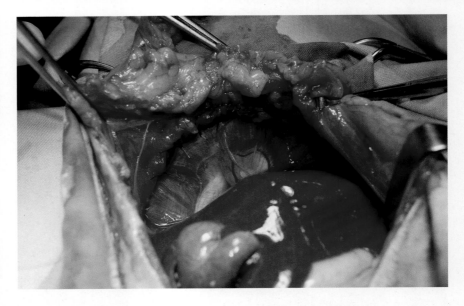

图2-107 打最后一个结之前，
使患猫有几秒钟的深吸气，再行
打结。

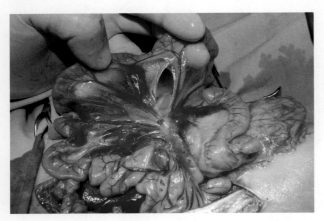

图2-108 除了一些相对不明显的血肿外，发现了肠系
膜撕裂；使用4/0合成可吸收单丝材料，做两个简单缝合。

一旦横膈被重建，检查腹部器官是否有进
一步的病变，该病例唯一显著的病变是回肠袢肠
系膜撕裂（图2-108）。决定术后给该猫放置胃饲
管以维持喂养，降低恢复期发生脂肪肝的风险
（图2-109）。

术后
在术后的几小时内持续监测猫的换气情况。
Pipo从气胸中逐渐恢复，不需要额外的方法提高
肺容量。36h后，胸膜腔的所有空气被吸收，患猫
呼吸正常。在其住院3d期间，通过胃饲管喂食。
该猫回家后正常进食，术后12d取出胃饲管。使
用阿莫西林-克拉维酸持续治疗7d。

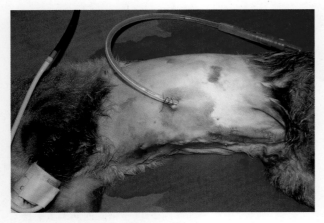

图2-109 给患猫放置的胃饲管。

腹膜–心包膈疝

临床常见度 ▮▮▮ □ □

　　腹膜-心包膈疝（PPDH）是伴侣动物最常见的先天性心包发育异常。通常是因为膈肌发育异常，在腹中线处出现缺损，而导致腹腔内器官向心包移位。由于缺损大小的不同，移位的腹腔器官可能会自由移动或被卡在心包腔内（图2-110）。

　　这种闭合性膈肌缺损可能与幼年动物的腹壁疝相关，但是位于脐部之前，因此应避免误诊为脐疝（图2-111、图2-112）。但也可能还有其他异常，如胸骨不连、漏斗胸、心血管畸形等。

> 宠主所认为的大脐疝可能是一个更大的缺损——腹膜心包疝。
>
> 目前尚不确定腹膜心包疝是否具有遗传性。

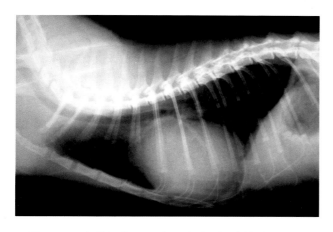

图2-110　表现厌食、运动不耐受和间歇性咳嗽症状的病患侧位影像：可以观察到心脏轮廓明显增大。

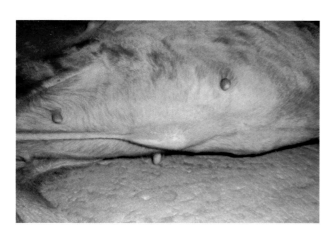

图2-111　前腹壁疝：变形部位在脐部之前。

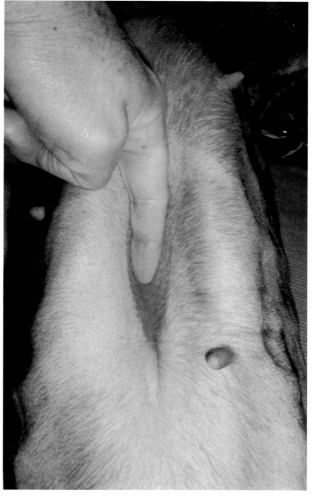

图2-112　在临床检查中让患病动物处于仰卧位，更易于腹壁疝的触诊。

腹膜心包疝在出生的时候就存在，而且可能很长一段时间没有症状。

病患的临床症状取决于进入疝孔的器官及其功能改变，包括呕吐、食欲减退、腹泻、运动不耐受、咳嗽、呼吸困难、生长迟缓（图2-113）。

诊断

在胸部X线影像上可以看到，心脏轮廓增大、呈圆形或卵圆形，心脏与膈的轮廓在胸的腹侧重叠（图2-114）。

对胸部影像中可能出现的心脏肥大的鉴别诊断应包括：

■ 腹膜心包疝。

■ 心包积液。

■ 扩张性心肌病。

■ 重度瓣膜缺损。

■ 其他。

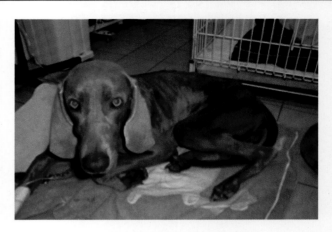

图2-113　这是一只被诊断为PPDH的7月龄患犬：比较瘦弱，体重从未达到同龄犬健康标准。

有些动物可能终生都没有任何症状。

心脏充血、心包填塞等心脏改变比较罕见，通常是由于肝叶疝入发生血管损伤引起渗出而导致的。

为了证实诊断，可以通过X线检查肠道以辨认心包腔内是否有腹腔器官，还可以用消化道造影剂加以确认（图2-114、图2-115）。对这类病患进行超声检查很有帮助。

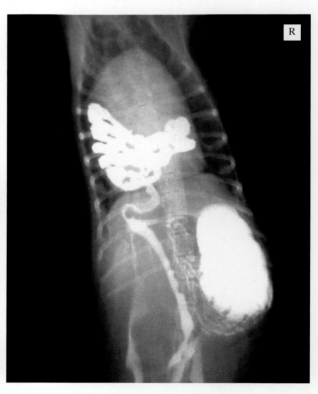

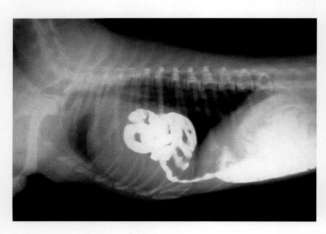

图2-114　胃肠道造影显示管状环绕的肠道与心脏影像重叠。

图2-115　同一病例胃肠道背腹位影像证实心包内存在肠管。

外科治疗

技术难度 ▮▮▮▯▯

PPDH的手术治疗原则与膈肌破裂的手术相同。

> PPDH与胸膜腔不相通，这一点很重要，因而在临床表现、麻醉、手术方法上与膈破裂的处置有所不同。

原则上，病患不需要辅助通气，因为手术没有打开胸膜腔。但是建议使用辅助通气改善血氧饱和状态，使肺部逐渐扩张。手术通路选脐上腹中线开口，并沿剑突旁延伸。

可以看到膈腹中线处有缺损，腹腔脏器进入胸腔（图2-116）。复位肝脏时应小心操作，还纳过程可能导致肝脏出血。疝入的脏器与心包发生粘连的情况比较少见（图2-117）。

> ❋ 肝脏还纳回腹腔后可能导致大量毒素进入血液循环，因此在手术前使用皮质类固醇可能有益。

> ❋ 这类病例最常见的并发症是复位过程中的器官损伤及出血，应当小心地复位。

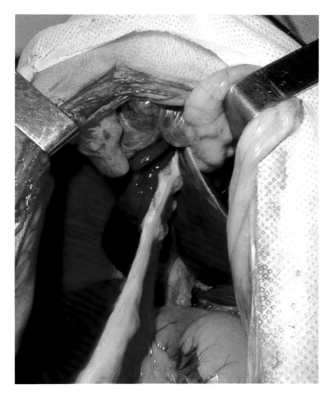

图2-116 脐上腹中线开腹后，可见肝叶向前通过膈肌缺损进入心包腔。

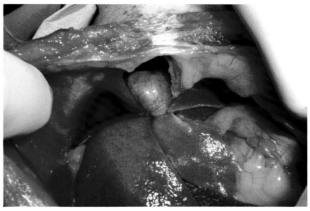

图2-117 通常很容易将内脏复位，这个病例的肝脏方叶、右内侧叶和胆囊需要复位。

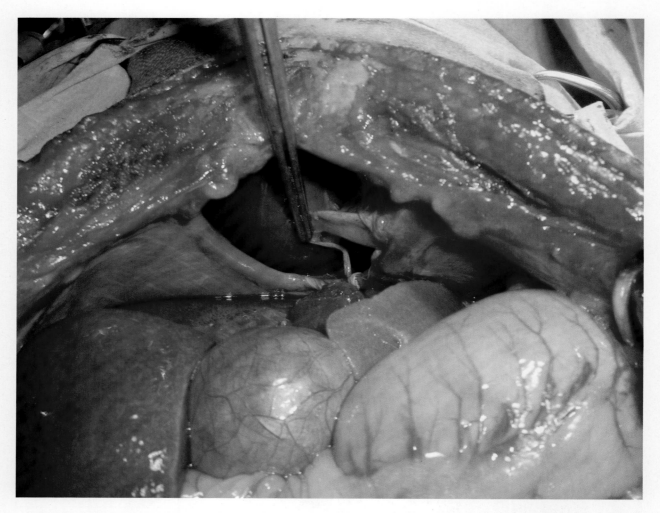

图2-118 该病例的心包已经被切开，如果进行缝合，可能会产生心包积气而造成严重后果。对于这类病例，手术结束前要给病患一直保持机械通气。

使用单丝不可吸收缝线，以间断缝合法闭合疝孔，这种缝线也用于心包缺损及膈的修补。不需要缝合已经被打开的心包（图2-118至图2-120）。

> 为使PPDH更易于闭合，打结前应将所有缝线都沿缺损位置摆放（图2-119）。
>
> 缝合膈肌缺损时，应避免带入大网膜。

原则上不需要行胸腔引流，除非有心包积液或气胸。

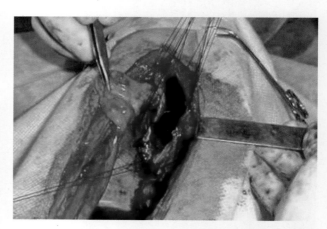

图2-119 未打结的单个缝合更便于检查每条缝线是否被正确摆放。

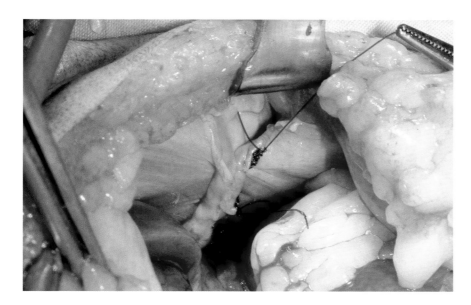

如果膈肌缺损过大或疝孔较大，需要使用外科补片或腹横肌瓣，以避免缝合处张力过大及疝复发。

图2-120 膈肌缺损处采用水平褥式缝合，多数病例有足够的组织，不会有过大张力。

为了清除胸膜腔或心包腔（如果打开了心包腔）的空气，在对最后一针缝合线进行打结时，麻醉师应使病患处于强制吸气状态或经膈行胸腔穿刺抽气（图2-121）。

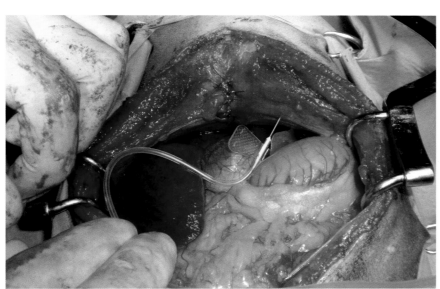

图2-121 在心包切开导致医源性气胸的病例中，经膈行胸腔穿刺可以有效地清除胸腔内空气。

术后

除非有心脏疾病，通常术后康复快速且无并发症，预后良好。

康复后，应进行全面的心脏检查，以排除进一步的心脏疾病。

可能发生的并发症有：
- 心包填塞：应当在右侧第四肋间肋骨-肋软骨结合处下方进行心包穿刺术。
- 肺水肿：治疗方法包括吸氧和使用皮质类固醇及利尿剂。

病例1　一只母犬的PPDH

临床常见度	■	■	□	□	□
技术难度	■	■	■	□	□

本病例为一只4岁的未绝育雌性北京犬，该犬因进行剖腹产和修补"脐疝"而就诊。

入院时接受检查，临床症状表现为咳嗽、喘息、乏力、厌食、呼吸困难等。胸部听诊时，心音低沉、混沌且胸腔内可听到肠蠕动音。这些征象加上疝和无外伤史，指向腹膜-心包膈疝（PPDH）。

> 详细的临床检查极其重要，特别是从一开始就怀疑PPDH的病患。

超声检查显示该犬腹底壁缺损，疝内容物呈实质性，胸腔内有腹腔器官。胸片上观察到同样结果（图2-123），因此决定检查肠道的输送状态（图2-124、图2-125）。

该犬在腹中线、脐部头侧有一个相当大的突出物（图2-122）。

鉴于犬的临床症状和腹疝与PPDH的高度相关性，建议对该犬进行胸片和腹部超声检查。

> 对这些病患最好在术前进行心脏检查，因为经常存在与PPDH和前腹壁疝相关的心脏疾病。

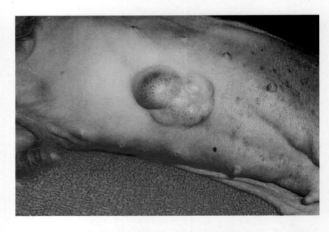

图2-122　腹腔内容物通过腹壁缺损而突出，腹疝位于脐部和脐前区。

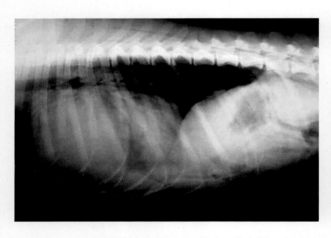

图2-123　在侧位胸片上很容易看到膈线中断、心脏轮廓增大、气管背侧移位和心包腔内的高密度影像。

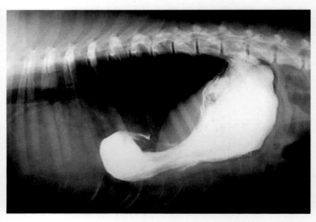

图2-124　口服造影剂后，明显看到胃已向前进入胸腔。

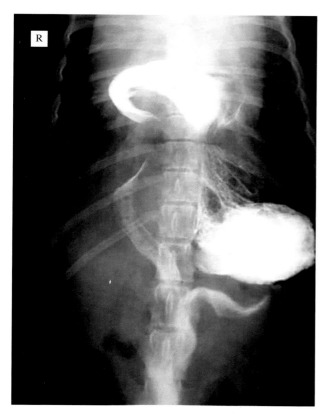

图2-125　腹背位影像显示胃的轮廓向头侧移位，部分位于心包腔内。

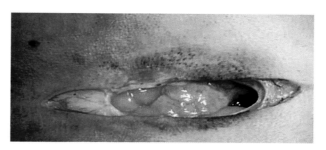

图2-126　脐前腹中线的缺损。

该病例由于心包积液，表现为低电压的心电图图像，这是PPDH的特征。同时心电轴也有偏移。

外科手术

麻醉管理的要点是：

■ 预吸氧。

■ 快速诱导。

■ 控制通气以处理纵隔和心包的"占位效应"。

手术切口沿着腹中线从剑突开始到脐后区域，以接近膈肌缺损的良好视野进入腹腔（图2-126）。一旦进入腹腔，迅速检查受影响区域，更好地了解缺损。该病例的疝孔很小，有必要扩大，以便把进入胸腔的组织还纳回腹腔（图2-127）。

膈肌在腹中线的缺损狭窄，导致脏器嵌顿于心包腔内，轻轻牵引使移位的脏器复位。心包内不常见粘连现象，这对疝入肠袢的复位有很大便利（图2-128）。

该病例确诊为PPDH，因此制订了对应的手术计划。该犬的同窝犬同样患有PPDH，后来也进行了相同的外科治疗。

术前该犬的血液学检查和血液生化指标均在正常范围内。

图2-127　该病例的膈肌缺损很窄，图为胸腔内弯曲盘旋的小肠。

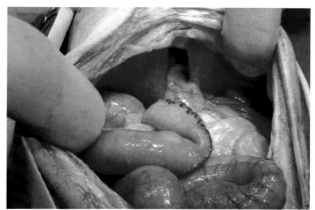

图2-128　轻轻地牵引肠袢使其回到腹腔，这张图清楚显示了膈肌的缺损。

由于横膈裂隙小，无法使疝入的其他器官复位；所以决定扩大膈肌裂口，以便将脾脏复位时不会造成牵拉损伤（图2-129、图2-130）。

> 当膈肌裂隙非常狭窄时，可以扩大膈肌缺损以连通胸膜腔（图2-130）。如同处理膈肌破裂那样，从这一刻起，麻醉管理应包括可控的正压通气，或者从开始就持续采取手动或机械通气。

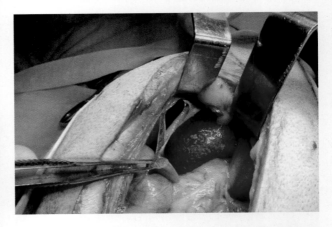

图2-129　将缺损扩大到可以使移位的内脏回到腹腔，在膈肌缺损中央可以看到脾脏。

> 这种情况下，应在手术结束时放置适宜的胸腔引流管，恢复胸腔内负压。

最后，将肝叶拉回腹腔（图2-131）。

有时，由于出生时缺乏必要的生长因子，肝叶可能发育不良。因此，对这些病例应考虑部分肝脏切除术。

另一个需要考虑的因素是，肝叶之间的裂隙可能会卡在疝孔边缘，因此手术中应非常小心地将其复位，以避免损伤。

用可吸收材料结扎或使用高频电刀去除网膜与膈肌缺损边缘的粘连，以避免不必要的出血（图2-132）。

图2-130　此图显示心包腔（蓝色箭头）和胸膜腔（黄色箭头），部分脾脏已从心包腔牵出，肠系膜血管提示回肠靠近膈肌缺损。

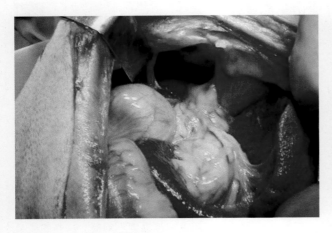

图2-131　最后从胸腔取出疝入的肝叶。

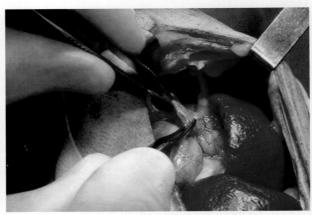

图2-132　结扎后分离与膈肌缺损处的粘连。

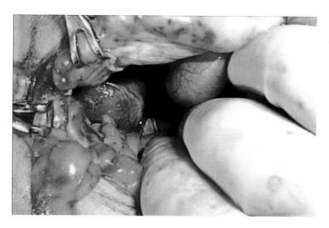

图2-133　从膈肌缺损处可以看到心脏。

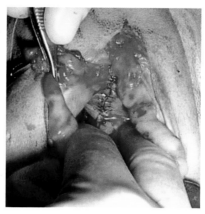

图2-134　使用单丝尼龙线和简单缝合法修复膈肌后的外观。

　　从胸腔取出所有器官和肠系膜后，可以清楚地看到心脏（图2-133）。

　　膈缺损的闭合采用不连续缝合方式：该病例采用简单间断缝合，使用单丝不可吸收缝线（图2-134）。不建议缝合心包。

> 打结前摆放好缝线有助于观察，轻轻牵拉最靠近背侧（距术者最远）的缝线，以使缺损部位深处更易于缝合操作。

　　对缺损闭合后，在关闭腹腔前检查该区域是否有出血。

　　如果术部和胸膜腔已经相通，为了重建胸膜腔负压，在完全闭合缺损前，应当在胸壁造口放置胸腔导管。

> 有些作者建议把膈肌缺损的游离缘造成新鲜组织，以使缝合后的边缘达到更强的粘连。我们有时也为获得这样的效果而刮擦边缘组织，然而事实上没有任何证据表明直接缝合疝孔会出现愈合不良或再次损伤。

> 其他作者建议在缝合处放置一根导管，以恢复胸腔内负压。当做完最后一条缝合且准备打结时，要求麻醉师为肺部充气，同时用注射器经导管抽出胸腔内空气，在拔管同时完成最后的打结。

> 我们更喜欢放置胸腔导管，对术后并发症进行胸腔引流很有用。胸腔导管的另一个优点是，胸腔引流的速度更慢、更安全，因为肺部不会突然扩张，不会有水肿的风险。所以，我们更愿意将导管放置12～24h，确保以更符合生理学的方式恢复胸膜腔负压。

术后

　　术后应进行影像学检查以对残余的心包积气量化，心包积气通常在几天内消失，不会给病患造成严重的并发症。

　　该犬术后恢复良好。住院期间，每4～6h行一次胸膜腔抽吸。当连续三次抽吸都没有抽出空气时，将拆除导管。抗生素维持5d，使用第一代头孢菌素，配合甲硝唑2d，因为肝脏已受到影响。

　　将胸腔导管拆除后，病犬被送回家里，每天到流动诊所复查。术部愈合正常，临床症状快速消失，7d后停止治疗。

食管裂孔疝概述

临床常见度 ▮▮▮□□□

食管裂孔疝通常是因先天性食管裂孔畸形而导致腹部食管和胃进入胸腔。

因下食管括约肌张力降低，可能导致返流、食管炎和可能继发的巨食管症（图2-135、图2-136）。

食管裂孔疝可能影响任何犬种，但依作者的经验，该病的高发品种为沙皮犬、英国斗牛犬和法国斗牛犬。猫不太常见。

临床症状通常在动物1岁前发生，最常见的症状是返流。其他症状包括：

■ 呕吐。
■ 吞咽困难。
■ 厌食。
■ 流涎。
■ 呼吸系统症状。
■ 体重减轻、生长迟缓等。

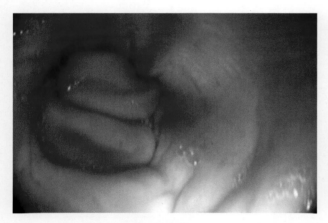

图2-135 食管裂孔的内镜图像：注意裂孔异常、食管中的胃黏膜皱褶和胃返流引起的食管炎。这个病例发生胃食管套叠。

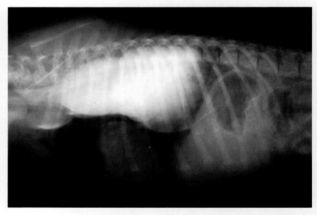

图2-136 食管裂孔疝病患的巨食管：巨食管可能为原发性，需要准确诊断。

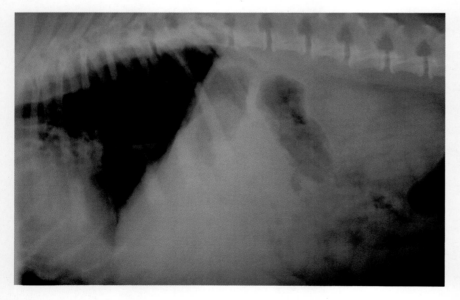

图2-137 食管裂孔疝病患的X线平片：注意横膈前扩张的食管和腔内积聚的空气。

诊断

在X线平片上识别裂孔疝并不容易，因为大多数裂孔疝是滑动的，腹部脏器在拍摄X线平片时可能处于正确位置。然而，食管远端扩张或存在空气可能是这种疾病的迹象（图2-137）。

阳性造影剂有助于更好地观察因疝引起的解剖结构改变（图2-138至图2-140）。

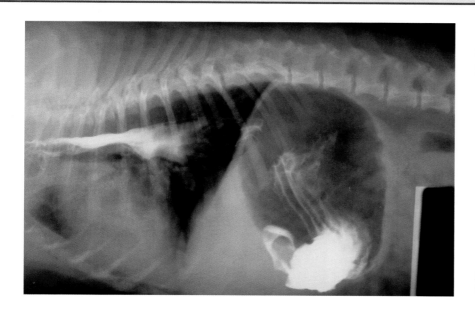

图2-138　给予水溶性造影剂后，可见食管远端扩张和食管括约肌后方的胃黏膜皱褶。

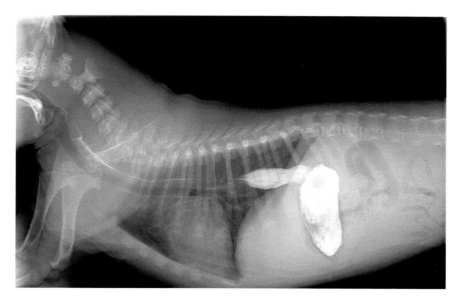

图2-139　5月龄斗牛犬的裂孔疝影像：注意膈前食管扩张、食管裂孔宽度和裂孔内胃黏膜皱褶。

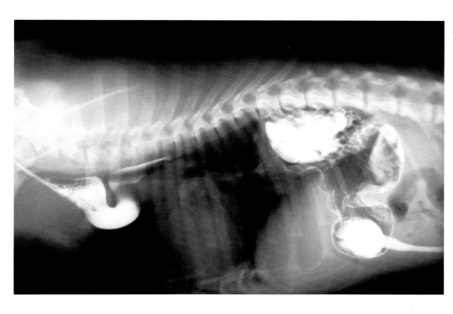

图2-140　在这个病例中，巨大的裂孔疝导致部分胃位于胸腔。

食管胃镜检查（图2-141至图2-143）是最可靠的诊断方法，因为可以直观地看到食管内情况：

■ 胃返流引起的食管炎。

■ 食管末端括约肌宽度。

■ 食管腔内的胃黏膜皱褶。

■ 内窥镜后退时贲门不能正常收缩。

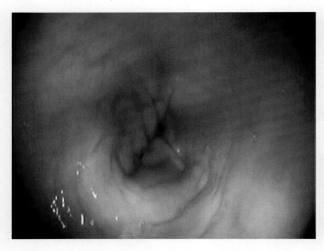

图2-141　食管裂孔疝病患的食管镜检查。表现胃返流引起的食管炎、下食管括约肌侧移和张力减退。

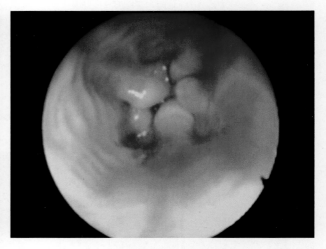

图2-142　猫食管裂孔疝导致食管腔内可见胃黏膜皱褶，食管远端周围也有食管炎。

食管远端并非总是发生食管炎。

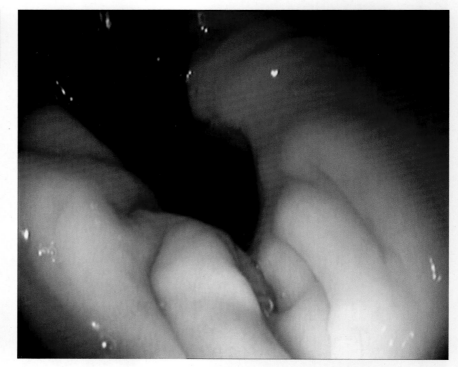

图2-143　如果将胃内的镜头后弯以观察贲门，发现其不能紧贴在胃镜周围，这是裂孔疝的明确标志。

治疗

治疗的目的是：

- 改善胃返流引起的症状。
- 恢复下食管括约肌功能。
- 预防因食管炎、吸入性肺炎、溃疡、瘢痕性狭窄等引起的并发症。

对所有病患都要进行内科治疗，当疗效不满意时，应采取外科治疗。

内科疗法的目的是：

- 低脂肪饮食，以改善下食管括约肌的张力。
- 胃酸分泌抑制剂（奥美拉唑每24h，1～1.5mg/kg）。
- 保护胃黏膜（硫糖铝每8h，0.5～1g）。
- 缩短胃排空时间（胃复安每8h，0.2～0.5mg/kg）。
- 广谱抗生素治疗吸入性肺炎。

> 对此种病例应当检查肺部，如果检查有吸入性肺炎，应立即进行治疗，并始终在外科手术前进行。

经过一个月的内科治疗后，如果症状和不适仍然存在或者经常复发，应进行手术。

技术难度 ■■■■■□

许多外科技术可以用来解决这个问题。通常联合使用多种技术，可以选择的手术包括食管裂孔的缩小和缝合、食管固定术、左侧胃固定术，以及在严重食管炎的情况下可在胃内放置胃饲管，以避免食物通过食管。

> 人类医学中使用的抗返流技术在兽医学中并不是非常有效。

手术方法

脐前开腹，向前延伸至剑状突左侧，把左肝叶拨向中间区域以显露食管裂孔（图2-144）。

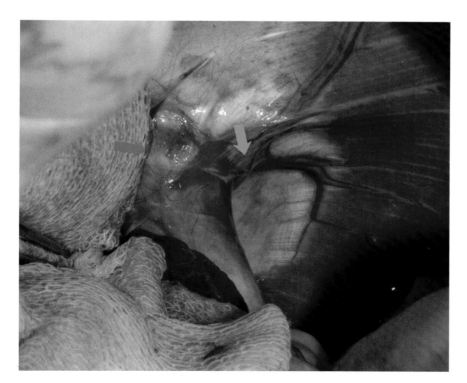

> 为使肝脏左外叶和左内叶移向右侧，宜将肝壁面被膜和膈之间的三角韧带切断。

图2-144　为了观察食管裂孔（绿色箭头），应当用盐水湿润的敷料将肝叶向右移位、固定和保护起来。蓝色箭头为膈血管。

放置一个6～12mm的胃管，以便于对腹部食管和胃进行观察并操作（图2-145）。

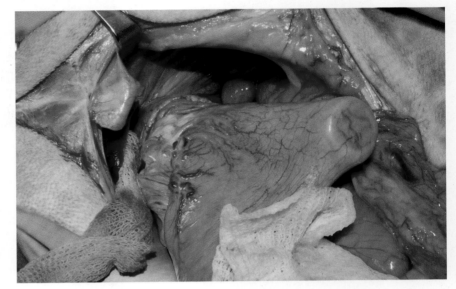

图2-145 放置大口径胃管有助于识别和操作食管，这只法国斗牛犬使用了一个10mm的胃管。

缩小裂孔

在胃的背侧进行牵引以暴露和分离膈食管韧带，为方便对胃进行操作并防止其血管和神经损伤，在腹部食管周围放置一个彭罗斯引流管（图2-146）。

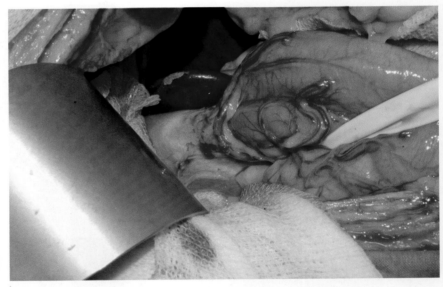

图2-146 为防止胃的血管、神经损伤且便于操作，在腹部食管周围放置彭罗斯管牵引。此图显示了膈食管韧带起始部分的解剖。

接着，将食管与膈相连的韧带在其腹侧（靠近术者）超过180°范围切开，此时胸腔被打开，麻醉师应维持好病患呼吸状态（图2-146、图2-147）。

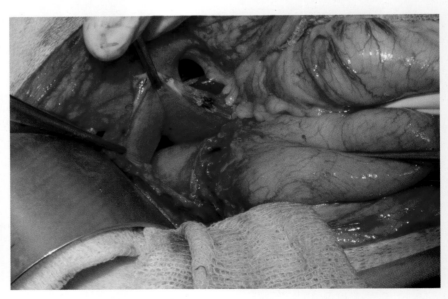

图2-147 切断膈食管裂孔腹侧的膈-食管韧带，便于食管回到正确位置，并使食管裂孔恢复到正常大小。注意这个病例的裂孔很大。

* 此阶段应小心操作，避免损伤食管和迷走神经干的营养血管。

通过牵拉胃部，使2～3cm长的胸腔食管进入腹腔，这样会增加食管末端的外部压力，降低胃-食管返流风险。

　　将胃向后牵拉，使食管背侧靠近脊柱，此时裂孔被折叠和缩小。

　　为了使裂孔缩小，采用几个水平褥式缝合，缝线应使用单丝可吸收材料，并配有无损伤圆针。注意不要损伤膈的血管、腔静脉或迷走神经干（图2-148）。

要特别注意，不要损伤沿食管走行的迷走神经背侧干和腹侧干。

　　修复后的裂孔直径：小型犬和猫约为10mm，中、大型犬为10～15mm。

应缩小胃管周围的裂隙，以避免食管回缩。

　　图2-148　用3/0单丝可吸收材料（蓝色箭头）行两个间断褥式缝合，对食管裂孔腹侧（绿色箭头）进行闭合和折叠。特别注意不要损伤邻近的、沿食管（黄色箭头）或腔静脉行走的迷走神经（白色箭头）。

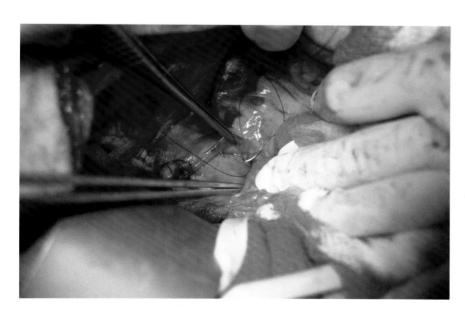

食管固定术
　　食管固定术包括在食管周围放置几个简单的间断缝合线，使其附着在食管裂孔。这些缝合线除了不穿透食管壁黏膜层，应穿过其他各层组织（图2-149、图2-150）。

　　图2-149　食管与食管裂孔间采用间断缝合，缝合线与之前相同；缝合不应穿透黏膜层，以避免感染及并发症。

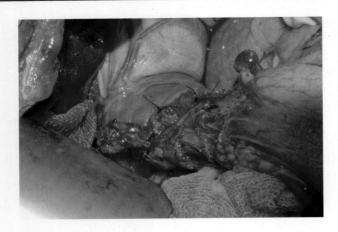

图2-150 横膈手术的最终结果。注意胸段食管的长度，部分位于腹腔内（约8mm）。

胃固定术

在做切口的胃固定术中，将胃体固定在左侧腹壁上，这一方法可以阻止胃-食管结合部向头侧移位，即减小胃-食管结合部对裂孔的压力及进入胸腔。

需要用手术刀做两个切口，一个在胃体血管稀少处，一个在腹壁处，然后用单丝可吸收缝线将两处切口连续缝合，使两处切口产生形成牢固的永久性粘连（图2-151至图2-153）。

图2-151 为了对胃进行牢固固定，用手术刀做两个切口：一个在左腹壁，一个在胃体前部少血管处。

图2-152 用可吸收材料连续缝合两个切口，图片显示了切口后缘缝合。

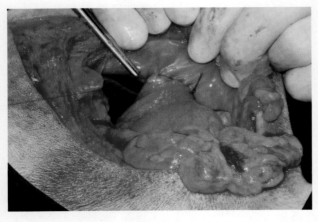

图2-153 胃固定术最后外观：此技术阻止胃向前移位，可减少对食管裂孔的压力。

胃固定术也可围绕饲管施行，对患有严重食管炎的病例饲以食物和饮水。

完成手术

在缩小食管裂孔的最后一针打结时（或行食管固定术、胸腔穿刺术），通过让动物持久吸气，使胸膜腔内的空气排出（肺充气不应超过10～20cmH₂O）。

冲洗胸腔并检查缝合处是否有泄漏等（图2-154），以常规标准闭合腹腔。

图2-154　为确认膈肌缝合是否密闭，在此处注满无菌微温生理盐水，以观察动物呼吸中有无气泡产生。

术后

术后应监护这些病例是否因气胸引起呼吸困难，评估每个病例是否需要行胸腔穿刺，或胸腔内的残留气体是否可自然吸收。

食管炎的治疗至少应持续4周（抑酸剂、H_2受体阻断剂、胃复安），如果病患有吸入性肺炎也应如此。

部分病例可能因为食管炎未被治愈，导致术后仍有持续的返流。

术后饮食应给予低脂流体食物，并采取少食多饲；如果患有食管扩张，应让动物保持直立体位进食。

并发症

最常见的并发症是因食管狭窄而产生的吞咽困难和返流，可能是由于食管炎治疗不当引起的继发性瘢痕性狭窄、医源性的食管裂孔过度缩小或缝合时穿透了食管全层引发的局部感染（图2-155）。为避免这些并发症，最好使用大口径胃管标记食管，并在放置缝线时不要穿透黏膜层。

当食管裂孔不能被恰当地显示或缝线没有被精细放置时，就会出现并发症，即裂孔疝的症状很容易复发或食管发生严重狭窄。

预后

在内科治疗效果良好的病例，预后良好且无需手术干预。然而，若病患持续出现临床症状而不进行手术治疗，可能会因胃返流和明显的瘢痕狭窄而出现继发性食管炎。

应用上述技术进行手术治疗及预防措施后，病患通常预后良好。

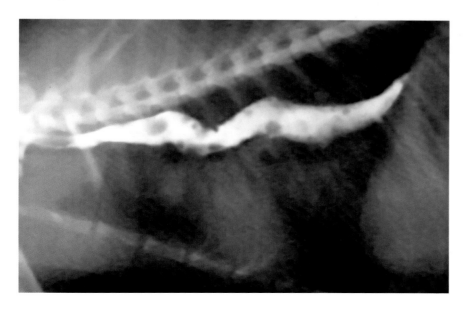

图2-155　食管裂孔过度狭窄引起继发性食管扩张，归于医源性并发症。

病例1　食管旁裂孔疝及胃食管套叠

临床常见度					
技术难度					

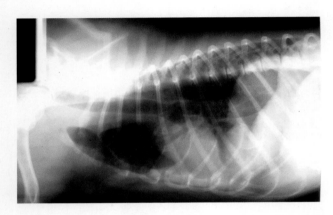

图2-156　X线片显示食管扩张、胸中部空气支气管征和胸腔积液。

Ping是一只11个月大的雄性沙皮犬，就诊时有如下症状：

■ 有时会吐，经常有此现象，所以主人觉得正常。

■ 在之前3周内，呕吐更加频繁，但是由于还能饮食，主人没有带去看医生；在出现食欲废绝和呕吐物颜色加深后，病情转为严重。

■ 体温39.5℃，可视黏膜苍白，淋巴结正常，轻度脱水，听诊右胸时肺音减弱。

■ 血检结果显示白细胞增多 [21.01×10^3/μL，正常范围 $(5.50 \sim 16.90) \times 10^3$/μL]，伴有中性粒细胞明显增多、血小板数稍有增加[553×10^3/μL，正常范围 $(175 \sim 500) \times 10^3$/μL] 和血磷升高（7.1mg/dL，正常范围2.9 ~ 6.6mg/dL）以及血钾降低（3.1mmol/L，正常范围3.7 ~ 5.8mmol/L）。

最初的治疗方案是采取静脉输液支持、抗生素（阿莫西林克拉维酸钾＋恩诺沙星）和西咪替丁疗法（表2-7）。

胸部X线片显示胸腔积液、食管扩张、空气支气管征、靠近横膈的胸腔后部区域密度增加（图2-156、图2-157）。

使用内窥镜看到明显的食管病变及胃食管套叠（图2-158）。

用奥美拉唑替代之前使用的西咪替丁，同时增加硫糖铝和胃复安（表2-7）。

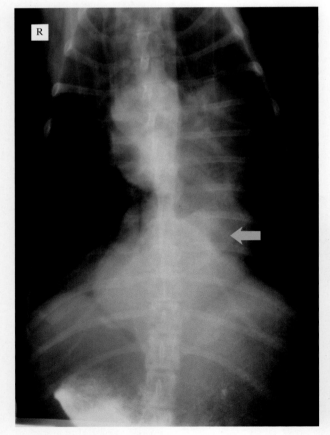

图2-157　腹背位影像显示左侧胸腔后部密度增高，与食管裂孔位置相同。

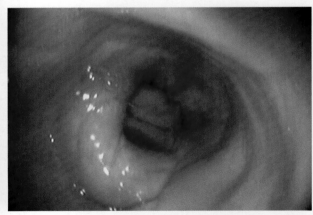

图2-158　食管镜下可见明显的食管病变，尤其在胃-食管交界处的下部。

表2-7 用于该病例的药物剂量指南	
西米替丁	每8h，5～10 mg/kg
阿莫西林-克拉维酸钾	每12h，12.5 mg/kg
恩诺沙星	每12h，2.5～5 mg/kg
奥美拉唑	每24h，0.7～1.5 mg/kg
硫糖铝	每8h，30 mg/kg
胃复安	每8h，0.5 mg/kg

治疗3d后，病患情况稳定，准备手术重建食管裂孔。

沿中线开腹后显露横膈左侧区域，确定食管裂孔（图2-159），将疝入胸腔的腹腔器官复位（图2-160）。

移出疝入的器官后，食管裂孔的大小显露明显（图2-161）。

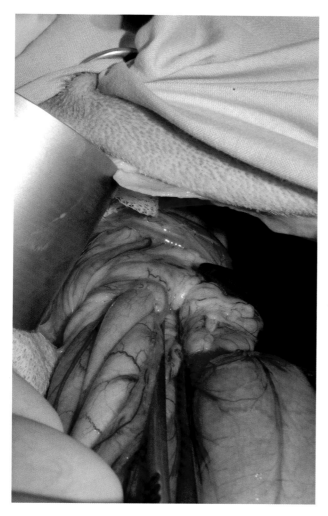

图2-159 该犬食管裂孔非常大，以至于部分胃、脾脏和网膜进入疝孔。

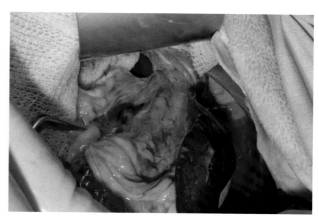

图2-160 缓慢牵引和复位腹腔脏器，注意胃前部静脉淤血。

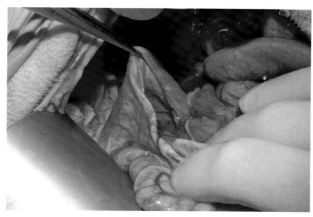

图2-161 此图显示巨大的食管裂孔，胃、脾、网膜经此裂孔突出。

下一步是将食管腹侧与膈之间的韧带切断（图2-162）。

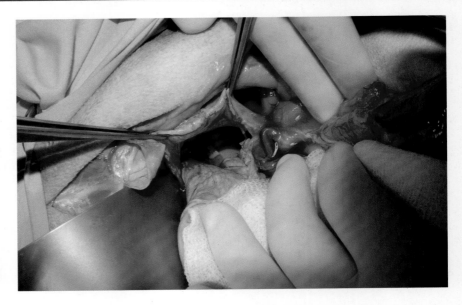

图2-162　为使食管回到正常解剖位置，需要切断膈-食管韧带。

使食管回到其裂孔背侧的解剖位置后（图2-163），如前所述，将食管裂孔缩小（图2-164、图2-165）。

切断膈-食管韧带会导致气胸出现，此时应辅助通气。

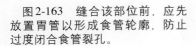

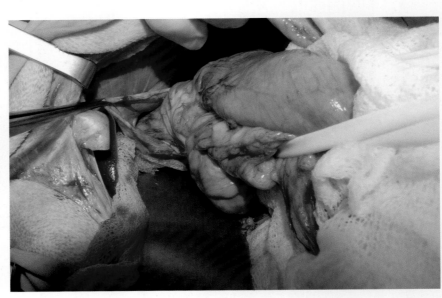

图2-163　缝合该部位前，应先放置胃管以形成食管轮廓，防止过度闭合食管裂孔。

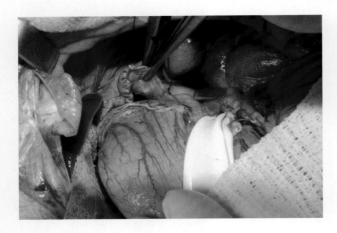

图2-164　缝合线应该使食管和横膈形成牢固结合，所以每根缝合线都应包含这两种结构的足够组织。

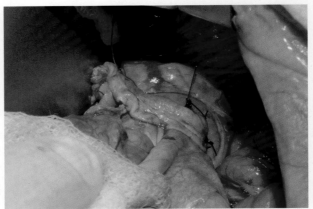

图2-165　切记食管缝合线不可穿透黏膜层，应该仅穿透外膜和黏膜下层。此图显示食管裂孔缩小和食管固定术的最终效果。

考虑食管黏膜的损伤，决定放置胃饲管，以避免食物和水流经食管（图2-166）。

此外还放置了胸腔引流管，使胸腔积液及气胸的症状得以改善（图2-167）。

图2-166　胃固定术联合胃内饲管放置：图中显示了胃切开术周围如何放置部分网膜，以促进胃与腹壁的粘连，避免胃内容物漏入腹腔。

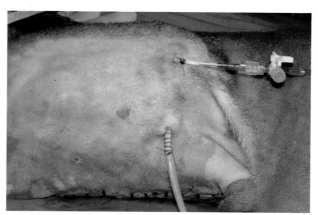

图2-167　术后最终图片显示留置的胃饲管和胸腔引流管。

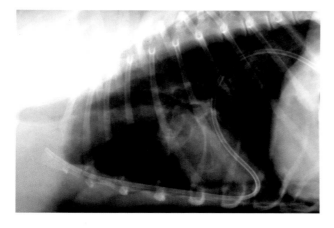

图2-168　每2h行胸腔引流1次，至术后12h无气体抽出时拆除引流管。

术后

术后即刻抽吸胸腔内容物，每2h一次。术后12h（图2-168）无气体抽出时，次日拆除胸腔引流管。

抗生素持续使用5d，胃复安和奥美拉唑持续使用2周。

前6d通过胃饲管给予液体营养促进恢复，第7天开始经口采食。

第4天开始，主人带回家继续治疗，恢复良好。术后第5天拆除胃饲管，第9天拆除切口缝线。

胸　廓

临床常见度

胸壁损伤可能会对呼吸造成影响。因此在任何手术修复前，病患都应保持稳定状态；并在术后密切监测，直至动物完全恢复正常。

应通过胸腔穿刺及引流术尽快地排出胸腔积液和积气（图2-169）。

在小动物临床上，肋骨损伤相对多发，通常是交通事故、猫从高空坠落和被其他动物攻击或咬伤所致（图2-170）。

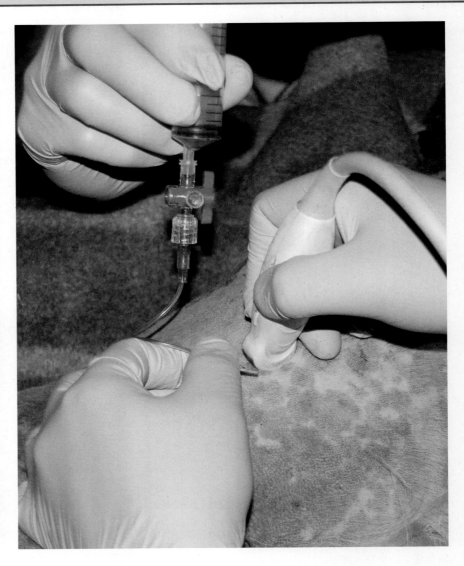

图2-169　对遭受其他犬攻击的病犬进行超声检查，评估可能发生的胸内损伤，并有助于排除胸腔内气体。

发生胸壁外伤后，应仔细检查以确定：

- "连枷胸"。
- 气胸。
- 血胸。
- 肺挫伤或撕裂伤。
- 横膈破裂。

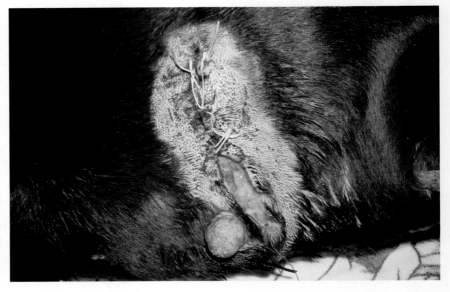

图2-170　这是遭野猪袭击的转诊病例，需要评估胸内损伤。皮肤创口已暂时闭合。

图 2-171　图 2-170 中的病例肺左前叶有实质性损伤（箭头所示），需要对这种损伤的肺叶实施部分切除术。

对于咬伤应特别注意。如果动物攻击过程中有甩动，即使皮肤外观损伤似乎很小，也可能造成严重的内部损伤。

对于胸壁穿孔的病例，应通过外科手术探查以评估损伤，切除失活的组织以防止感染，还应该检查是否出现气胸，并且用生理盐水冲洗胸腔并抽走液体（图 2-171）。

胸壁的非穿孔性损伤可能会导致多条肋骨骨折，形成所谓的"连枷胸"或"浮胸"。

胸壁的肿瘤可能起源于其任何解剖结构，最常见的肿瘤有软骨肉瘤、骨肉瘤、纤维肉瘤和肥大细胞瘤，但血管外膜细胞瘤和恶性神经鞘瘤也有描述。这些病患被送到医院是因为主人发现其胸壁出现肿胀，或由于肿瘤和继发性胸腔积液导致了呼吸不畅。

由于胸壁组织分层的特性，因此切除皮肤及皮下组织肿瘤不会影响胸壁的完整性。然而，对于肋骨及周围组织肿瘤切除的唯一方法就是将一段肋骨切除。

如果切除的肋骨不超过 2 根或 3 根，使用周围的组织和肌肉闭合胸壁并不困难。对于较大的缺损可以使用聚丙烯材质的补片，但不建议切除 6 根以上的肋骨。

闭合胸腔时要拉紧聚丙烯补片并在一定张力下缝合，以保证最大的稳定性。

"连枷胸"

临床常见度	■	■	□	□
技术难度	■	■	■	□

一般考虑

如果相邻的几根肋骨在一处或多处发生骨折，就会在胸壁上产生可移动的部分。

肋骨骨折与钝性伤害有关，如果与四肢骨骨折同时发生，其诊断可能会被忽视。

> 25%的创伤病患伴有肋骨骨折。做出诊断时应假设胸腔内部有损伤。

发生多处外伤的犬、猫也可能伴发以上骨折，如犬只在咬架后。

当病患呼吸时，受损的肋骨节段会沿胸壁的相反方向移动，这就阻碍了肺的正常扩张和收缩，导致通气不足。肋骨骨折可伴发咳嗽、呼吸困难、发绀、呼吸疼痛、胸壁变形、皮下气肿和气胸等一种或多种临床症状。

触诊骨折部位会有明显的疼痛，并延伸到皮下组织或出现胸壁凹陷。

肋骨多处骨折经常是以三根或相邻的多根肋骨为一组，可能形成"连枷胸"，因此需要手术干预。骨折的节段需要稳定，以避免其在呼吸过程中的反常运动穿透肺实质。反常呼吸和由此导致的肋骨移位程度，是由胸膜压力和肋间肌力之间的平衡决定的（图2-172）。

总的来说，患"连枷胸"的病例不需要立即手术纠正，可以保持其受损一侧躺在检查台上，直到采取第一个稳定步骤。呼吸困难通常源于"连枷胸"部位的严重疼痛和潜在的肺挫伤，可能会产生不良影响。

肋骨骨折的外科修复需要事先考虑一些问题：

由于胸腔开放，需要正压通气（可控呼吸）。对于严重的肺损伤病例，在肋骨骨折稳定前，应进行开胸探查并切除病损无法恢复的部分肺叶。

考虑到这一点，可在受损的肋骨（或多根肋骨）上切开皮肤；暴露骨折部位后，使用矫形钢丝或克氏针代替髓内针进行复位与固定。

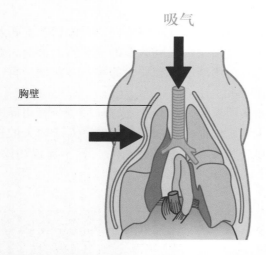 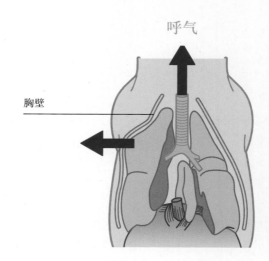

图2-172　反常的呼吸状态：动物吸气时胸壁内陷，呼气时胸壁向外突出。

对于"连枷胸"，可以使用外固定架保持肋骨稳定和确保足够的呼吸量，通过避免肋骨的反常运动以缓解疼痛。外固定架的固定方法是将缝线穿过肋骨并系在外固定架上，使用这个方法时小心不要损伤胸腔内的任何结构。

如果需要开胸探查和修复损伤的肺叶，术后务必要留置胸腔引流管，即使仅仅为了恢复胸腔内负压。

当前对"连枷胸"的建议是优先治疗肺挫伤，而不是早期进行修复手术。胸部钝性外伤引起的呼吸功能不全与疼痛和肺挫伤有关，而不是与"连枷胸"的存在有关。

胸部绷带的作用可能适得其反，因为会妨碍肺的正常扩张。肋骨骨折修复后的并发症罕见，然而与开胸术及肺挫伤相关的并发症可能相当严重，需要长时间的后期护理。

临床病例

对这个病例使用一种稳定胸壁的新技术，用环肋缝线将每根受损肋骨固定在夹板上，固定最快且对病患的处置影响最小。

病患是一只5岁的雌性杂交犬，因遭遇车祸而就诊。

病犬出现休克和严重的呼吸困难，有呼吸疼痛，胸壁明显变形；触诊可在患处周围发现皮下气肿，听诊支气管肺泡音增强，可能为肺挫伤导致。

最初的稳定措施：除常规补液和调整氧合状态外，在骨折部位、椎间孔及两侧正常肋弓周围使用布比卡因（1mg/kg）进行浸润和传导阻滞，以减轻骨折处的痛感。

> 椎旁神经传导阻滞为每6h重复一次。

该方法可与硬膜外镇痛联合使用，胸膜内局部麻醉通常没有神经传导阻滞有效。在疼痛得到控制后，病犬的呼吸状态会得到一定改善。

> 在最初的稳定阶段让病犬患侧躺在台面是否可取，仍是兽医学讨论的问题。

实验室检查结果显示：生化指标正常，白细胞数略有增加，伴轻微核左移。

心电图未显示心律失常，脉搏与血氧饱和度正常。

TFAST（胸部外伤聚焦超声评估）是一种快速评估胸腔损伤的超声检查，没有检测到"台阶征"*。

综上所述，"连枷胸"的诊断标准是：

- 有外伤史。
- 反常的呼吸状态。
- 两根或多根肋骨骨折的影像（图2-173）。
- 呼吸困难或呼吸急促。
- 皮下气肿。

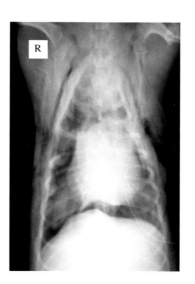

图2-173　背腹位影像显示相邻肋骨与皮下气肿之间的分离。

---

* "台阶征"描述了病犬呼吸时肺和胸壁之间的异常运动。

术前

　　输液中应密切监测，因为肺挫伤容易出现水合过度或肺水肿。在右侧肋间进行开胸手术（图2-174）。

> 应该严格控制病患的通气，无论手动或使用呼吸机。全身使用阿片类止疼药可能加重症状，因为可能导致呼吸抑制，加剧换气不足。
>
> 从麻醉开始就应密切监控，这类病患的麻醉风险很高。使用布比卡因在损伤的肋间进行传导阻滞非常重要，可以减轻疼痛并改善呼吸状态。

　　接下来，按照标准技术切开肌肉层，提起背阔肌可以看到由钝性伤引起的深部肌肉病变（图2-175）；打开胸腔，吸出积液（图2-176）；然后检查胸腔有无其他损伤（图2-177）、肺部是否渗漏，可在胸腔内注入无菌微温生理盐水，确认无渗漏后将液体吸出（图2-178）。

　　如果有肺部病变，应当使用带有无损伤缝针的纤细单丝缝线进行修复。如果缝合处组织不足，可以移植胸壁肌肉作为补片填补，并用缝线缝合。如果无其他病变和出血，正常冲洗和抽吸即可。

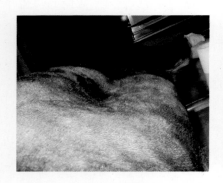

图2-174　反常的呼吸状态导致胸壁凹陷，准备在右侧开胸探查。

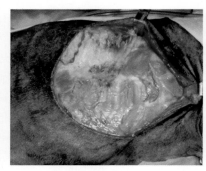

图2-175　右侧开胸时可见肌肉间血肿。

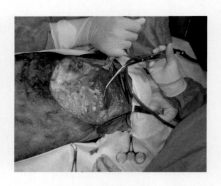

图2-176　探查前吸出胸腔积液。

图2-177　胸腔探查可以看到胸壁深处损伤。

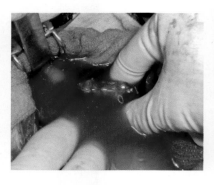

图2-178　检查肺有无渗漏：当肺充盈时无气泡，表明肺实质完好无损。

图2-179　闭合胸腔：未打结的缝线用于固定夹板，胸腔引流管已经放置。

为重建胸腔负压，放置胸腔引流管非常重要。肋间神经阻滞应在受损肋骨的前方和后方分别进行。

另一种替代方法是用缝线把一系列压舌板固定在骨折的肋骨旁。

"连枷胸"的稳定性会使病犬的呼吸状态得到改善。

最终闭合胸腔前，使用较粗的（0或2/0）单丝尼龙线穿过皮肤并环绕受损肋骨（图2-179），缝线应尽量贴近肋骨，以避免意外刺穿邻近的肺实质，然后将这些缝线穿过夹板上的孔并绑在夹板上（图2-180）。按照标准方式闭合胸腔。

将缝线从夹板的孔中穿过，手术结束时打结（图2-180至图2-182）。

最后在这个部位装上保护绷带，为防止皮肤磨损，在丙烯酸板下放置软垫（图2-182、图2-183）。

术后

病患被安置在重症监护室进行康复和监护。术前开始的抗生素疗法维持了7d，不是因为有任何临床或放射学的支气管肺炎症状，而是为了治疗事故造成的皮肤损伤。芬太尼贴片与丁丙诺啡联合用于疼痛管理。

皮质类固醇的使用存在争议，这些病患不应使用这些药物；因为有证据表明，细菌清除率降低、肺炎易感性与肺挫伤和使用皮质类固醇有关。

康复过程中，病患没有出现黏液脓性鼻涕、咳嗽、呼吸困难、嗜睡或厌食等症状。

肋骨愈合正常，利用X线检查骨骼硬化程度。保持夹板固定3～4周，当骨骼硬化后，拆除了肋周缝合线和夹板。

将病患送回家，建议限制运动2～4周。

固定肋骨的唯一方法是使用夹板，这种方法不会导致感染及其他不良反应。

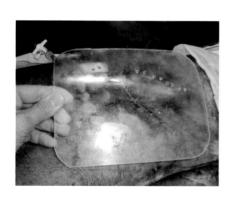

图2-180　夹板：这些孔为固定肋周缝合线所预留，透过透明的夹板可以看到皮肤缝合线与引流管。

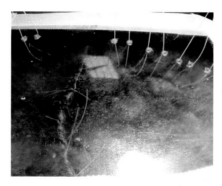

图2-181　缝线已经穿过夹板。

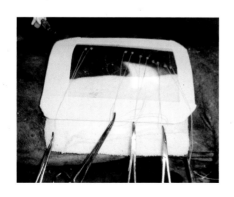

图2-182　夹板和缝线已摆好，准备打结。

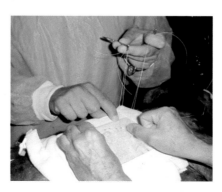

图2-183　手术结束时系好缝线和绷带。

犬胸部

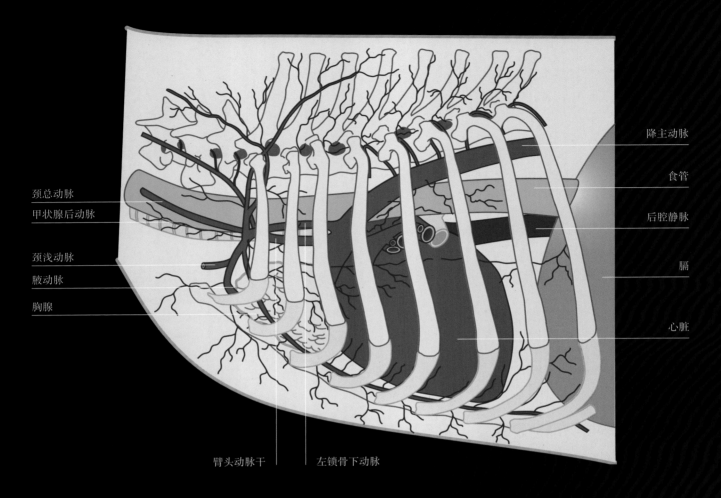

降主动脉

食管

后腔静脉

膈

心脏

颈总动脉
甲状腺后动脉

颈浅动脉
腋动脉
胸腺

臂头动脉干　　左锁骨下动脉

食管解剖位置

犬　　　　　　　　　　　　猫

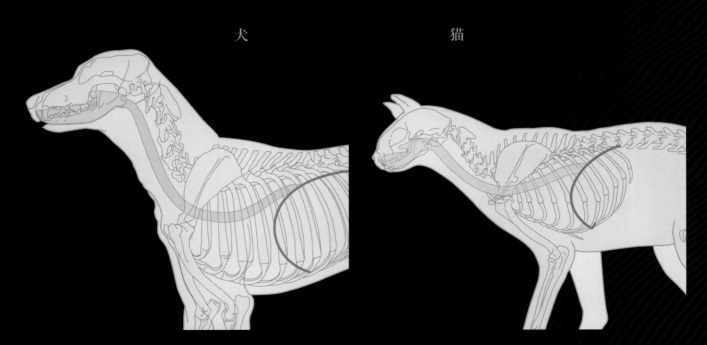

食管纵切面

外膜

肌肉层

黏膜层

黏膜下层

横切面

外膜

黏膜层

肌层
（纵向和横向）

黏膜下层

第三章　食　管

概述

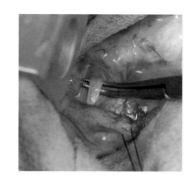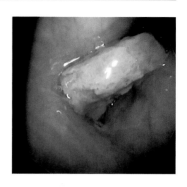

食管异物

病例1　胸部食管后段异物-食管切开术

病例2　胸部食管后段异物-胃切开术

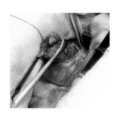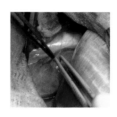

持久性右主动脉弓（PRAA）

病例1　持久性右主动脉弓（PRAA）

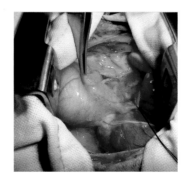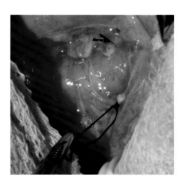

巨食管症

特发性巨食管症　食管-膈-贲门成形术

病例1　巨食管症

概　述

临床常见度 ▮▮▮▮▯

　　食管，是功能单一的管状结构，负责将食物从咽部运送至胃。

　　食管可能出现一些紊乱或疾病，如异物、环咽肌失迟缓症、狭窄、瘘管、导管袢、食管裂孔疝、套叠、巨食管症、肿瘤等。

　　在诊断和治疗过程中需要考虑食管固有的一些解剖生理特征。

解剖结构

　　食管没有食管动脉，其血液供应来源于甲状腺、颈动脉、主动脉和胃左动脉的小分支，这些分支将血液运输至由食管黏膜下层血管丛组成的血管系统。

　　颈部食管和部分胸部食管无浆膜覆盖。食管有两处括约肌，一处是位于环咽水平的环咽括约肌，阻止空气进入消化道；另一处是位于横膈的胃食管或贲门括约肌，防止胃-食管返流。

　　食管黏膜不能耐受胃内分泌物，容易在返流时受到损伤。吞咽时蠕动波沿整个食管将食物推向贲门括约肌，在食物的压力和神经同步反射的共同作用下括约肌打开。

　　食管可以在食物通过时扩张到3倍的直径，但在胸腔入口（受到第一肋骨限制）、心基部（环绕着胸腔大血管和气管）和膈的位置（贲门括约肌）无法扩张那么大。

临床症状

　　食管疾病最常见的临床症状是返流，即摄入的食物在到达胃前被动地逆行排出。

常常会因为吸入返流物而引起肺炎。

食管通过性改变的原因一般包括：
- 食管梗阻：
  - 内因：异物、食管病变继发的瘢痕（返流性食管炎）。
  - 外因：持久性右主动脉弓。
- 食管扩张：巨食管症。
- 食管炎：食管裂孔疝。

贲门括约肌功能不全会增加胃食管返流、食管炎和食管纤维化所致狭窄的风险。

诊断

　　食管疾病的诊断包括一般体格检查及特殊诊断方法，如内窥镜、X线片、造影和超声检查。

　　正常食管在平片中无法显现，当使用造影剂（图3-1至图3-3）或有高密度异物（图3-4、图3-5）时可以看见。

由于麻醉的动物环咽括约肌松弛，其食管中有气体是正常的。

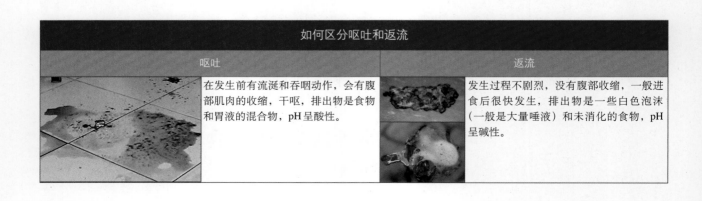

如何区分呕吐和返流	
呕吐	返流
在发生前有流涎和吞咽动作，会有腹部肌肉的收缩，干呕，排出物是食物和胃液的混合物，pH呈酸性。	发生过程不剧烈，没有腹部收缩，一般进食后很快发生，排出物是一些白色泡沫（一般是大量唾液）和未消化的食物，pH呈碱性。

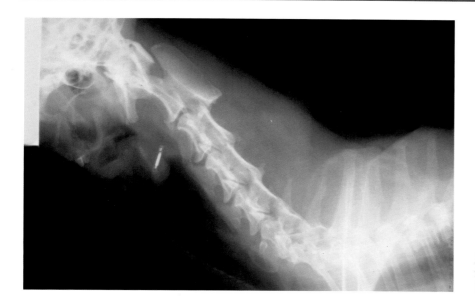

图3-1　颈部食管扩张，伴气管腹侧移位，这里空气起到了阴性造影剂的作用。应该查找引起食管扩张的原因。

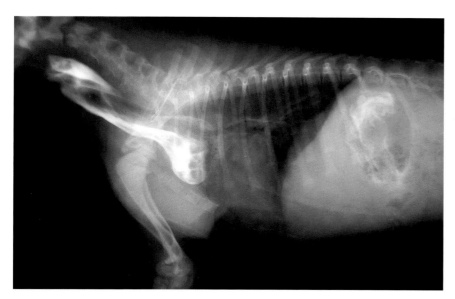

图3-2　颈部食管和胸部食管前段扩张，造影剂在心基部被阻断，原因是持久性右主动脉弓。

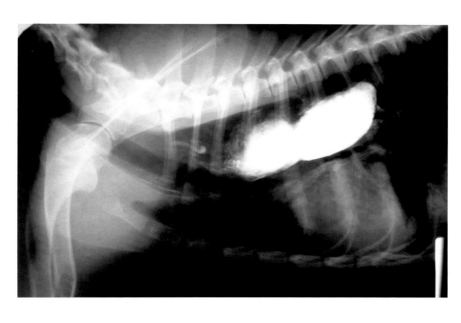

图3-3　阳性造影剂突出显示的食管扩张。注意食管扩张导致气管腹侧移位，这张X线片为特发性巨食管症。

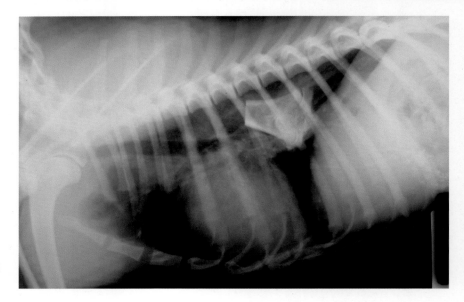

图3-4　羊骨卡在食管后段贲门
括约肌处。

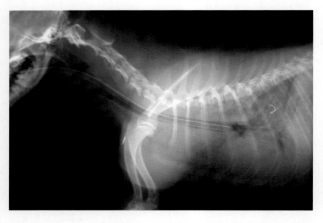

图3-5　食管后段X线不能穿透的异物被证实是前一天
吞食的鱼钩。

食管镜是检查和治疗食管疾病有效的方法
（图3-6至图3-8）。

内窥镜技术是一项很有价值的技术，可以避
免一些胸外科手术。异物可以经口取出，如
果经口取出有食管穿孔的过高风险或无法取
出，可将异物推送至胃部取出。

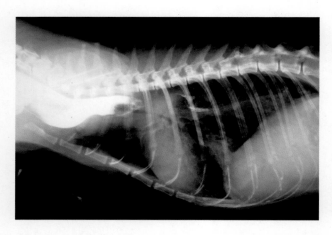
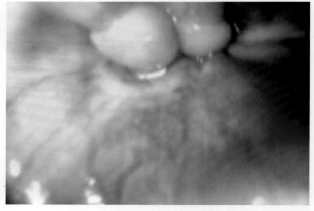

图3-6　食管肿瘤在小动物中少见。内镜有助于鉴别诊断返流、畸形或吞咽困难。本病例为一只患有鳞状细胞癌的9岁
猫，注意由肿瘤引起的食管狭窄和梗阻性食管扩张。

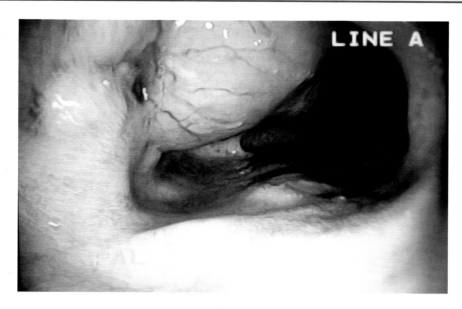

图3-7 平滑肌瘤病患的食管内窥镜检查：这是一个良性瘤，若发生溃疡可引起消化道出血。

图3-8 使用硬质内窥镜从颈部食管远端取出异物。

内窥镜检查前期准备

内窥镜检查前应该评估和纠正病患的水和电解质失衡。需要明确引起食管问题的原因以及确定相邻器官的病变和损伤，对所有食管疾病的病患，都应考虑吸入性肺炎的可能性。

> ✳ 有食管疾病的病患很可能在睡眠时吸入食管残留物而导致吸入性肺炎。

医疗管理

在必要和可能的情况下，对这些病患的吸入性肺炎、食管炎、脱水和营养不良应予以治疗。

应提供低脂食物，以减少胃食管返流的风险，并加快胃排空。

如患食管炎，应停止摄入固态和液态食物至少24～48h。如果病变严重，建议行胃造口术进行管饲。

使用H_2受体抑制剂如西咪替丁、雷尼替丁或法莫替丁治疗，可减少胃酸并由此减少胃液返流对食管黏膜的损害（西咪替丁每6～8h，10mg/kg；雷尼替丁每12h，2mg/kg；法莫替丁每12～24h，0.5mg/kg）。

硫糖铝混悬液可用于保护受影响的食管区域（每6～8h，0.5～1g）。

若病患有吸入性肺炎，术前先使用支气管扩张剂和针对革兰氏阴性菌及厌氧菌的抗生素进行治疗（表3-1）。

手术注意事项

内窥镜检查需要在具备全麻和开胸手术条件的手术室进行，以防内窥镜治疗失败或出现并发症时转为开胸手术（图3-9、图3-10）。

表3-1　吸入性肺炎推荐的抗生素		
氨苄西林22mg/kg，每6～8h	+	恩诺沙星5～10mg/kg，每12h
克林霉素11mg/kg，每12h		阿米卡星10mg/kg，每8h
头孢唑啉11～22mg/kg，每6～8h		磺胺嘧啶-甲氧苄啶15mg/kg，每12h

＊ 在内窥镜检查中，食管穿孔是一个严重的并发症，可能由于不规范使用内窥镜而造成，或移除刺入食管壁的异物后而形成。

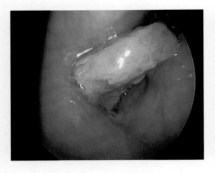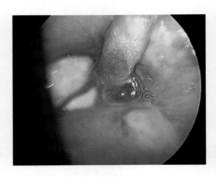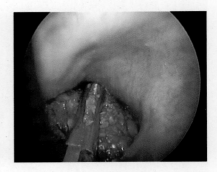

图3-9　食管内窥镜在食管疾病的检查和治疗中非常有用。这些图像显示，因"享受美味"造成的阻塞对于病患来讲太大，该异物经口腔取出。

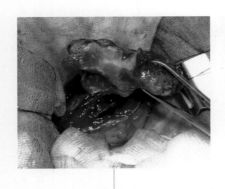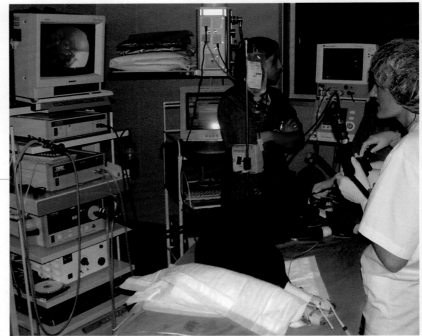

图3-10　这个病患的异物用内窥镜无法取出，必须实施左侧开胸手术。

小伤口和食管穿孔的治疗需要禁食禁水3～5d，在此期间的病患需要进行胃管饲喂或给予肠外营养。

如果食管破裂引起气胸导致呼吸困难，或食管造影过程中水溶性造影剂从食管漏出，则需进行手术治疗。从外科角度来讲，食管需要小心处理以免破坏其血供系统。缝合要准确，缝合时穿透黏膜下层，以免渗漏和形成食管瘘。

食管手术成功的基本要素
■ 小心谨慎地处理食管及邻近结构。
■ 尽量减少手术污染。
■ 适当和有限地使用电烙（最好使用双极电凝）。
■ 谨慎选择缝合材料（带有无损伤圆针的合成单丝缝线）。
■ 准确的组织定位，每针缝合穿透黏膜下层。

* 食管切开术的主要并发症是缝合处开裂造成污染，所以手术时必须小心谨慎。

如果需要实施开胸手术，应仔细选择进入胸腔的肋间隙，因为术野很小（图3-11）。

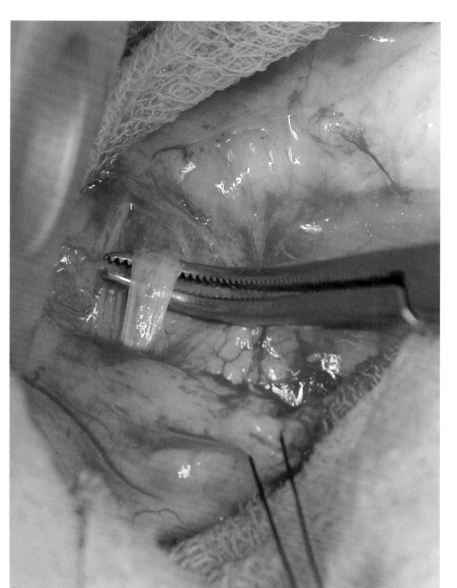

如果难确定选择哪个肋间隙进入胸腔，可选择最后肋间隙，这样肋弓更容易向前移位。

若术野太小，不能进行手术，则需考虑切除肋骨。

在接下来的章节中，我们将讨论食管疾病常见的症状。

图3-11 剥离卡在食管背侧的动脉韧带，这个韧带即持久性右主动脉弓。为了分离和切断这个韧带，应当经第四肋间隙进入胸腔。如果经错误的肋间隙进入胸腔，会严重妨碍手术进行。

食管异物

临床常见度

食管中最常见的异物是骨头，但也有鱼钩、玩具和可咀嚼的食物，以及太大而无法通过食管扩张受限的三个区域（胸腔入口、心脏底部和食管裂孔）中任何一个的食物（图3-12至图3-14）。

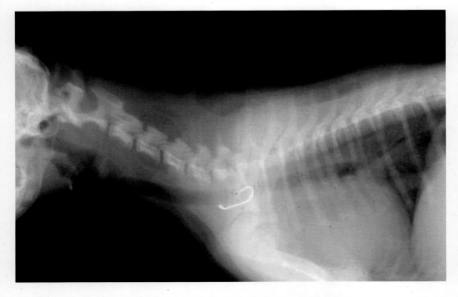

图3-12　无法通过食管胸腔入口的鱼钩。

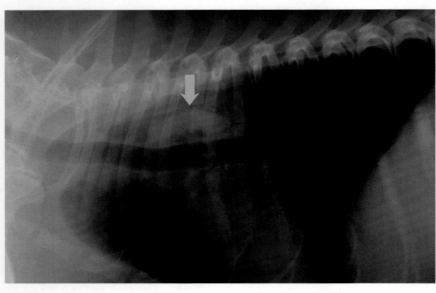

图3-13　心基部的食管异物。

不能通过梗阻段的食物在食管前段堆积，导致这段食管返流和扩张，增加了病患躺卧和睡眠时发生吸入性肺炎的风险。

食管内异物的持续存在刺激食管蠕动，如果持续数天，这些蠕动波会导致食管接触点的管壁坏死和食管穿孔（图3-15、图3-16）。

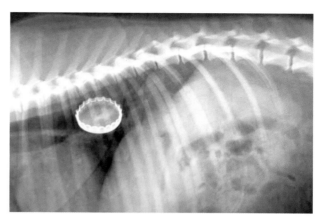

图3-14　这个瓶盖无法通过膈前方的食管。

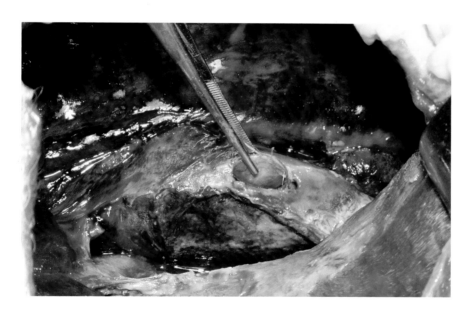

图3-15　食管异物持续压迫导致食管坏死，发生继发性败血症，病患还未来得及接受手术便已死亡。

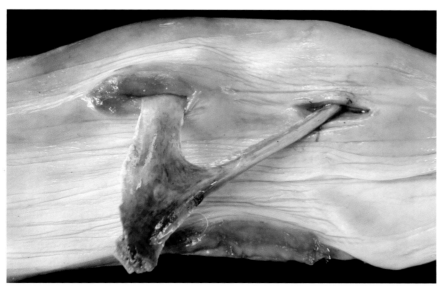

图3-16　尖锐异物刺破食管壁，导致食物和细菌漏入胸腔。

＊ 食管有异物的任何病患，若不迅速治疗都可能发生吸入性肺炎和食管穿孔。

食管穿孔可引起严重的胸腔内病变，如胸膜炎、胸腔积液、气胸、呼吸系统瘘管和胸腔大血管损伤引起内出血（图3-17至图3-20）。

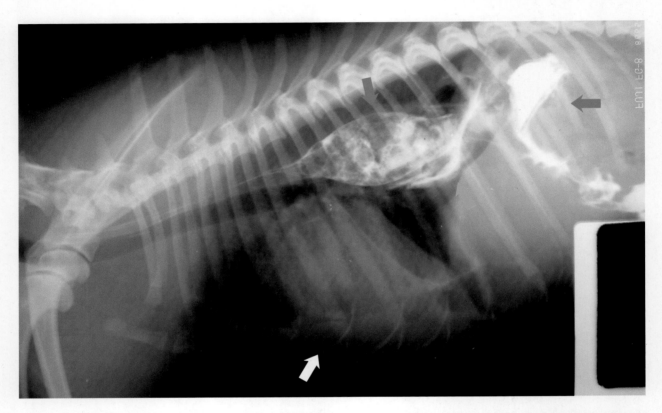

图3-17　异物（蓝色箭头）持续存在引起严重的食管和胸腔病变。注意胸腔积液（白色箭头）和造影剂在进入胃（绿色箭头）之前漏入胸腔（黄色箭头）。

图3-18　心脏前方的食管异物引起食管穿孔并继发气胸。

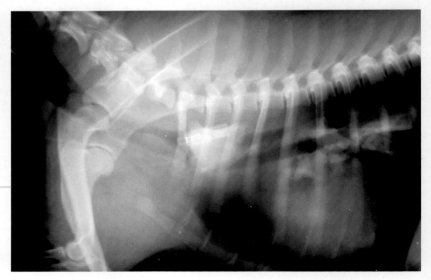

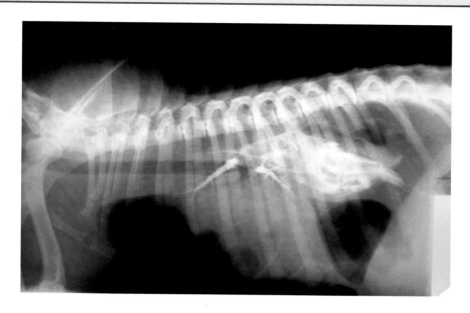

图3-19　由于异物在食管内滞留数天引起食管支气管瘘，造影剂直接经食管进入支气管分支。

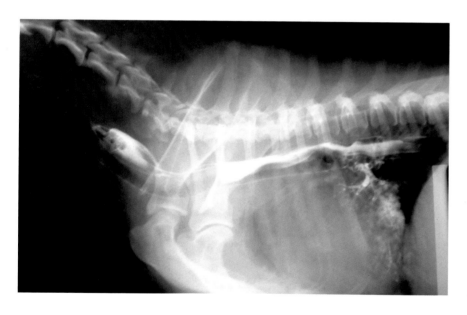

图3-20　取出食管异物后发现食管壁有损伤，为了检查病变程度，给予非离子型碘化造影剂确定了食管支气管瘘。

　　首先应尝试使用内窥镜取出食管异物，无论如何应准备充分并在手术室进行，以备需要开放性手术取出异物或修复食管壁的损伤（图3-21）。

＊　如果异物在食管内停留数天，就会引起炎症、充血甚至食管壁坏死；如果将异物从口腔取出或推向胃部，可能发生食管穿孔。

不可使用高渗性碘造影剂或硫酸钡。

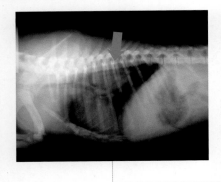

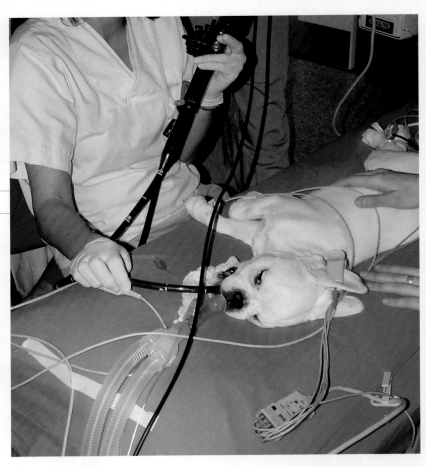

图3-21 对这个病例使用内窥镜取出异物（蓝色箭头），无须行开放性手术。

* 由于食管没有浆膜且血供不足，所以比消化道其他部分愈合慢。

食管缝合需要穿透黏膜下层，以增加缝合的强度和稳定性。

食管手术的成功，很大程度上取决于手术的精确性和术后护理。

颈部食管手术

病患仰卧，通过颈部腹侧正中线可达颈部食管。可以在颈部下方垫一个毛巾卷，以使该处食管显露充分。

切开皮肤和皮肌后，通过中线识别和分离开胸头肌和胸骨舌骨肌，接近并暴露气管。

然后，向右牵拉气管，暴露食管及相邻结构（甲状腺后动脉、喉返神经、颈动脉、颈静脉、迷走神经干）。

取出异物并缝合食管后，检查缝合是否有渗漏，最后用生理盐水冲洗。

将所有结构重新复位到正常解剖位置，用3/0或4/0合成的可吸收缝线将分离开的肌肉连续缝合，最后关闭皮肤切口。

胸部食管手术

胸部食管手术一般从左侧开胸进入。当异物位于心基部时，需要从右侧开胸进入。

胸部食管前段	左侧第3或第4肋间隙
主动脉弓附近食管（心脏基部）	右侧第4或第5肋间隙
胸部食管后段	左侧第8或第9肋间隙

使用无菌微温生理盐水浸泡的棉拭子移动和保护肺叶后，识别血管、迷走神经和膈神经，以预防意外损伤，并选择食管切口位置（图3-22）。

胸部食管应当谨慎处理，应使用牵引线，以辅助食管显露和增强缝合效果，从而减少术后狭窄的风险（图3-22）。

> ***** 止血是防止术中或术后出血的关键，因为出血会使手术和术后康复变得更加复杂。

有些情况下建议放置胃饲管，以避免食物在食管愈合期通过食管。可以经左侧肋旁切口将28～30FR的Foley导管置入胃内作为胃饲管（图3-23）。

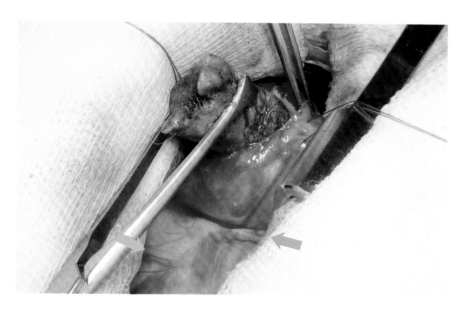

图3-22 在第8肋间隙打开胸腔，取出卡在横膈处的食管异物。开胸术创缘用湿润纱布保护，使用菲诺切托肋骨牵开器分开肋骨。主动脉位于迷走神经（蓝色箭头）和膈神经（黄色箭头）背侧。食管上放置牵引线，以便操作。

> 食管切开术参照后面的章节。

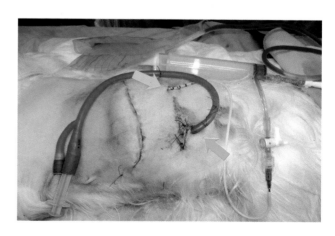

图3-23 将卡在食管裂孔处的异物取出后的图片：注意胸腔引流管（黄色箭头）和胃饲管（蓝色箭头）。

病例1 胸部食管后段异物−食管切开术

临床常见度	■	■	□	□	□
技术难度	■	■	■	□	□

Sul是一只4岁的雄性比特犬（图3-24）。发病前一天，主人发现其在采食垃圾桶里的剩菜和骨头。从那以后，所有摄入的食物和水都会返流。

临床检查和实验室检查均显示正常，但胸部X线片显示膈前区有异物，并且可能是骨块（图3-25）。

消化道内未发现其他异物或梗阻迹象。考虑病犬体型和异物大小及特点，由于异物棱角分明，故决定采用胸部食管切开术取出异物。行左侧开胸，经第8肋间隙接近该区域食管（图3-26）。

> 接近食管前，术野必须显露良好。

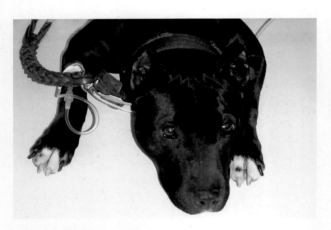

图3-24 麻醉前的Sul：进入手术室前已经镇静。

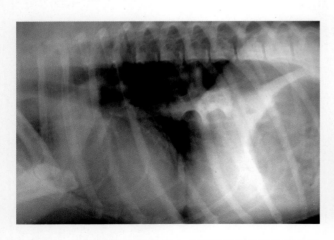

图3-25 侧位胸片显示心脏上方和贲门括约肌处有骨性异物。

图3-26 经第8肋间隙进入胸腔后段区域，使用生理盐水浸泡的纱布将靠近膈的肺叶向前推，以显露最佳术野。

在这个区域，食管血管应被定位和止血，并且识别和定位主动脉及左迷走神经，防止损伤（图3-27）。

图3-27 需要注意的解剖结构：主动脉（黄色箭头）、食管血管（绿色箭头）和迷走神经（白色箭头）。

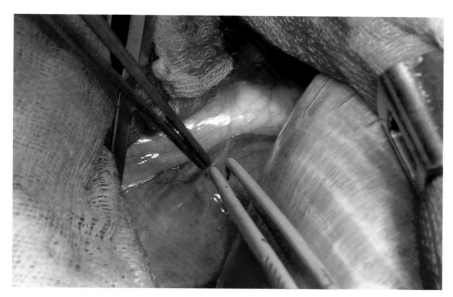

为了防止术野大出血，在食管切开术中对食管血管分支进行预防性止血（图3-28）。

图3-28 采用双极电凝对食管血管进行预防性止血，注意尽可能减少对组织的热损伤。

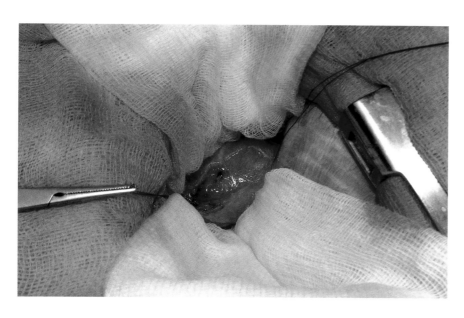

接下来，在食管预切口边缘放置牵引线，并在食管两侧放置敷料，以降低消化道内容物污染胸腔的风险（图3-29）。

图3-29 为限制食管内容物溢出和术中污染，在拟行食管切开术的边缘放置两条牵引线，并用无菌微温生理盐水浸泡的敷料围绕该区域。

首先用手术刀切开食管，然后立即将吸引器插入食管，以清除液体内容物（图3-30、图3-31）。

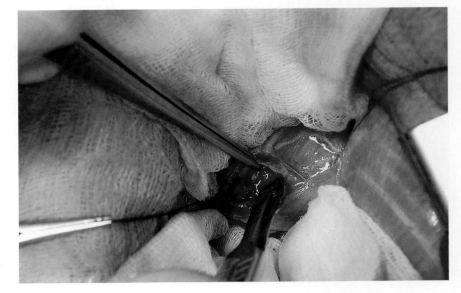

图3-30 用手术刀切开食管前，对浅表血管先行止血，以保持术野清晰。

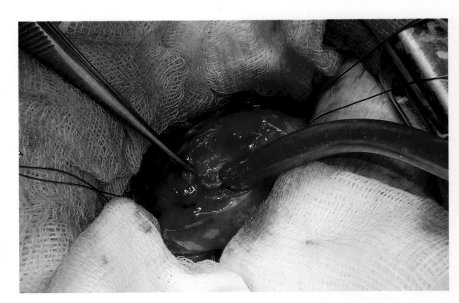

图3-31 将食管内容物吸出，以减少污染风险。

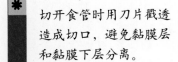

切开食管时用刀片戳透造成切口，避免黏膜层和黏膜下层分离。

可以用剪刀扩大切口，根据异物的大小及时调整切口大小，确保在不过度损伤食管的情况下取出异物（图3-32）。

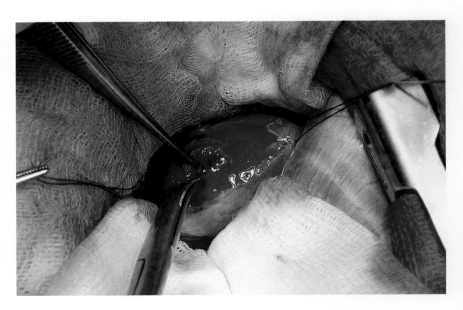

图3-32 使用剪刀扩大食管切口，使切口适合异物大小，可轻松取出异物。注意食管黏膜下血管丛出血。

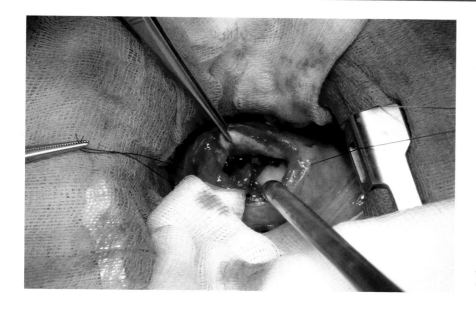

在取出食管异物前，吸出食管腔内残留的血液和其他液体，以显露良好的术野（图3-33）。

图3-33 切开食管可见异物，使用吸引器使术野更清晰，降低食管内容物溢出造成污染的风险。

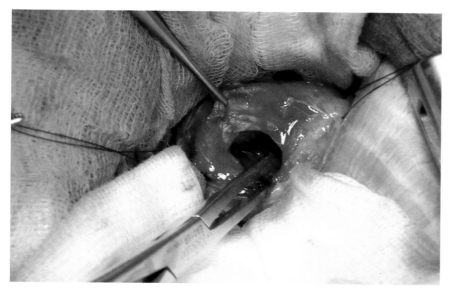

接着，用艾利斯钳轻轻取出异物（图3-34）。异物卡在食管且紧贴黏膜。

图3-34 取出异物前将其从被卡部位分离出来，此操作应谨慎，避免进一步损伤食管。

小心取出异物，调整食管切口以适应异物大小，尽可能经最小的切口取出异物，又不会撕裂食管壁（图3-34至图3-38）。

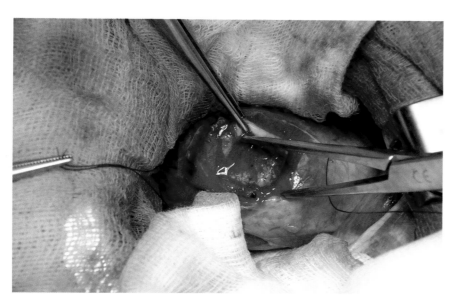

* 如果异物在食管中被卡得很紧，不要用力拉；用艾利斯钳剥离食管壁黏膜，将围绕异物的食管腔扩大。

图3-35 取异物应缓慢、轻柔地拉动和旋转，以最小损伤的最好方法取出异物。

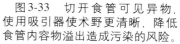

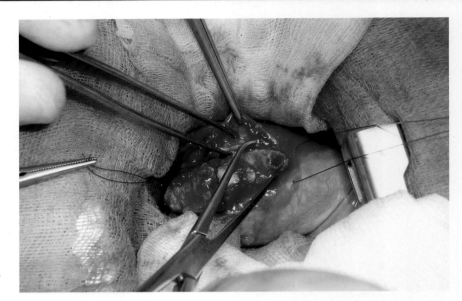

图3-36 小心轻柔地将异物从食管分离出来。

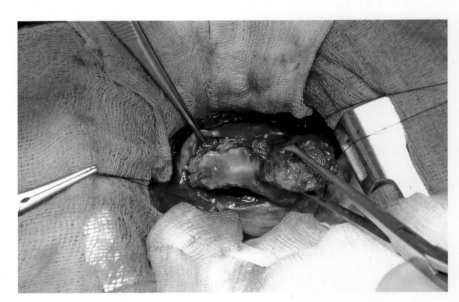

图3-37 前后轻微移动，将异物轻轻向外取出。

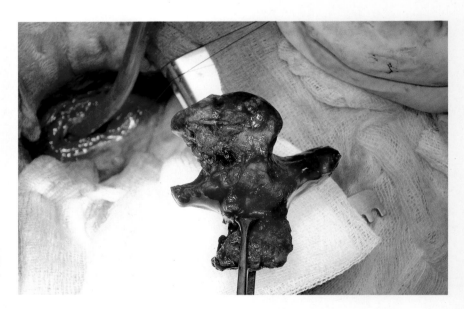

图3-38 取出引起食管梗阻的异物后，抽吸食管管腔，减少手术区污染。

接着使用单丝可吸收缝线以结节缝合法闭合食管切口，须穿透食管壁全层（图3-39、图3-40）。

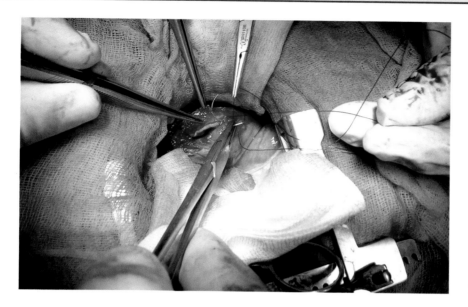

图3-39 结节缝合食管切口，穿透整个食管壁。

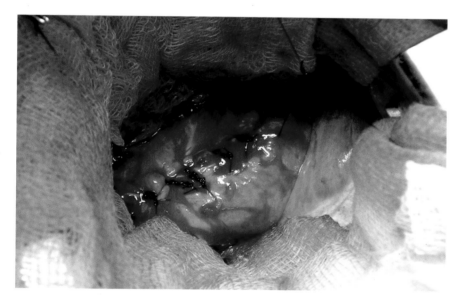

图3-40 保持缝线间距合理，避免形成消化道瘘。

缝合完毕，将生理盐水注入食管腔内以检查缝合的密闭性，确认缝合处没有渗漏（图3-41）。

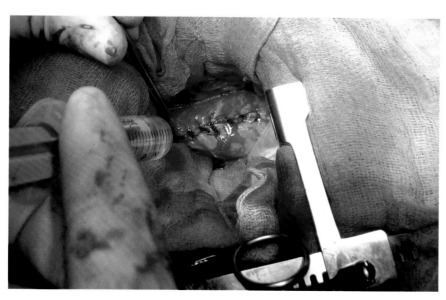

图3-41 以中等压力将生理盐水注入食管腔，检查切口缝合的密闭性，证实缝合处无渗漏。

用无菌微温生理盐水反复冲洗胸腔后段，以清除任何的污染（图3-42）。

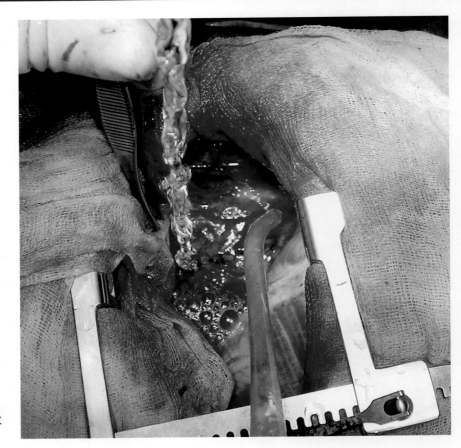

图3-42　取出食管隔离纱布，冲洗和抽吸该区域，以预防继发感染。

将肺复位到解剖位置，按本书中其他开胸术所描述的方法关闭胸腔；放置胸腔引流管，恢复胸腔负压，完成手术（图3-43、图3-44）。

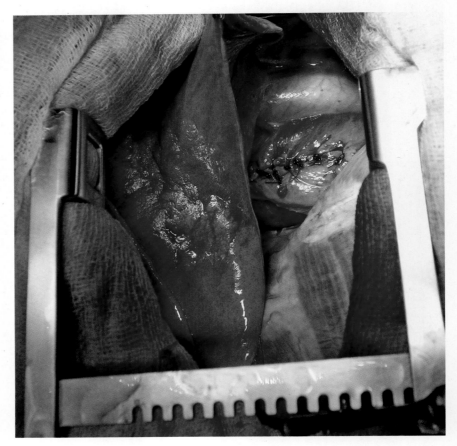

图3-43　移除所有的敷料，复位肺叶。

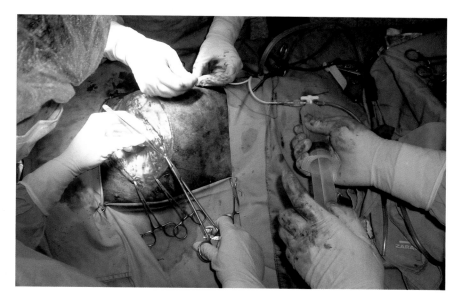

图3-44 对开胸术切口进行双层闭合，以确保密闭性，同时放置胸腔引流管消除气胸。

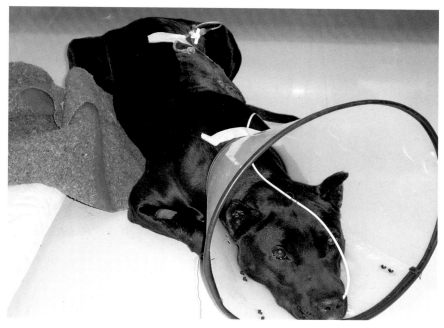

图3-45 Sul在重症监护室恢复，放置了鼻氧管。

术后

　　麻醉苏醒后，将病犬安置在重症监护病房，抽出其胸腔内的气体和积液（图3-45）。

　　术后疼痛管理对术后快速恢复呼吸功能至关重要。

　　术后12h可抽出的气体或液体很少，但引流管保留至次日。36h后，病犬完全恢复，开始摄入流质食物，此时移除引流管。48h后，病犬每天可以少量多次采食软质食物。

　　随后，病犬回到主人身边，并接受前期所描述的药物疗法和饮食疗法。

　　一个月后复查，未发现进一步的食管问题。

病例2 胸部食管后段异物-胃切开术

临床常见度	■	■	□	□	□
技术难度	■	■	■	□	□

本病例为一只8岁的雄性约克夏㹴（图3-46），因食管后部有异物，被另一家兽医中心转诊过来。

在询问病史时，主人陈述该犬平时所吃食物都是家里的剩菜剩饭。此次进食后变得焦躁不安，流涎，频繁吞咽；对液体的耐受性好，但摄入食物后很快返流。

病犬表现呼吸困难和腹胀。由于消化过程和躁动，其胃有显著扩张（图3-47）。为了防止胃扩张导致的血管并发症，使用多孔半刚性导管进行了胃穿刺（图3-48）。

在病情稳定后，使用食管镜尝试取出异物。由于异物光滑且易碎，无法抓取，内镜取异物失败。

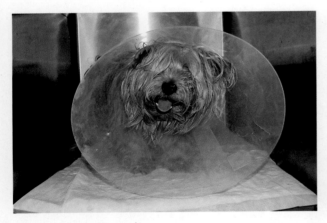

图3-46 术后恢复的病犬。

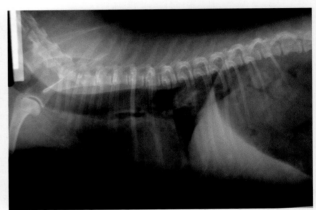

图3-47 X线片显示位于食管后段的异物，注意梗阻的食管前段膨胀和胃因积气而扩张。

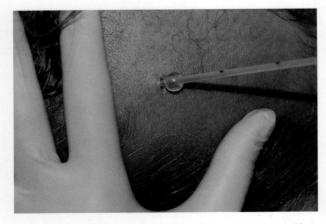

图3-48 在胃内放置一个腹部引流管，以排出积气防止进一步扩张。

考虑异物的特点，决定尝试将异物从食管后段推入胃内。然而，由于贲门括约肌阻力很大，为防止意外损伤食管，遂放弃将异物推入胃内。

剩下的选择便是经胸腔的食管切开术或经腹腔的胃切开术。

最后决定施行胃切开术，通过贲门进入食管后段，通过这一路径取出异物（图3-49至图3-52）。

> 胃切开术仅适用于：食管后段异物，表面光滑且盲取不会造成组织损伤。

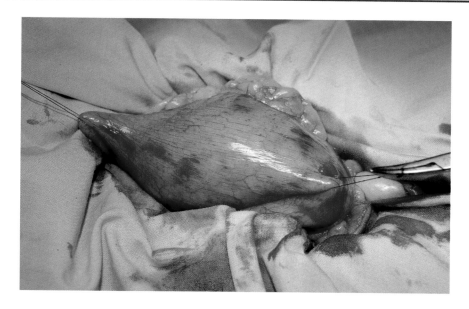

选脐前腹中线切口，将胃牵拉出来，用一块无菌创巾将其与腹腔隔离。为了减少胃内容物溢出的风险，在胃体中部放置两根牵引缝线（图3-49）。

图3-49 胃体暴露，周围用手术创巾隔离以防止污染腹腔，用两根牵引线提起胃切开部位。

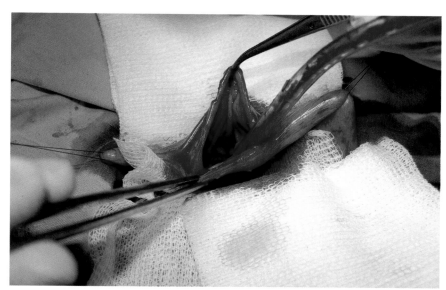

胃切开选择胃体血管较少处，抽吸胃内容物，减少术中胃内分泌物溢出的风险（图3-50）。

图3-50 用无菌纱布隔离保护，在胃体血管较少处切开，抽吸胃内容物，防止污染腹腔。

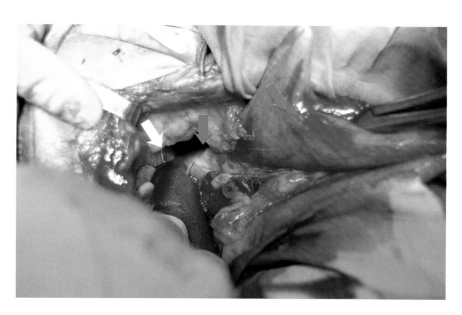

接下来，使用长钳放入腹部食管内，该手术在可视条件下进行，防止意外损伤食管（图3-51）。

图3-51 长钳通过胃切口进入腹部食管，暴露腹部食管以引导钳子直接对准目标。膈（白色箭头）、腹部食管（绿色箭头）、胃（蓝色箭头）。

在胃镜引导下，用钳子夹住异物，经贲门将异物轻轻拉入胃内并取出（图3-52、图3-53）。

图3-52 在胃镜引导下，轻轻牵拉异物，通过贲门括约肌，经胃切口取出异物。

1 cm

图3-53 造成食管梗阻的是一块西班牙腊肠。

胃切口按标准方式行两层缝合，关闭腹腔切口前进行冲洗，并用吸引器抽吸。

病犬恢复迅速，24h后开始摄入流质食物，第二天被带回家里。

持久性右主动脉弓（PRAA）

临床常见度				
技术难度				

持久性右主动脉弓是一种异常结构，可对食管产生压力引起阻塞，并引起食管前段扩张。

> 此种异常有遗传因素，所以同窝犬都有可能受到影响。

概述

胚胎发育期形成六对动脉弓，前两对在早期退化，第三对保留并发育成颈内动脉（图3-54）。第四左动脉弓发育成主动脉，而第四右动脉弓发育成右锁骨下动脉。

第五左、右动脉弓退化。

第六左动脉弓发育成肺动脉干和连接主动脉的动脉导管，出生后动脉导管变成肺动脉韧带。

在正常的胚胎发育过程中，主动脉弓、动脉导管和肺动脉定位于食管左侧（图3-54）。

本章所描述的异常是，主动脉由第四右动脉弓发育而成，而不是由第四左动脉弓发育而成。

动脉韧带形成一个条带，将食管夹在主动脉、肺动脉和动脉韧带之间（图3-55）。这个区域有多种血管异常，如左、右锁骨下动脉异常、双主动脉弓异常、持久性右主动脉弓或持久性左前腔静脉异常。

> 44%的PRAA病患都存在其他血管异常，如持久性左前腔静脉或左半奇静脉也可能压迫食管（图3-56）。

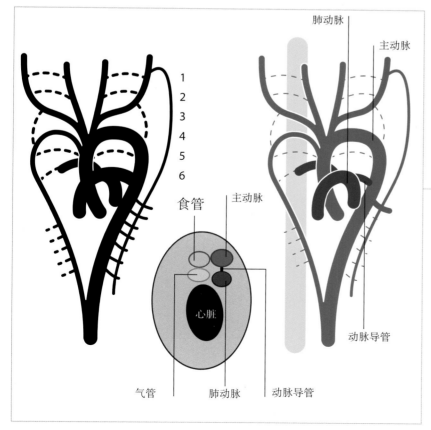

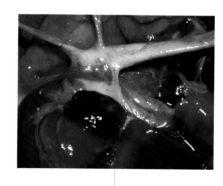

图3-54 正常胚胎发育期的动脉弓。主动脉由第四左动脉弓发育而来，肺动脉由同侧第六动脉弓发育而来。胚胎发育过程中这两个血管通过动脉导管连接，出生后肺动脉导管形成肺动脉韧带。

持久性右主动脉弓是犬的第4种最常见的血管畸形，最常见的畸形还有动脉导管未闭、肺动脉狭窄和主动脉狭窄。

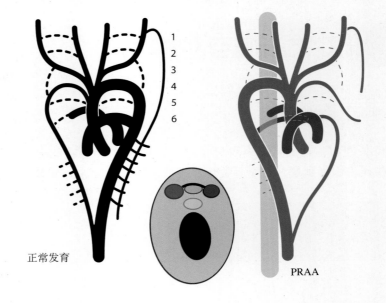

正常发育

PRAA

1
2
3
4
5
6

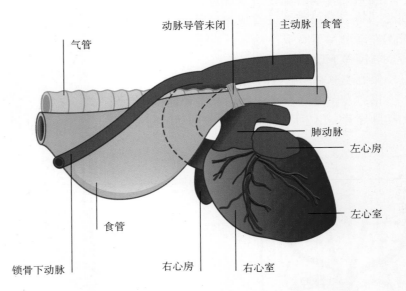

气管

动脉导管未闭

主动脉 食管

肺动脉

左心房

左心室

食管

锁骨下动脉

右心房

右心室

图3-55 图示从第四右动脉弓发育而来的腹主动脉。在犬的这些个体中，肺动脉韧带或导管压迫食管背侧，阻碍其扩张，引起部分梗阻。

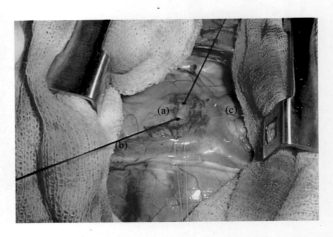

(a)

(c)

(b)

图3-56 病患术中照片：PRRA（a）和相关的其他血管异常，包括持久性左前腔静脉（b）、左半奇静脉（c）。

临床症状

PRAA从食管外造成阻塞，引起从心脏部位向前的食管扩张：病患在断奶前没有症状，返流从摄入固体食物开始。

> 这些病患有一个不变要素，即4~8周龄出现餐后返流未消化的固态食物。

受影响的动物食欲旺盛，许多动物都有不可抗拒的、摄入或舔食泥土、硬币、灰烬等物质的欲望（异食癖）。

返流可能在喂食后不久出现，也可能延迟数小时出现。在这种情况下，返流的食物因发酵而恶臭，可能被误认为是呕吐物，并可能引起溃疡性食管炎。

根据食管阻塞的程度，病患会表现营养不良和恶病质，而且会比同窝动物小。

心音听诊正常，但吸入性肺炎可能伴有支气管啰音，这很常见，还伴有呼吸困难、咳嗽和发热。

> ✱ 这些病患主要的并发症是吸入性肺炎。

诊断

诊断基于病患的年龄、病史、临床症状、体格检查、X线和内窥镜检查结果。

> 鉴别诊断包括特发性巨食管症和重症肌无力。

X线平片显示食管充满空气、液体或食物颗粒，伴随着气管向腹侧位移，前纵隔密度会增高（图3-57）。

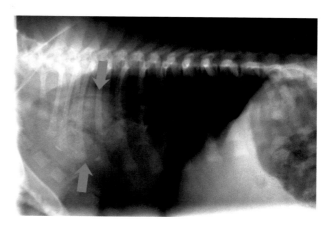

图3-57 X线片显示胸腔前部密度增加，气管向腹侧移位（箭头）。

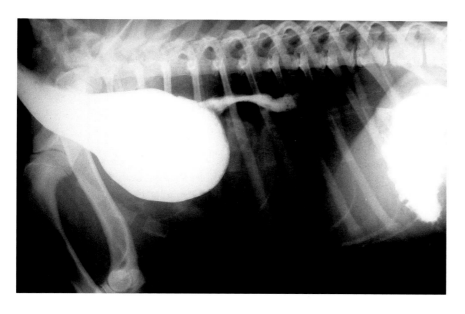

如果采取食管造影进行初步诊断，可以观察到胸部食管扩张，于第四肋间隙的心基部突然变窄，而食管其他部分看起来正常（图3-58至图3-60）。

图3-58 造影结果显示食管前段至心基部扩张，造影剂进入胃的通路突然中断。

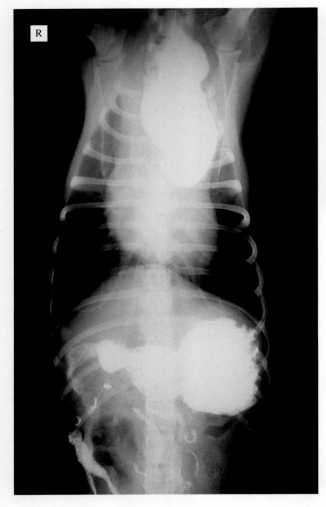

图3-59　食管狭窄是由于横跨食管背侧的肺动脉韧带阻碍了食管扩张和食物通过。

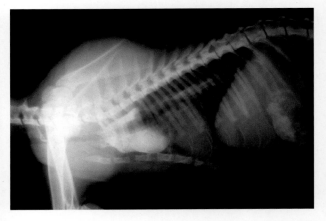

图3-60　患PRAA的猫：X线片显示造影剂滞留在心基部前的食管。

治疗

由于食管前段进行性扩张和肺炎反复发作的可能性，药物治疗和食疗均不能治愈。随着时间推移，食管的扩张与蠕动功能可能进一步恶化，需要尽早手术治疗。手术治疗是唯一的方法，结扎和切断肺动脉韧带。

> * 慢性食管扩张产生不可逆的病变，即因食管壁神经节细胞数量减少而失去正常的蠕动能力。

> 大多数病患伴有吸入性肺炎，术前应当给予治疗。

如果在出生后最初几个月采取手术治疗，康复效果优良，至少87%～92%的病患疗效满意，病患返流减少，体况逐步改善。有很小的比例，会有反复发作和难以治愈的肺炎和返流。PRAA的手术通路选左侧第四肋间隙进入胸腔（图3-61）。

该手术的目的是分离、结扎和切断肺动脉韧带，同时分离、拉伸在食管周围形成的纤维组织带，以释放食管在这个地方受到的压力（图3-62至3-69）。

> 肺动脉韧带对食管形成的压迫与食管壁周围纤维化有关。

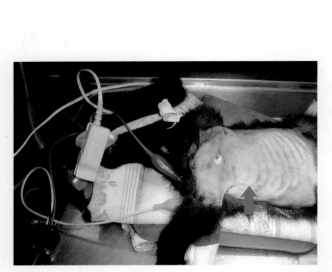

图3-61　进行手术准备的病患，手术入路选第四肋间隙（箭头所示）。

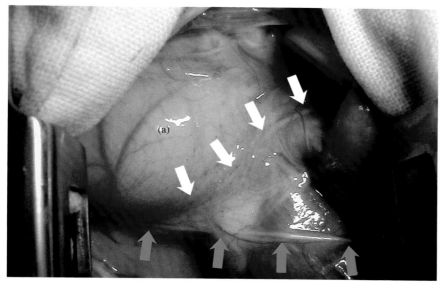

打开胸腔后，在切口边缘衬垫纱布并放置Finochietti小儿肋骨牵开器，将肺叶向后移，以便术野能清晰显露。

图3-62　开胸术选左侧第四肋间隙，切口边缘用生理盐水浸湿的纱布保护，并放置一个Finochietti小儿肋骨自行牵开器。注意食管扩张部位是在心脏左侧（a）、膈神经（绿色箭头）和迷走神经（白色箭头）的前方。

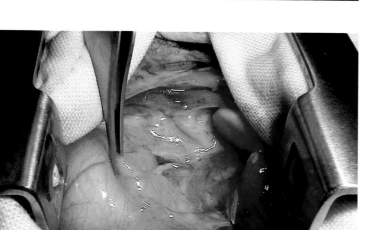

切开纵隔胸膜，辨认迷走神经，用一条缝线或脐状胶带将其牵开（图3-63）。

图3-63　定位和识别迷走神经，以避免术中损伤，这个病例用了2/0丝线牵引迷走神经。

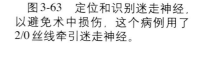

肺动脉韧带位于背侧，被纵隔脂肪包裹。如果难以辨别，触摸这个部位会有很大帮助。定位准确后，使用弯钳直接分离（图3-64）。

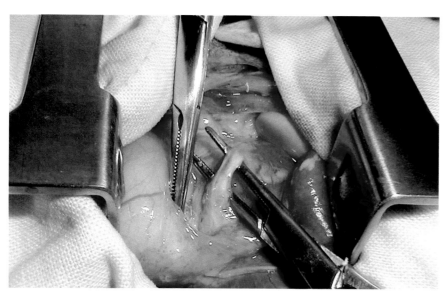

图3-64　把肺动脉韧带从组织中分离出来。

不可牵拉肺动脉韧带，细心分离后，用 0 ~ 3/0 丝线行双重结扎（图 3-65、图 3-66）。

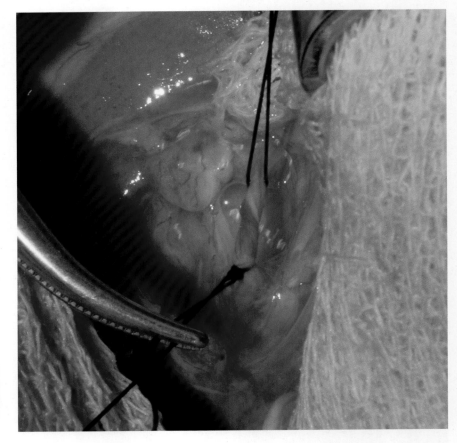

图 3-65 为避免二次出血，使用不吸收多股丝线对肺动脉韧带行双重结扎。作者使用了 0 ~ 3/0 丝线，线的型号取决于病患的大小。

丝线是胸部血管结扎的首选材料，因其有很高的摩擦系数，打结非常安全。

图 3-66 剪断肺动脉韧带并剪除数毫米一段，以防止可能的重新连接和问题复发。

为了减少食管周围的纤维化，剪除一部分肺动脉韧带及其周围纤维带（图3-66），注意不要造成食管壁穿孔（图3-67）。

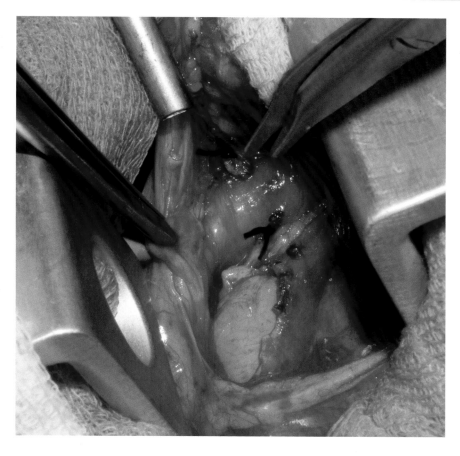

图3-67　小心地将围绕食管的组织与肺动脉韧带相关的纤维组织分离开来，注意不要损伤这个区段食管的血管。

为了改善食管的扩张状态，经口腔引入一个Foley导管，在食管狭窄的几个部位对球囊充气（图3-68、图3-69）。

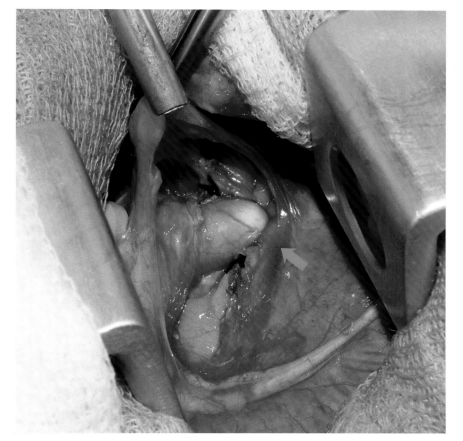

图3-68　为了扩大食管腔，经口腔放入Foley导管（箭头所示为导管尖端），将生理盐水充入球囊进行扩张。

结扎肺动脉韧带后将其部分切除，小心分离围绕食管的纤维组织，对该处食管使用插入的Foley导管进行扩张。

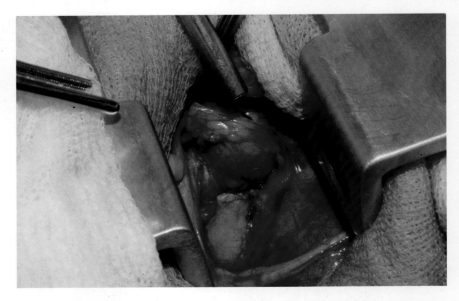

图3-69　对食管内狭窄部位及其周围反复操作几次，直到扩张时几乎感觉不到周围组织的阻力。

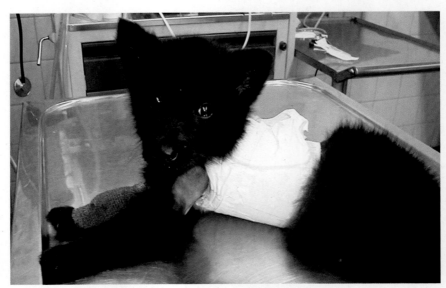

图3-70　术后的病患：胸部绷带不能太紧，避免影响呼吸。

在手术后关闭胸腔前，应确认无出血。之后，需要进行胸腔引流以重建胸腔负压。

术后

病患应住院接受密切观察，对其气胸状态的恢复及手术引起的疼痛程度进行评估（图3-70）。如果没有术后并发症，24h后取出胸腔引流管，48～72h后即可出院。

病患仍有可能表现食管扩张，为利于食物通过食管，建议每天少量多次饲喂软食，且进食时保持上半身抬高。

多数病患恢复良好，几个月后正常进食，不返流或很少返流。

病例1　持久性右主动脉弓(PRAA)

临床常见度				
技术难度				

混血犬，雄性，四月龄，20d前开始频繁呕吐被送至外科就诊。

幼犬体况瘦弱，皮毛不良，腹部膨胀，颈部触诊食管有空气且松弛，直肠温度39℃，脉搏140次/min，呼吸50次/min，心脏听诊正常。

血液检查结果如下：

血细胞比容：0.367（0.37 ~ 0.55）

平均细胞体积：55.5fL（62 ~ 74fL）

白细胞增多：17×10^9/L [（6 ~ 15）$\times 10^9$/L]

总蛋白低：31g/L（36 ~ 52 g/L）

白蛋白低：7.0g/L（23 ~ 38g/L）

X线检查颈椎和胸部发现，食管扩张，病犬意外食入的两颗枪弹沿食管移动，沿食管流动的造影剂在食管心基部中断（图3-71、图3-72）。

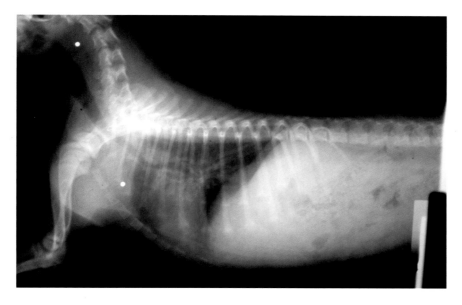

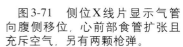

图3-71　侧位X线片显示气管向腹侧移位，心前部食管扩张且充斥空气，另有两颗枪弹。

临床病史、体格检查及影像学检查结果指向血管环异常。

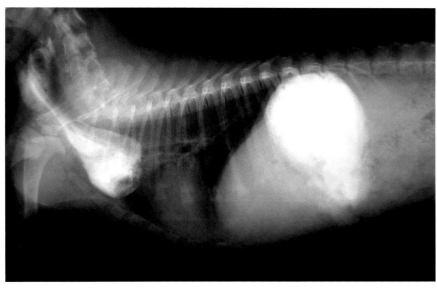

图3-72　食管造影显示颈部和胸部食管前段扩张，造影剂向后移行时在食管心基部中断，该影像结果与持久性第四右主动脉弓一致。

手术治疗

治疗肺炎使病情稳定后，经左侧第四肋间实施开胸术。将左侧肺叶向后腹侧移位，用生理盐水湿润纱布固定肺叶，以防干扰术野（图3-73）。

发现以下有趣的现象：食管前段扩张（图3-73，蓝色箭头），造成阻塞的肺动脉韧带和相邻食管纤维化（图3-73，黑色箭头），食管背侧的主动脉（图3-73，绿色箭头）和迷走神经（图3-73，黄色箭头）。

> 这种手术涉及的解剖结构不一定像这个病例一样轻易看到，通常它们隐藏在纵隔脂肪中。

辨别肺动脉韧带并仔细分离（图3-74），用两根3/0丝线结扎后切断肺动脉韧带（图3-75）。

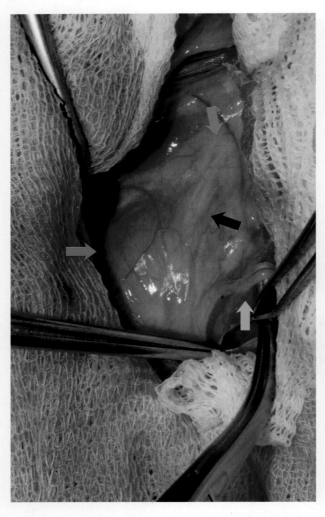

图3-73 把肺前叶向后，显露扩张的食管（蓝色箭头）、肺动脉韧带（黑色箭头）、主动脉（绿色箭头）和迷走神经（黄色箭头）。

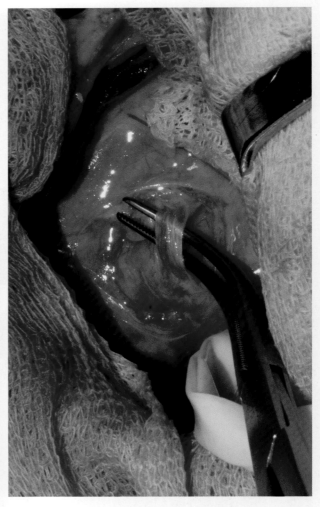

图3-74 切开纵隔胸膜，谨慎定位和分离肺动脉韧带，避免损伤附近结构。

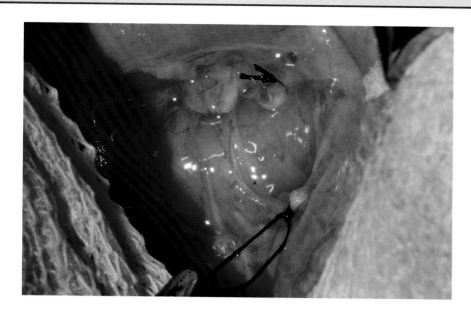

图 3-75　在两个结扎线之间切断韧带，该病例用了 3/0 丝线。

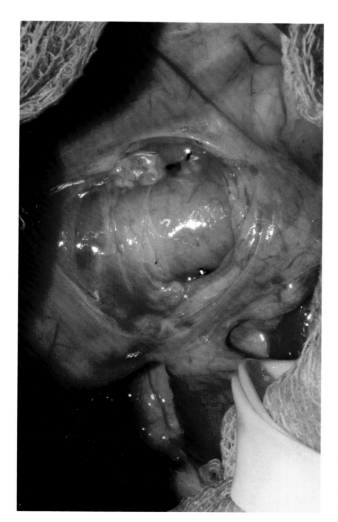

将手术继续进行，把食管从周围纤维组织中剥离出，用 Foley 导管的球囊部分扩张食管（图3-76）。

按标准方式关闭胸腔，复原和扩张肺叶，消除气胸，重建胸腔负压。未放置引流管。

术后

术后 6h 内持续输注 5% 葡萄糖 2mL/（kg·h）。抗生素选用普鲁卡因青霉素 20 000 U/kg，肌内注射，连续 5d。

术后 12h，开始以病犬前躯抬高的姿势进食湿粮。此后，每 4h 进食一次，未出现返流。

3d 后出院，回家后继续给予药物治疗和食疗。

两个月后的检查显示，病犬能以正常体位进食用水泡过的干粮，没有出现返流情况，食管造影显示与术前相比食管扩张减小。

> 应尽早尽快地施行手术矫正，以增加食管功能恢复的机会。

图 3-76　为使食管狭窄处及周围扩张，要剥离开相关的纤维组织，并经口腔插入 Foley 导管，对导管球囊充气以行扩张。

巨食管症

临床常见度 ■■■■□□

概述

动物吞咽时，孤束核中的神经元产生神经冲动，使声门关闭和食管上部肌肉松驰，同时激活"初级"蠕动，促进食团向食管下方运送。食管因食物存在而扩张，会产生"次级"蠕动波，从而确保食物朝着胃-食管括约肌方向运送。

胃-食管括约肌或贲门括约肌是一个功能性括约肌，而非简单的解剖学意义的括约肌。这种括约肌产生高压力的主要目的是避免胃-食管返流，因为食管黏膜无法抵御胃分泌物的刺激。括约肌主要由迷走神经调节，但其张力可受体液调节，如胃泌素、胃内容物pH、食物种类（脂肪增加则张力减少，蛋白增加则张力增加）或某些药物的影响（如乙酰丙嗪）。

食管扩张可能由食管狭窄造成的，在狭窄处的食管前部会发生食物滞留和累积，一般只影响部分食管，但也可能是由整个食管肌肉异常所引起，这是本章的主题。

巨食管症是指食管明显扩张，肌肉收缩力不足，无法将食物沿食管向后推送。

所有类型的巨食管症，食物、液体和空气在食管腔内的堆积都会加重食管的被动扩张。食物停滞会进一步引起营养物质发酵，引起食管炎，反之也会使扩张和局部循环恶化（缺血）。

由于黏膜下和肌间神经丛受到压迫，慢性扩张和炎症形成一个恶性循环，从而导致进行性去神经化。这就解释了受影响的食管逐渐恶化，其症状包括蠕动收缩幅度减小、对吞咽食物刺激产生很少或没有运动的反应，甚至食管麻痹。

临床症状

> 病患难以将食物沿食管向下运送，并出现频繁返流。

巨食管症的主要症状是返流。

病患通常营养不良，甚至先天性恶病质。如果没有严重的呼吸道感染，一般食欲很好，仅在进食后很快返流（图3-77）。

其他常见症状是吸入性肺炎引起的发热、精神沉郁、咳嗽和脓性鼻分泌物，60%的病患都存在吸入性肺炎（图3-78）。

图3-77 病犬通常体重下降和脱水，幼犬生长迟缓，并在呼吸道感染时精神不振或严重沉郁，如同此张图片中的幼犬一样。

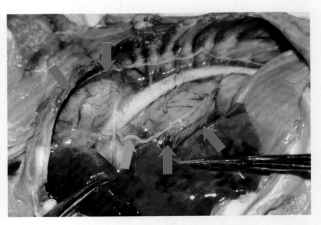

图3-78 在巨食管症病患中常见吸入性肺炎，剖检图片显示：食管广泛性扩张（蓝色箭头），黄色箭头示迷走神经，以及分布于整个肺实质的肺炎病灶。

由于气体和液体积聚在扩张的食管中，所以有可能在颈部或胸部检查出扩张的食管及与呼吸音同步的积液声。

诊断

根据病史、详尽的临床症状、仔细的临床检查，以及对返流和呕吐的明确区分，可做出初步诊断，确诊需进行X线检查。

> 不要将返流误认为是呕吐。

X线平片显示食管内气体和食物滞留，扩张的食管挤压周围组织并出现占位（图3-79）。食管X线造影可以检查出食管扩张的程度和大小（图3-80）。

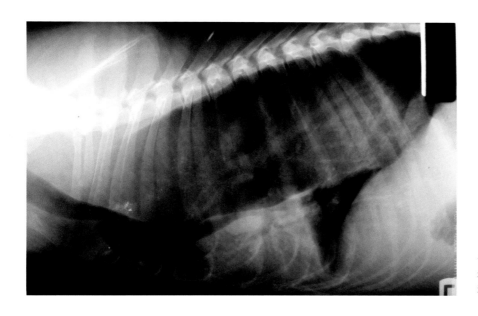

图3-79 一只成年犬超大的食管，X线片显示除了明显的食管扩张以外，气管和心脏明显向下移位，还有严重的支气管肺炎。

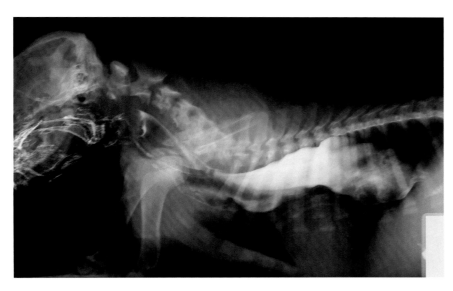

图3-80 使用造影剂后的食管形态更加清晰，食管问题的严重性及食管扩张的严重程度清晰可见。该病例与幼犬先天性巨食管症相符合。

在造影良好的X线片中，造影剂应该沿整个食管分布，可避免任何的诊断错误（图3-81），即在灌服钡剂后将病患前肢抬高以获得良好效果。

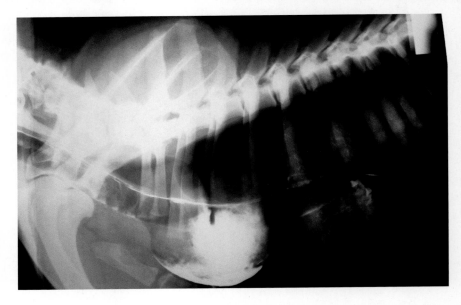

图3-81　如果心脏前方食管明显扩张，造影剂在此部位停留而不继续下行，这与持久性右主动脉弓引起的食管前段扩张影像非常相似。

先天性巨食管症

先天性巨食管症的原因至今不明，但不应与人的贲门失迟缓症相比较。吞咽刺激后，犬的食管收缩幅度减小或完全不收缩，而胃-食管括约肌功能正常，表明食管轻度麻痹或完全麻痹。

一种可能的假设是孤束核和疑核的不成熟，它们是中枢神经系统中食管运动功能的控制中心。这一假设得到了这样一个事实的支持，即一些幼犬的食管功能在出生后6个月恢复正常。但也有人认为，其原因可能在于食管壁肌间神经丛的不成熟或退化。

> 先天性巨食管症的病因尚不清楚。

药物治疗和食疗

有些病患会随年龄增长而自发改善，相关治疗方法基于观察。

食疗包括给幼犬饲喂半流质食物，每天6～8次，喂食后保持直立状态至少15～20min（图3-82）。

拟副交感神经药物（如乌拉胆碱和新斯的明）能增加食管收缩能力，可改善临床症状。

广谱抗生素用于治疗吸入性肺炎。

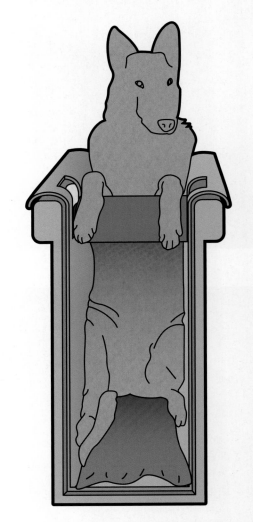

图3-82A　病患应当以直立姿势进食，Bailey椅是一种保持病患呈直立进食姿势的好工具。

图 3-82B　抬高犬的上半身饲喂，有利于食管排空。

手术治疗

　　改良式海勒食管切开术用于人的贲门失迟缓症，但动物术后多发持续性胃-食管返流和消化性食管炎，所以此手术在兽医临床的应用效果不好。

　　托雷斯所描述的食管-膈-贲门成形术是治疗这种疾病的最好技术。

获得性巨食管症

　　无任何食管病史的成年动物同幼犬一样，患获得性巨食管症的原因不明，其症状可能是在一次严重的应激反应后突然出现（如道路交通事故、头部外伤等）。

　　全身性疾病可能继发巨食管症（表3-2），犬最常见于重症肌无力，其特点是神经肌肉终板的乙酰胆碱受体因显著破坏而缺失，不能产生肌肉收缩。

> ＊ 巨食管症病患的主要并发症是吸入性肺炎。

　　典型的巨食管症病患，大约有75%伴有支气管炎或慢性肺炎。

治疗

　　对于巨食管症病患，首先应解决引起这一问题的原因，然后处理巨食管导致的异常，即采取如前所述的饮食建议，并控制呼吸道疾病。

表3-2　可能出现巨食管症状的最常见全身性疾病	
重症肌无力	
免疫性疾病	播散性红斑狼疮 多发性肌炎 多发性神经炎
退行性神经病变	
激素紊乱	肾上腺皮质机能减退 甲状腺机能减退
营养失衡	硫胺素缺乏
慢性重金属中毒	铅 铊
中枢神经系统疾病	脑创伤 犬瘟热 颈椎不稳 颈部多发性神经根炎

特发性巨食管症　食管-膈-贲门成形术

临床常见度	■	■	■	□	□
技术难度	■	■	■	■	□

食管-膈-贲门成形术的主要作用是促进食物经食管进入胃。重要的是让主人清楚，该手术术后不能恢复正常的食管蠕动，需要谨遵医嘱饲喂。

术前

病患有任何呼吸道症状，都需要在术前连续3d使用广谱抗生素治疗。

病患需要进食高营养的软食，少量多次，保持数分钟直立姿势，促进食物进入胃部。

术前24h禁食，减小麻醉前返流的风险。

手术

全身麻醉，机械通气，右侧卧位姿势，经左侧第8肋间隙切开进入胸腔（图3-83），将肺后叶移开后，切开纵隔食管腹侧，并将食管分离出来，随后环绕式放置脉管带或彭罗斯引流管，以便移动食管而又不造成损伤（图3-84）。

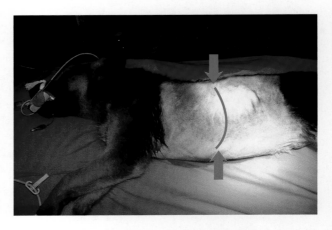

图3-83　食管后段手术经左侧第8肋间隙入路。

图3-84　小心剥离食管，放置彭罗斯管固定食管而不损伤食管壁，需要辨认食管裂孔（蓝色箭头）、迷走神经（白色箭头）、膈神经（黄色箭头）。

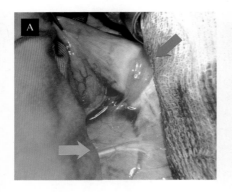
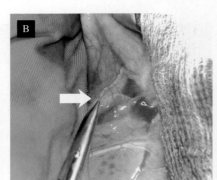
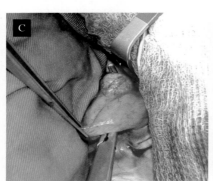
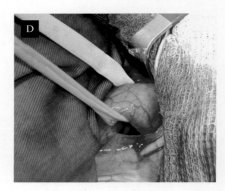

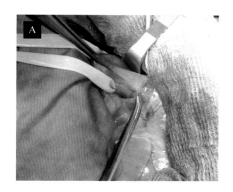
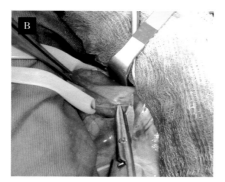

在分离和把持食管时，应当注意不要损伤沿背侧和腹侧走行的迷走神经分支。

接着，切断膈-食管韧带的左半部分，移除其与食管壁的连接部分（图3-85）。

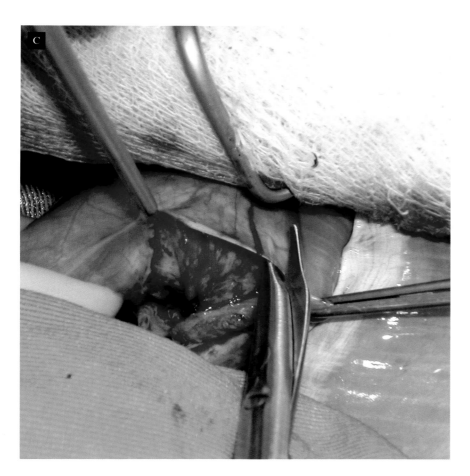

图3-85 剪断食管与膈的连接韧带，清除食管上的附着部分。

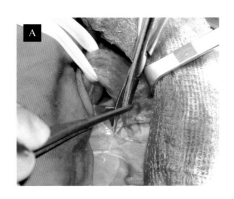
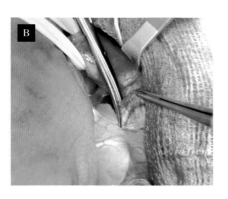

剪开裂孔的背侧和腹侧边界，长度超过2～3cm（图3-86），同时剪除横膈的半圆形部分，然后将切口边缘缝合在一起（图3-87、图3-88）。

图3-86 这些图片显示食管裂孔腹侧切口，这是切除一部分横膈的起点。

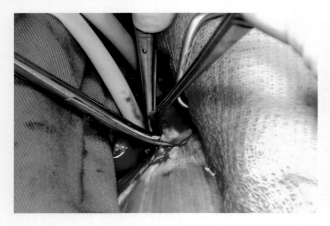 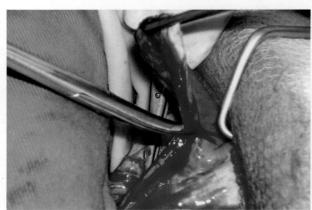

图3-87 这些图片显示横膈的半圆形部分被剪除。

 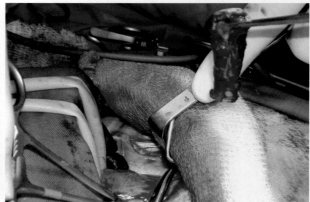

图3-88 这些图片显示横膈部分切除和食管裂孔背侧的径向切口。

形成新裂孔所切除的膈肌组织数量，应足以对贲门附近食管左壁施加轻微的张力。

在膈肌切除过程中，膈肌血管会被切断，因此该区域的良好止血对于避免术后并发症非常重要（图3-89）。

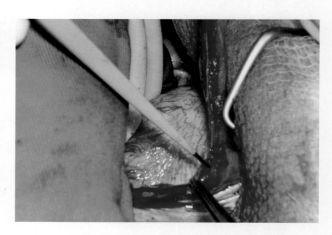

图3-89 使用双极电凝镊对膈血管进行预防性止血。在切除膈的过程中对膈肌内血管做好止血，以防术后并发症。

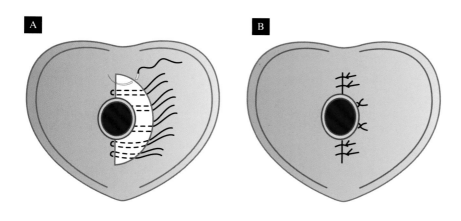

图 3-90 对膈的半圆性缺口采用褥式缝合法。A.放置褥式缝合；B.完成重建。

接下来，将新形成的膈缘缝合到食管壁上，注意缝合黏膜下层而不穿透黏膜层，使用 2/0 单丝不可吸收缝线，采用水平褥式缝合（图 3-90 至图 3-93）。

把膈肌缝合在食管与胃结合部。

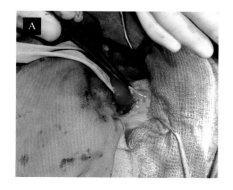

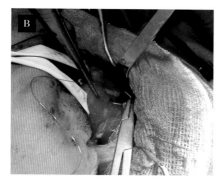

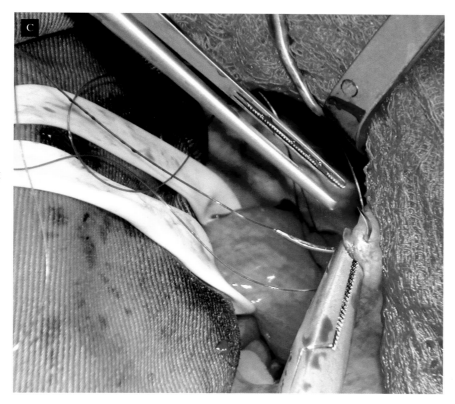

图 3-91 膈缝合到食管壁要有一些张力，首先将膈肌切口中点位置缝合固定在食管壁上，采用垂直或水平褥式缝合，选择 2/0 不可吸收性单丝缝线。

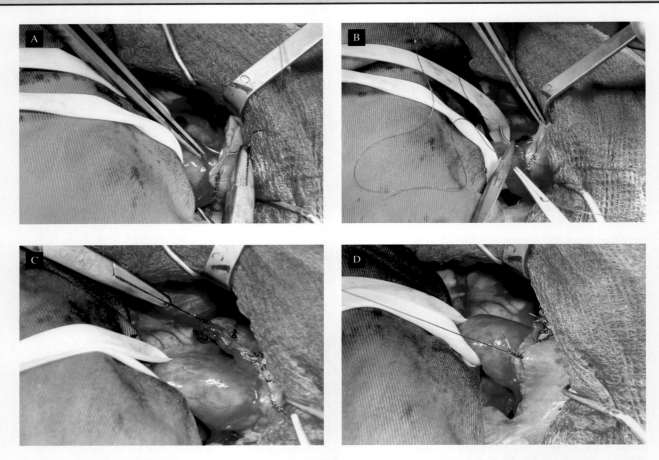

图3-92　缝合继续向背侧进行，因为切口两侧长度不同，所以膈肌侧的缝线间距应当比食管侧的缝线间距大，这样就能使切口的外侧缘与内侧缘对齐。

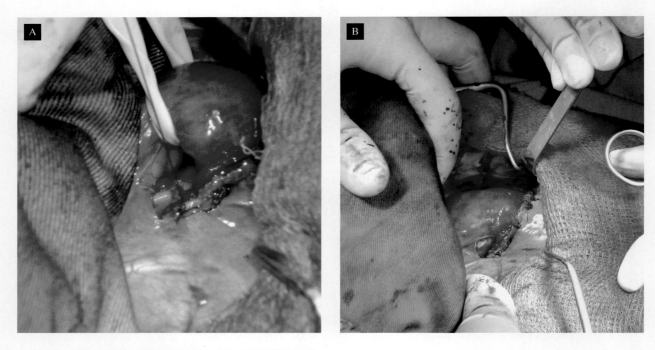

图3-93　最后对膈肌腹侧缝线打结，完成食管裂孔重建。

图 3-94 用无菌微温生理盐水冲洗胸腔，挤压腹侧缝合处以确认重建的密闭性。

> * 腹侧缝合的线头末端要尽量留短，以免长线头刺激在腹侧走行的膈神经，否则可能会导致慢性打嗝（呃逆）。

为了检查缝合处是否有泄漏，用无菌微温生理盐水淹没该区域，按压腹部检查横膈处是否有气泡（图 3-94）。这个方法也用于冲洗和抽吸胸腔，以清除可能发生的术中环境污染。

按照外科医生选择的标准手术方法关闭胸腔和放置引流管，完成手术。

手术目的

手术目的是利用呼吸运动协助食物进入胃，动物吸气时可以扩大胃 - 食管括约肌（图 3-95 至图 3-97）。

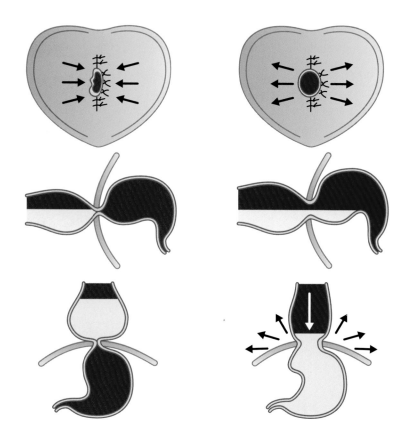

图 3-95 此图显示了手术原理：呼气的时候，膈肌松弛，裂孔关闭；而吸气的时候，膈肌紧张，裂孔和贲门打开，协助食物进入胃内。

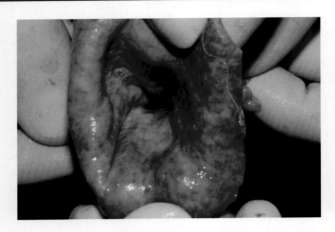

图3-96 当动物吸气时，膈肌牵拉食管左侧，打开贲门。

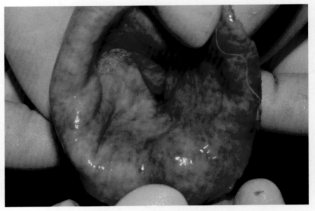

图3-97 当动物呼气时，食管末端裂孔与贲门关闭，阻止胃-食管返流。

术后管理

术后护理与其他胸部手术相同。

胸腔引流管通常于术后24h拆除。

24h后经口饲喂，使用高蛋白半流食，每天多次；饲喂期间，将碗放在高处或使动物处于一个垂直站立姿势，持续一周（图3-98）。

一周后，逐渐增加固体食物，少量多次饲喂，并在饲喂时保持动物垂直站立。

一段时间后，饲喂次数减少，饲喂量增加，一天多次，但还是要抬高碗的高度。

为降低返流引起食管病变的风险，每天喂服奥美拉唑。

图3-98 术后最初几天，抬高碗给病犬饲喂流食，如此有利于食物借助重力通过食管。

病例跟踪

只要巨食管症不太严重，大多数病例的预后良好，这就是为什么手术要尽快施行。然而该手术并不能解决食管的机能问题，但是可以改善食物经食管的转运问题，有利于食物进入胃内。

改善食管的排空机能，使幼犬的营养得到改善，临床症状也就得到改善。食管转运的改善也使食管机能的恢复成为可能，因为食管腔内的压力和引起食管炎的发酵过程减少，由这两个因素引起的肌间神经丛和黏膜下神经丛损伤也会减少。

幼犬临床症状的改善与食管扩张的显著减轻无关。

对有可能进行长期随访的病例中，未发现胃-食管返流的临床症状或者影像学表现。

食管壁内肌纤维过度拉伸后，其逆转可能性很小或者完全不可逆。

病例1　巨食管症

临床常见度 ▮▮▮▮▯▯

Pepito 是一只 4 月龄的雄性德国牧羊犬，被送到医院的原因是最近几周发生频繁的呕吐，虽然刚出生时体型最大，但现与同窝出生的其他幼犬相比已经小了很多（图3-99）。

临床病史表明，问题出现在断奶后开始吃固体食物的时候，它会在无干呕的情况下直接出现返流，通常又会将呕吐物吞食回去。但对液体食物有很好的耐受性，没有返流现象。

Pepito 总是走走停停，当低头时出现返流，有时返流物中带有白色泡沫。

> 临床病史有助于区别是呕吐还是返流。

临床检查未发现明显的异常，尿检和粪检正常，唯一变化是血液学检查结果：白细胞总数增多，为 $22 \times 10^9/L$ [$(5.5 \sim 16.9) \times 10^9/L$]；中性粒细胞增多，为 $16.2 \times 10^9/L$ [$(3.0 \sim 12.0) \times 10^9/L$]。

影像学检查显示整个食管扩张，肺中部区域有中度的支气管炎（图3-100 至图3-102）。

图 3-99　Pepito 就诊照片。

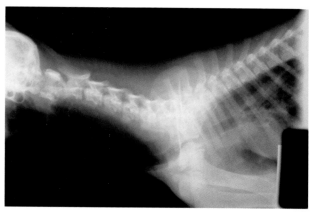

图 3-100　颈部食管扩张和气管向腹侧移位。

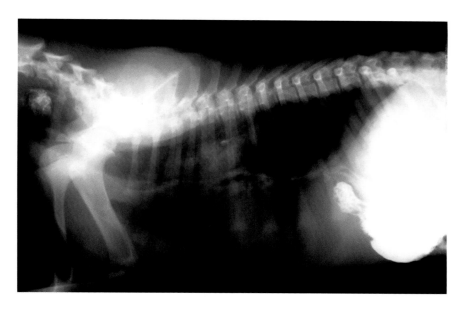

图 3-101　钡剂造影显示整个食管扩张，钡剂快速通过食管到达胃内。

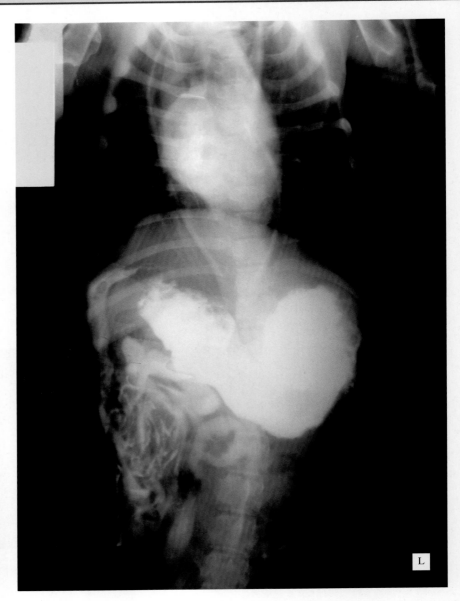

图3-102　腹背位X线片显示食管两侧扩张，在外科手术涉及的一个解剖学位置即胃-食管结合部，也能观察到。

治疗肺部感染后，可以施行此前已描述的食管-膈-贲门成形术（图3-103至图3-109）。

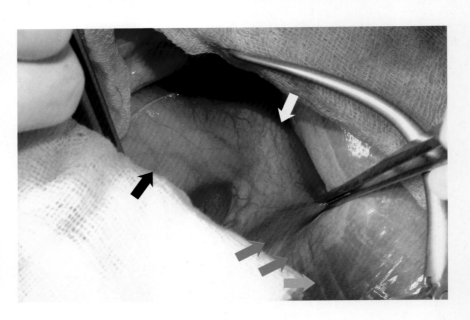

图3-103　经左侧第8肋间打开胸腔后的食管裂孔：扩张的食管（黑色箭头）、膈-食管韧带（白色箭头）、食管裂孔肌肉部（蓝色剪头）、膈的腱部（绿色剪头）和周围的肌部（黄色箭头）。

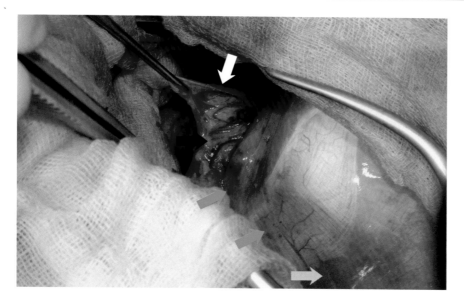

图 3-104 切开膈-食管韧带（白色箭头）使食管游离，同时显露胃及其血液供应（黑色箭头），接着切除食管裂孔的肌肉部分（蓝色箭头）和膈的大部分腱部（绿色箭头）。黄色箭头指示膈的肌部。

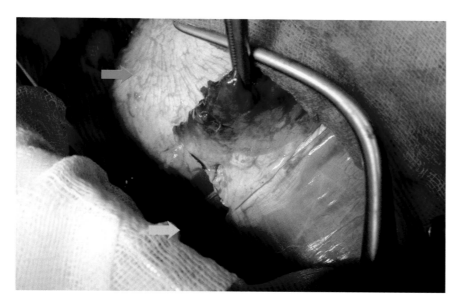

图 3-105 在膈的腹侧缘和背侧缘做径向切口（黄色箭头），扩大食管裂孔，使胃得以疝出（蓝色箭头）；然后切除裂孔左侧的肌肉和膈的半圆形腱部，若血管出血则使用双极电凝镊止血。

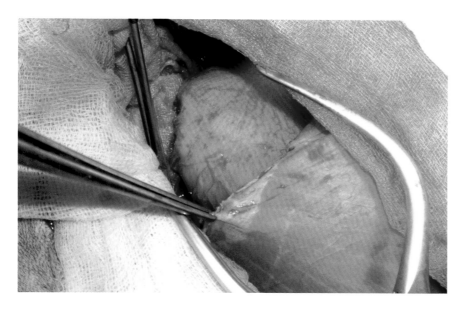

图 3-106 切除上述组织后的膈肌外观。此病例由于气体导致胃部扩张，影响了食管显露；麻醉师行胃内插管将气体吸出，解决了这个问题。

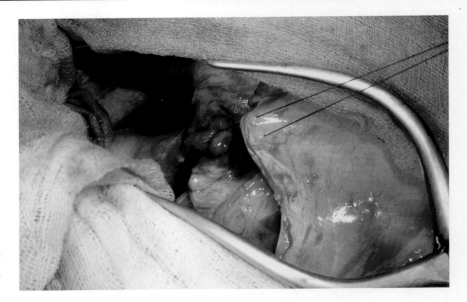

图 3-107　将膈缺损缝到胃-食管结合部，使用2/0不可吸收单丝线，采用水平褥式缝合法。

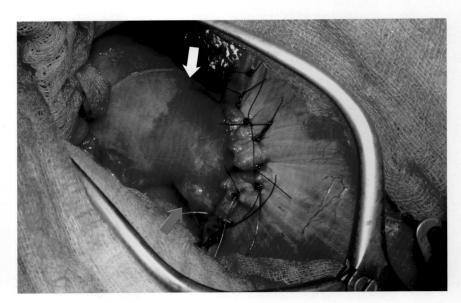

图 3-108　膈肌缺损重建后的最终外观：腹腔内的食管固定在胸腔内（蓝色箭头），膈肌缝合到贲门，白色箭头指示手术前的食管-膈结合部。

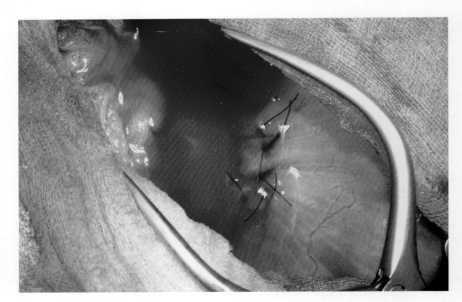

图 3-109　在胸腔后部灌注无菌微温生理盐水，以检测缝合处是否紧密；如按压腹部不产生气泡，表明缝合紧密。

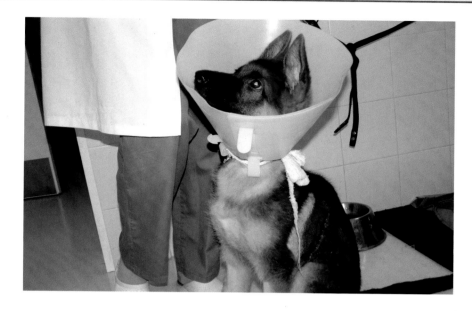

术后

Pepito恢复良好，24h后取出胸腔导管，开始饲喂流体康复食物，每天少量多次。饲喂期间的碗要始终放高，确保食物能够顺利通过食管（图3-110）。

图3-110 此张图片显示术后2d的Pepito在等餐。

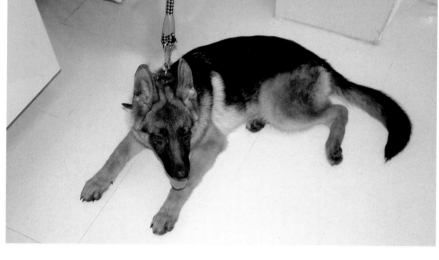

该犬恢复良好，3d后回家，按前述方案继续饲喂。

6个月后Pepito前来复查，在这段时间里偶有返流，总是与活动过度或者神经紧张有关。已经无任何呼吸问题，正常成长（图3-111）。

图3-111 术后6个月，该犬几乎完全恢复，除了饲喂方式外，过着正常生活。

与术前的X线片对比，复诊的X线片显示食管扩张有一些改善（图3-112）。

Pepito继续吃泡软的干粮，一天食量分为三次。饲喂时把它的碗放在台子上，使其进食时抬高前躯。

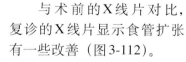
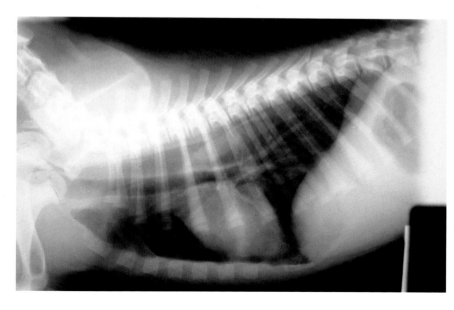

图3-112 术后6个月的X线片显示：食管仍有扩张，但比术前减轻了许多。

犬的胸部解剖

右肺

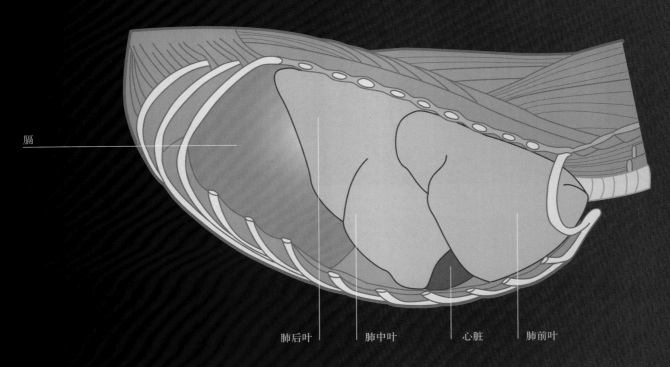

膈

肺后叶　　肺中叶　　心脏　　肺前叶

左肺

第一肋骨
气管
肺前叶

肺前叶（前部）

心脏

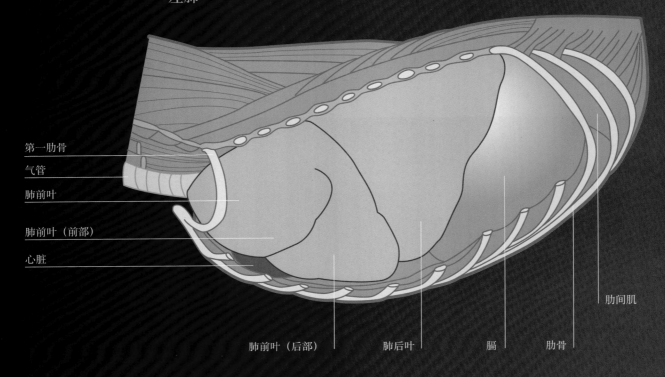

肋间肌

肺前叶（后部）　　肺后叶　　膈　　肋骨

肺脏解剖

背侧观

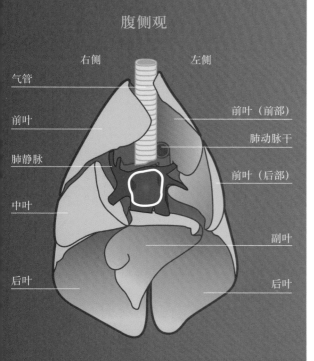

左侧　　右侧

气管

前叶　　　　　　　　　　前叶

气管分叉处　　　　　　　中叶

　　　　　　　　　　　　副叶

后叶　　　　　　　　　　后叶

腹侧观

右侧　　左侧

气管

前叶　　　　　前叶（前部）

肺静脉　　　　肺动脉干

　　　　　　　前叶（后部）

中叶

　　　　　　　副叶

后叶　　　　　后叶

第四章　肺

概述

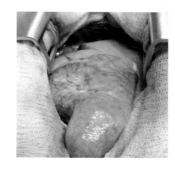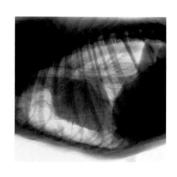

肺部肿瘤

病例1　肥大性骨病（肢端肥大症）

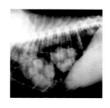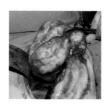

肺脓肿

后纵隔闭合性脓肿

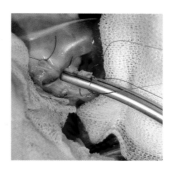

肺叶扭转

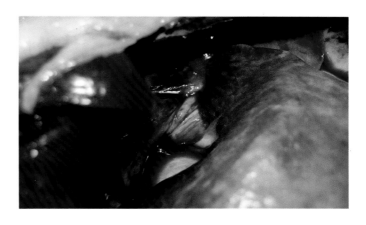

概　述

临床常见度 ▮▮▯▯▯

临床解剖学和生理学

左肺由前叶（分成前、后部分）和后叶或膈叶组成，右肺更大且由前叶、中叶、后叶以及副叶组成。右侧中叶的支气管从气管处直线延伸。

> 吸入性肺炎最容易影响到右肺中叶。

肺动脉在支气管背侧并行，静脉在腹侧伴行。

胸膜壁层和胸膜脏层在肺后叶（膈）处汇合，形成肺韧带，有时候切断这些韧带，以便更好地进行肺叶切除手术。

在休息时，吸气主要通过横膈收缩来实现，而呼气则是由于肺部的弹性反冲而产生的被动运动。在活动的状态下，通过吸气肌收缩将肋骨向前推以加强吸气过程，从而增加吸气量；呼气肌群则主动地用力呼气。

在肺外科手术中，人工或机械通气是保证血氧含量的关键。

这种通气应与外科医生协调好，以预防手术过程中对肺部造成伤害。

> 通气压力不足会造成气压伤，伴有严重的影响和肺部损伤。

胸部疾病的诊断方法
胸部X线放射学

> ＊ 在处理或采集任何诊断样本前，应先稳定病患。

胸部影像学对大多数呼吸系统疾病具有诊断意义。这些图像可能显示呼吸道的异常，包括异物或肿瘤、原发性肺部疾病（如肺炎）或胸膜腔的改变（如气胸）（图4-1至图4-3）。

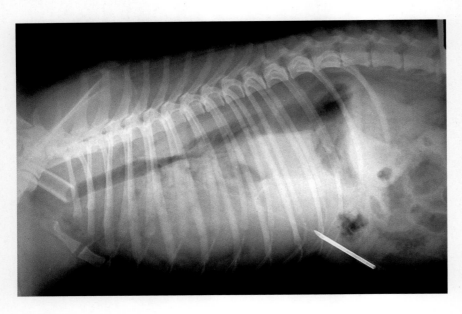

图4-1　肺挫伤继发血胸。图片显示一根穿刺针进入胸腔以引流胸腔内蓄积的血液。

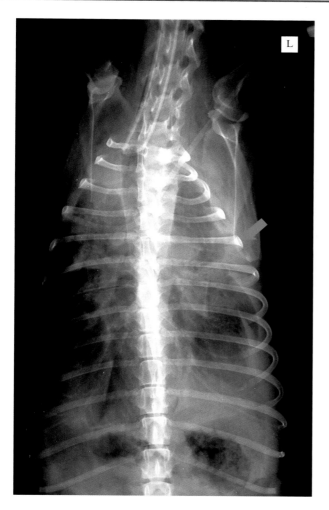

图4-2　肺部挫伤的X线照片。左侧受影响最大，注意被血液分隔开的胸膜（箭头）。

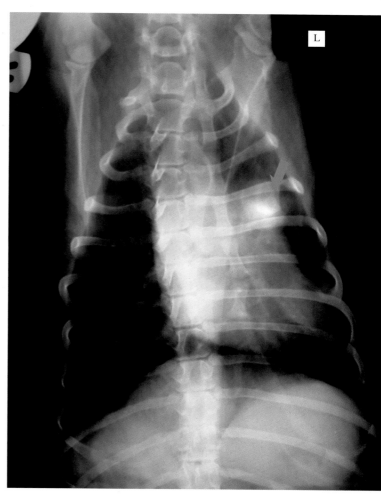

图4-3　左肺前叶的肿瘤（箭头）。这是老年动物体检时偶然的发现。

经胸廓的超声检查

　　超声检查可以提供有关胸腔内结构的重要信息，特别是在胸腔积液、肺实变或肿块的情况下，在取样和活检时也非常有用。

气管和支气管肺泡灌洗

　　经气管、气管内灌洗和支气管肺泡灌洗对诊断肺炎、炎性疾病或肿瘤是很有效的方法。

开胸术和胸腔镜检查

如果没有侵入性较小的能够精确诊断的方法，开胸探查术可能是一种诊断和治疗的方法。如果病灶是单侧的，手术选择胸侧壁通路；如果整个胸腔都需要检查，就需要经胸骨切开（图4-4）。还可以选择胸腔镜手术，这种微创手术可以减少动物疼痛并缩短病患的恢复时间（图4-5）。

肺创伤

肺创伤可分成以下几类：

■ 非透性创伤，如道路交通事故或者高空坠落（图4-4、图4-2）。
■ 穿透性创伤：继发于肋骨骨折、枪伤、戳伤、咬伤。

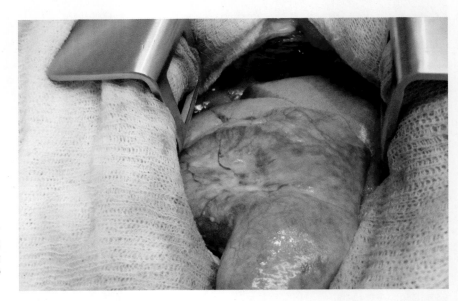

图4-4　该病患被诊断有肺叶上肿块，决定通过胸侧壁切开术进行肺叶切除，并且将肿物送检进行病理学检查（图片由Rodolfo Bruhl-Day 提供）。

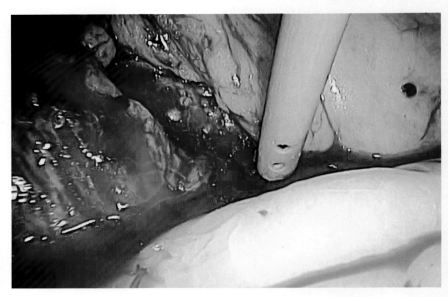

图4-5　内镜图像显示正在抽吸积血以定位其来源。

这些病变可引起气胸、血胸和膈肌破裂等。然而，在大多数情况下，引起轻微气胸的创伤会自行闭合；胸膜内的空气在几小时内被吸收（图4-6）。

> **大多数有胸部外伤的动物不需要手术。**

如果病患出现呼吸窘迫症状（呼吸加深或呼吸频率增加）并且病情发展不良，应进行胸腔穿刺或必要时放置胸腔引流管。

如果放置胸腔引流管后2～3d内气胸或血胸没有恢复，或胸部出血严重，如超过2mL/（kg·h），持续3～4h，则需要开胸手术（图4-7）。

在手术修复创伤性肺损伤时，应当向胸腔内注入无菌微温生理盐水以检测肺充气时是否有任何的气体泄漏（气泡）。

撕裂的肺部可以通过连续缝合或间断缝合进行闭合，用带圆针的4/0或5/0单丝可吸收缝线。如果损伤的肺组织在缝合时易碎或容易撕裂，应行部分或全部肺叶切除。

> **TA外科缝合器在肺部手术中非常有用。**

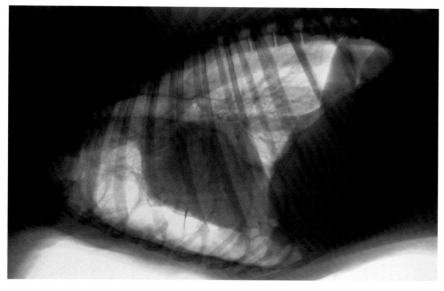

图4-6 如果检查有创伤性气胸，应当在入院后的几小时内密切监测病情发展。与传统的X线摄影技术相比，数字化成像系统产生的图像可以发现之前不容易发现的一些细节。

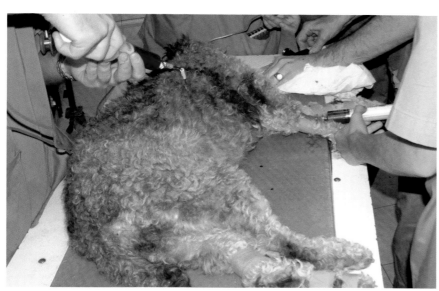

图4-7 该犬因交通事故造成明显的气胸并导致严重的呼吸功能不全，由于出血不止，决定实施开胸探查手术。

肺部肿瘤

临床常见度 ▮▮▯▯▯

虽然原发性肿瘤在小动物中很少见，但其他器官肿瘤的转移是常见的。

> 在犬中，原发性肺肿瘤的患病率不到所有肿瘤的1%，而在猫中，这一比例低于0.4%。

这些肿瘤大多发生于老年动物，通常为恶性。腺癌是最常见的肺部肿瘤。

在胸腔内，原发肿瘤通常转移至淋巴结、肺实质、心脏和胸膜（图4-8），远处转移至肝、肾、脾或骨骼。在猫中，当原发肺肿瘤的转移出现在趾头上时，被称为趾-肺综合征。

临床症状

> 当肿瘤很小（直径3~4cm）时，病患无症状。

临床症状不是很典型。

最常见的症状是持续数周或数月的干咳，可能伴有厌食、体重下降、呼吸困难、运动不耐受或自发性气胸。病患如果发展成肥大性骨病或者有骨转移时，也可能出现跛行。听诊应精确地识别出由于气道渗出或者肺实变和胸腔积液造成肺音增加或减少的区域。

诊断

诊断是基于胸部平片上肺实质密度的增加。由于生长和局部扩散，这些肿瘤通常影响到大的区域。最常见的放射学特征为一边界清晰的结节或孤立性肿块（图4-9）。

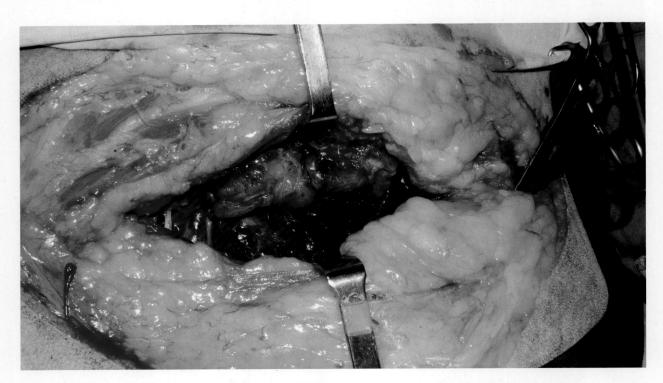

图4-8　计划手术切除的原发性肺部肿瘤。然而，当看到胸腔内转移的情况，决定放弃尝试切除的计划。犬存活了3个月。

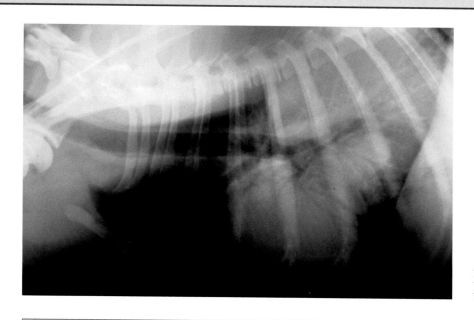

图4-9 这张胸部X线片显示肺后部区域密度增加，这个病例的其他肺叶和区域内淋巴结未见局部转移。

X线片应包括腹背位和左/右侧位投照。

放射学表现的鉴别诊断包括脓肿、真菌性或嗜酸性肉芽肿。

来自其他器官的肿瘤的转移通常很小，边界比原发肿瘤清晰，且位于肺的外围和中央区（图4-10）。

肺肿瘤主要影响肺后叶，尤其是右侧。

可能转移到肺部的肿瘤包括：
- 乳腺癌。
- 血管肉瘤。
- 骨肉瘤。
- 移行细胞癌。
- 鳞状细胞癌。
- 甲状腺癌。
- 口腔或趾黑色素瘤。

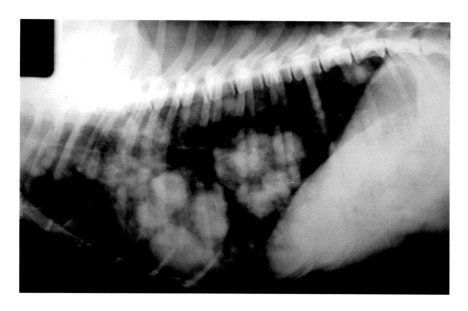

当怀疑肺部肿瘤时，胸片应该有3个投影：左、右侧位和腹背位。

图4-10 患有乳腺癌的动物在其肺叶中央和外围发生了转移。

在大多数情况下，放射学检查结果可以初步诊断原发性肺肿瘤。

一项对67只原发性肺肿瘤的回顾性研究评估了术前细针抽吸或活组织切片的诊断效果，结论是诊断价值不大。

如果X线片显示肺部有一个孤立性肿块，在手术前没有必要进行另外的诊断性检查，因为最终诊断是依赖于组织病理学结果。通过切除肿瘤，病患的生活质量得到改善。

治疗

确定原发性肺肿瘤通过胸部探查术完成，如果可能，切除受影响的肺叶（图4-11、图4-12）；如果肿瘤位于外围，也可以部分切除。

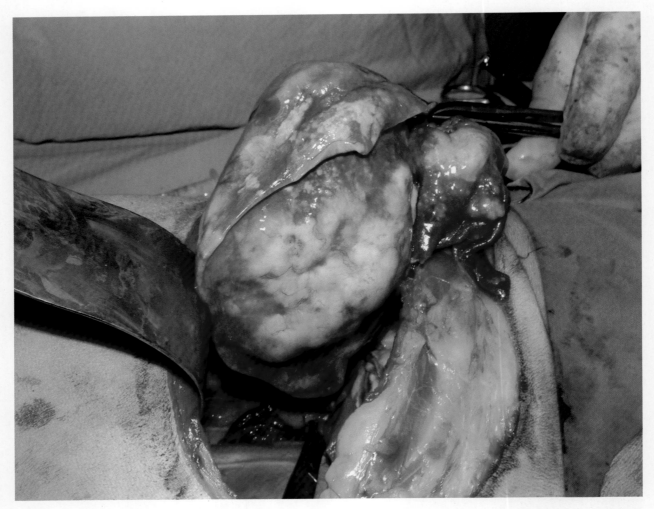

图4-11　正在切除病患肺的后叶和副叶。病理学证实这是一例原发性肺部腺癌。

如果一个孤立的肺肿瘤被诊断出来，并且病患的身体状况良好，无论主要原因是什么，都建议手术切除（表4-1）。

转移性肿瘤或侵袭胸膜的肿瘤不建议手术。

手术后，组织标本应提交组织学和微生物学分析。

表4-1	根据肿瘤分级与分化以判断原发性肺肿瘤的平均生存时间	
犬	分化良好	790d
	低分化	251d
猫	分化	698d
	低分化	75d

引自McNiel E.A., Ogilvie G.K., Powers B.E., Hutchison J.M., Salman M.D., Withrow S.J.Evaluation of prognostic factors for dogs with primary Lung tumors：67 cases（1985—1992）. J Am Vet Med Assoc. December 1997；211（11）：1422-1427.

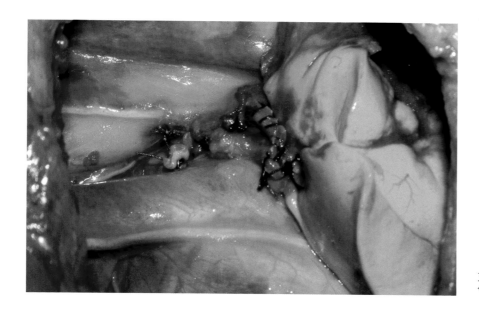

图4-12 图片显示血管结扎和支气管闭合后的肺门，止血和支气管缝合应当完美。

术后

术后应对病患保持重症监护，以控制呼吸困难和疼痛。

肺叶切除后可出现的主要并发症有气胸、血胸、感染、心律失常或弥散性血管内凝血。

肺叶切除术对老年病患是一种相对安全的手术，效果良好；但由于原发肿瘤通常是恶性的，病患可能会因原发肿瘤的复发或转移而死亡。

肿瘤体积较小且进行了手术切除，并且无淋巴结转移或胸腔积液，以及分化良好的腺癌而接受手术，这些病患的预后最好，术后可能存活一年以上。

病例1　肥大性骨病（肢端肥大症）

临床常见度	■			
技术难度	■	■	■	

　　继发性肥大性骨病（肢端肥大症）是一种在犬类和其他物种（猫、牛和人）被描述的综合征，其继发性骨病变的临床表现常与胸腔内发现的病变有关。这是一种在骨表面发生的广泛性对称性炎症（图4-13）。

　　其结果导致了骨膜增生和骨内骨吸收，四肢远端最常受影响，并且通常很痛。

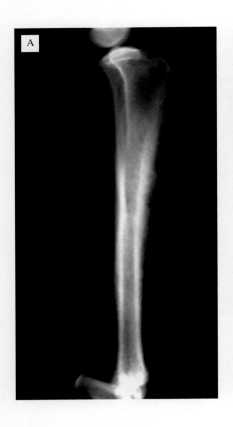 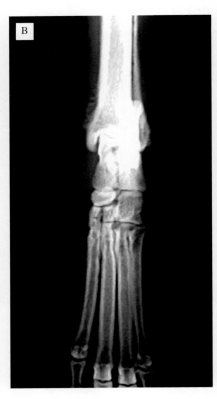

图4-13　在X线片上可以观察到肥大性骨病造成的骨骼表面的炎症性病变。A.有骨膜病变的后肢（胫骨）X线片；B.有骨膜病变的后肢X线片，主要发生在长骨上。

　　原发性病灶通常是肿瘤且通常在胸腔内。然而，该综合征也和胸腔内一些非肿瘤性疾病（如肺脓肿、肺炎等）或者胸腔外肿瘤（如肝脏、膀胱、卵巢）相关。

　　其原因尚不清楚，有假设推测为循环紊乱，增加了肢体血流，或者是一种神经反射引起外周血流增加。虽然血液流量增加，但血液含氧量低并且绕过毛细血管网通过动静脉短路通路。

　　这种血流可能产生被动的局部充血，含氧量低的组织刺激了包括骨膜在内的结缔组织的增生。

> 手术经验表明，原发性肺病灶切除、肺叶和/或肋骨切除可使骨病变迅速消退。

病例报告

　　这是一个继发于乳腺癌单一转移的肥大性骨病病例，该乳腺癌两年前在转移前被切除，这是一个非常罕见的病例。

　　该病例是一只9岁的未绝育雌性西伯利亚哈士奇，四肢跛行、有炎症。

　　血液学和血液化学分析结果完全正常。胸片显示前纵膈内有个单一肿块，排除其他转移性肿瘤（图4-14）。

　　因为病犬有生命危险，建议主人选择手术治疗。

> ❋　控制出血是预防术后并发症的首要任务。

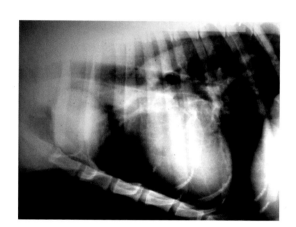

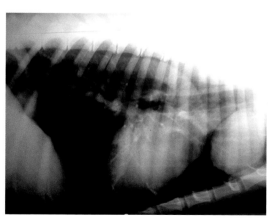

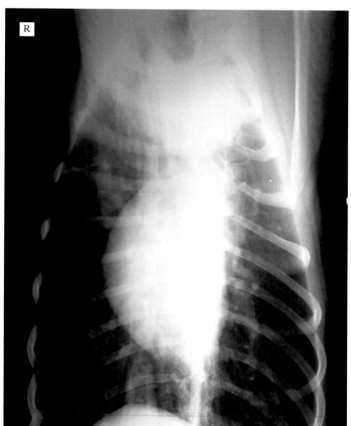

图4-14　一组研究肿块的影像学图片：注意胸腔前部区域的肿瘤，不同的投照方位显示在肺部其他区域没有发现任何转移。

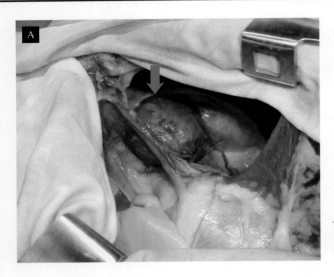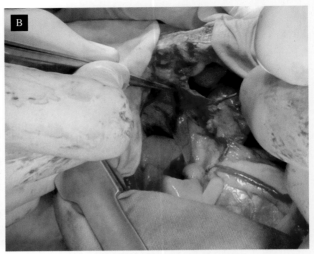

图4-15　需要小心地切除肿瘤并避开血管。A.术野显示肿块（箭头）在心脏前方；B.开始切除肿块。

在胸骨中线做一个大的切口开始手术，这样可以很好地观察胸腔内容物（图4-15）。

需要用骨蜡控制胸骨切开部位的出血。

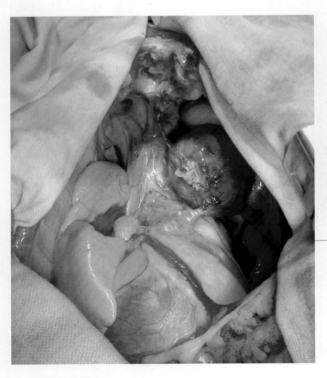

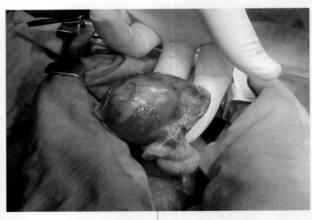

一旦肿瘤显露，锐性和钝性结合分离组织粘连，并控制新生血管出血（图4-16）。

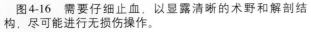

图4-16　需要仔细止血，以显露清晰的术野和解剖结构，尽可能进行无损伤操作。

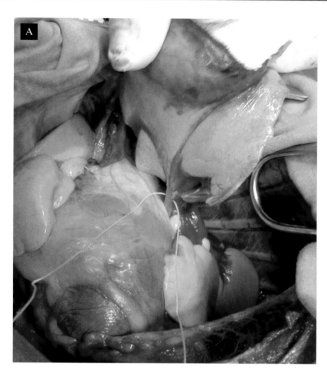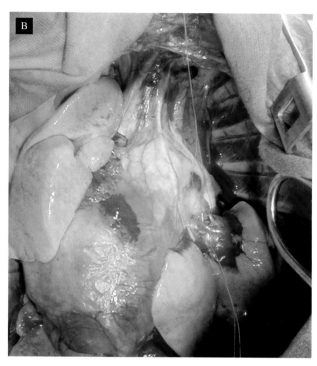

图4-17　将肿瘤抬起以暴露出肺叶并放置结扎线。A.结扎前放置一根结扎线；B.移除肺叶，止血。

左前叶按常规方法切除。

建议用多股缝线结扎肺叶血管和相应的支气管（图4-17），因为它的摩擦系数较高，而且打结安全性更好。可以使用止血夹代替血管结扎。

如果气管允许，可以用单丝缝线对软骨进行水平褥式缝合，然后在游离端再进行连续缝合以加强缝合效果。另外，也可以用TA-50外科缝合器。

在完成操作后和关闭胸腔前，检查有无出血和支气管树的密闭性（图4-18、图4-19）。

关闭胸腔前，应当用无菌微温生理盐水灌注胸腔，以检查结扎后的支气管是否漏气（图4-18、图4-19）。

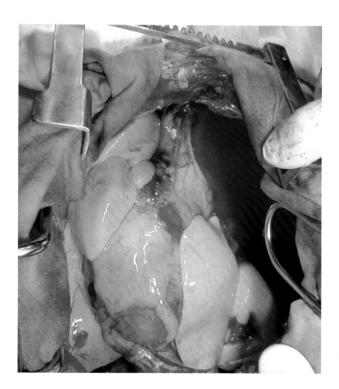

图4-18　在胸腔灌注无菌微温生理盐水，检查动物用力吸气时是否漏气。

完成以上操作后，放置胸腔引流管，用不锈钢丝闭合胸骨，皮下组织层和皮肤分别用单丝可吸收缝线和不可吸收缝线缝合。

胸腔导管用中国指套法固定在皮肤上，在开始抽吸气胸后，放置好Heimlich阀（图4-19）。

将肿瘤（图4-20）送检进行病理学检查以做最终的诊断。

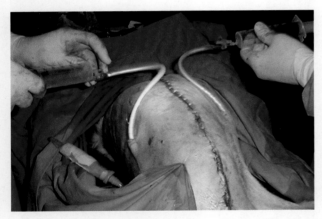

图4-19　胸腔引流管。在病患右侧，可以看到胸腔引流管上安装了一个Heimlich阀。

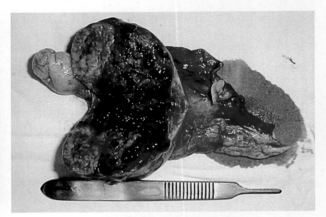

图4-20　切除后的肿瘤横切面外观。

术后

病患手术后顺利苏醒，住在ICU。抗生素从手术开始前到术后维持使用7d。用布托菲诺和曲马多控制疼痛。

组织病理学诊断为乳腺癌的单一肺部转移。肿瘤科建议进行辅助化疗，但被主人婉拒。

伤口愈合没有问题，14d后认为手术完全切除了肿瘤，因为异常骨征慢慢消失且疼痛减轻。

手术后几个月，Marie氏病的症状复发，再次进行胸部放射学检查，提示有新的转移，主人拒绝进一步治疗。

讨论

这种病例在专业和伦理上都是挑战，面对这种病例该如何处理？

对于这样的情况经常容易太早做决定。安乐死是兽医临床上的最终选择，该选择只能用于极端病例，而不应轻易采用。

该病例检查出一个孤立肿块，主人希望能更多地帮助她的宠物，所以决定施行手术，因为手术移除肿瘤会减轻宠物的症状。

好的生活质量是治疗目的，宠物存活几个月可让主人有机会享受和宠物相处的更多时光。

肺脓肿

临床常见度 ▮▮□□□

引起肺脓肿的最常见病因是吸入了植物性物质，尤其是草籽。

概述

患有肺脓肿的动物可能出现多种症状，包括：

■ 咳嗽。

■ 呼吸急促。

■ 咳血。

■ 昏睡。

■ 发热。

放射学诊断是基于发现伴有气液交界面的肺部肿块。然而，这种肺脓肿的特征性表现不是总能看到（图4-21、图4-22）。

需要进行完整的血液学和尿液分析。超声引导下对病灶进行细针抽吸能够帮助诊断。

选择的治疗方案是切除受影响的肺叶，对样本应进行病理学和微生物学分析。一开始，就应选择合适的抗生素进行治疗。

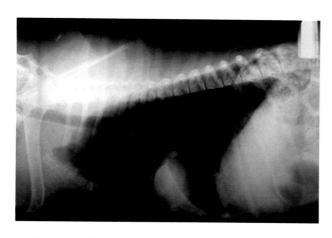

图4-21 侧位片上显示胸腔中腹侧区域密度增加。

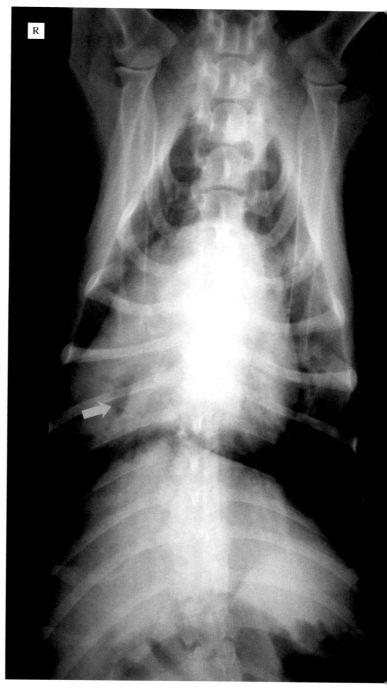

图4-22 这个动物腹背位片上显示右肺中部实变，内有气体影像（箭头）。

手术操作／肺叶切除

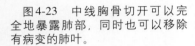

可以通过胸侧壁切开术或经胸骨切开术两种方法打开胸腔（图4-23）。

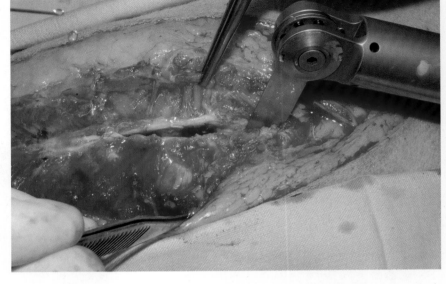

图4-23 中线胸骨切开可以完全地暴露肺部，同时也可以移除有病变的肺叶。

手术切开的胸骨边缘用无菌生理盐水纱布保护，用自动牵开器撑开，找出有病变的肺叶（图4-24）。

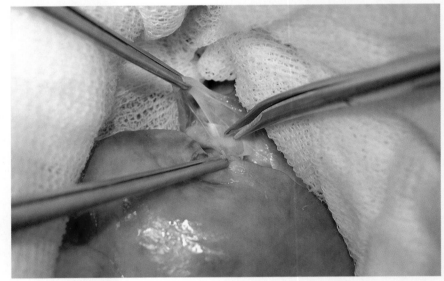

图4-24 这个病例是通过右侧第5肋间隙打开胸腔。识别出看似外观硬实的病变肺叶后，将其与胸腔其他组织分离开，从肺门处切除。

手术下一步是确定病变肺叶的肺门，并定位相应的血管和支气管。

小心地分离通向肺叶的动脉分支（图4-25），用不可吸收缝线进行两次结扎，其中近端缝线贯穿血管壁以防止滑脱（图4-26）。

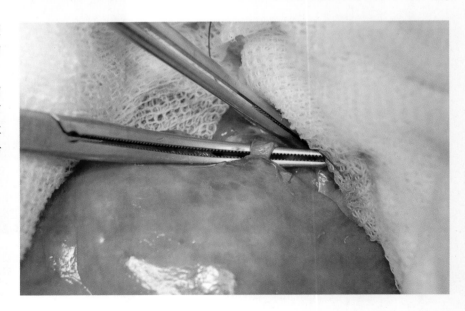

图4-25 首先识别出肺动脉，然后用无创方式分离。

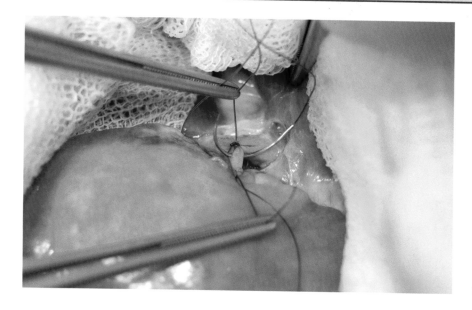

图4-26 用3/0或4/0单丝不可吸收缝线简单结扎后，然后放置一个贯穿结扎、以防止血管内压造成结扎线滑脱。

然后将肺叶翻转以分离并结扎肺静脉（图4-27、图4-28），在这种情况下，没有必要进行贯穿结扎，因为静脉血管压力很低。

支气管需要小心切除，先用一个弯止血钳夹住，切断后用两种缝合方式闭合，确保完全密闭：近端行水平褥式缝合，穿过软骨环防止撕裂（包括整个支气管）；第二种缝合是在支气管末端行简单连续缝合（图4-29至图4-32）。

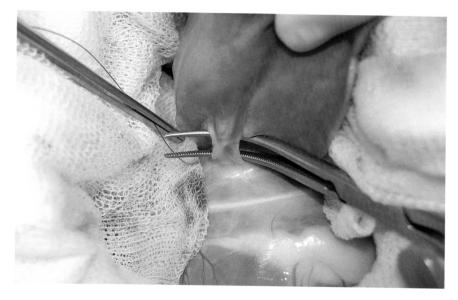

图4-27 图片显示肺静脉和肺门周围放置的结扎线。

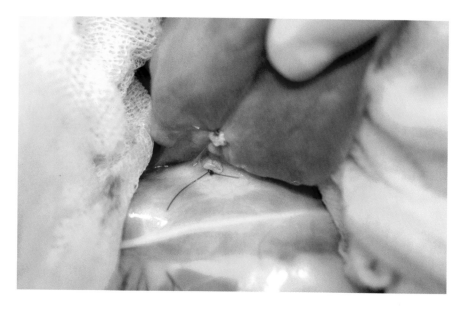

图4-28 尽可能远离近端结扎线切断血管，以防可能出现的组织撕裂和线结滑脱。

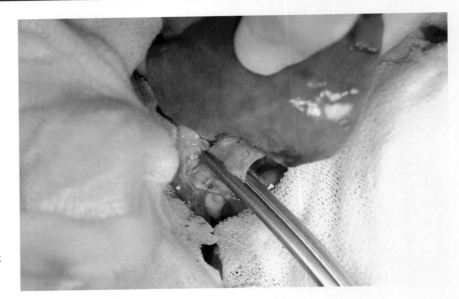

图 4-29　分离出支气管，用无损伤钳夹住，然后在钳子下方 3 ~ 4mm 处切断。

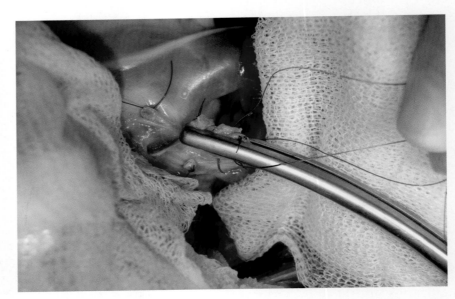

图 4-30　为了确保支气管的密闭性，在近端进行二次缝合，先穿过气管软骨壁对整个支气管进行水平褥式缝合。

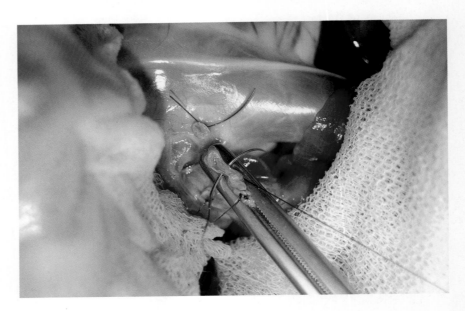

图 4-31　为闭合支气管切口，这里显示的是简单连续缝合。

为确认支气管缝合的密闭性，将胸腔灌满无菌微温生理盐水，检查病患吸气时是否有气泡出现（图4-33）。

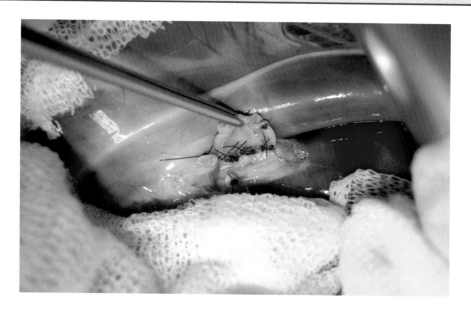

图4-32　支气管缝合后的外观。

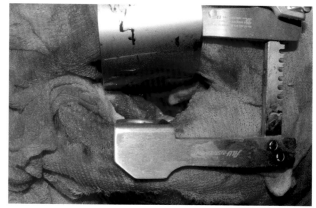

图4-33　用与体温相同的无菌微温生理盐水灌注胸腔，检查病患吸气时支气管缝合处是否有气泡出现。

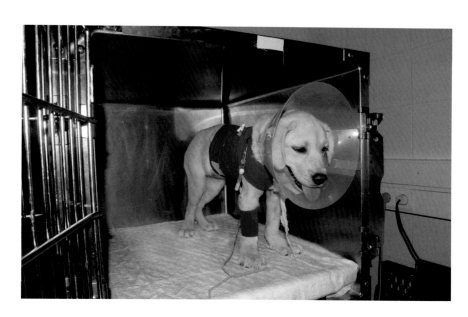

最后，放置胸腔引流管以恢复胸腔内的负压，尤其用于检查术后是否有气胸或者血胸。

病患应该接受重症监护，并在术后恢复阶段应对其持续监测2～3d（图4-34）。抗生素的使用应该基于实验室检查结果。

图4-34　必须密切监护这些动物的恢复，并监测和纠正术后可能发生的任何并发症。

后纵隔闭合性脓肿

临床常见度	■				
技术难度	■			■	

这种脓肿很罕见，尤其是在后纵隔部位，可能是由于其独特的解剖特征，这个区域经常在诊断和鉴别诊断中被忽略。

> 纵隔包括：气管、食管、大血管（后腔静脉、前腔静脉、主动脉）、心脏、淋巴结及自主神经（如迷走神经和膈神经）。

这个病例是一只2岁未绝育的雄性混血犬，症状为持续6个月的非特异性的咳嗽和运动不耐受。

这只病犬在临床症状出现前一年生活在乡下，做了胸部放射学检查和B超引导下的细针抽吸，样本送检行细胞学检查。

放射学检查显示右半胸可能存在肺部肿块（图4-35、图4-36），细胞学显示存在炎症。

CT扫查（图4-37）证实了X线诊断且获得更多的细节（团块在纵隔后与膈粘连且稍偏向右侧）。支气管镜检查未提供任何有价值的信息。

进一步采样进行细胞学分析和细菌培养，支气管肺泡灌洗液的细胞学检查提示可能有脓肿伴水肿，未发现肿瘤细胞。从灌洗液中培养出肠杆菌属，对恩诺沙星敏感。

术前血液学检查显示轻度中性粒细胞增多，生化检验显示转氨酶轻度升高。

向主人建议进行开胸探查。

> 与任何胸外科手术一样，X线摄影和/或断层扫描是必须的，目的是确定脓肿的确切位置，评估所涉及的相邻结构，并帮助确定手术方案。

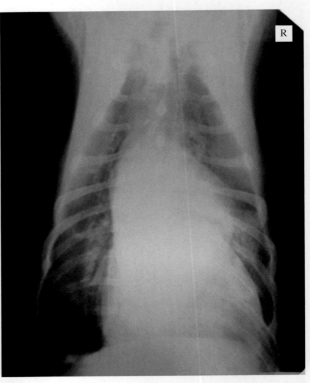

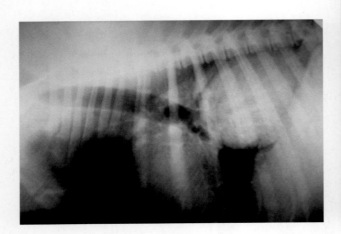

图4-35　右侧卧位X线片：注意胸腔后部的肿块，挤压气管向前背侧移位。

图4-36　腹背位X线片：显示之前描述的肿块在右侧胸腔后部，占据了后纵隔的一部分。

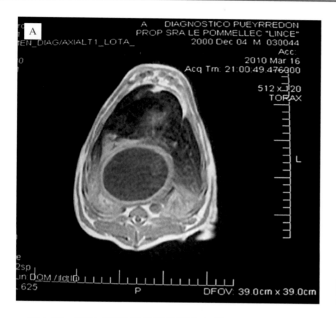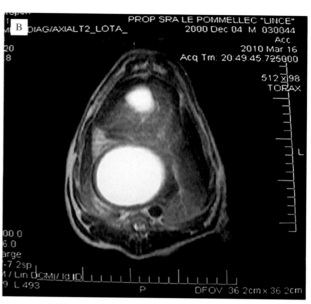

图4-37 通过CT扫描获得的影像细节：显示后纵隔的肿块延伸到右半胸。A.平片；B.造影。

术前准备

　　术前用恩诺沙星进行了一周治疗。病患还表现咳嗽，进行了对症治疗。医生向病患主人解释了手术为探查性质。

> 病患在麻醉过程中需要密切监护以控制可能发生的血流动力学变化，尤其在处理肺部的时候。

手术

　　从右侧第5肋间开胸，如果有必要，暴露右肺后叶支气管，最好能看到右侧胸腔其他部分。

　　接下来，在手术创缘铺设第二套隔离巾，并用一个Finochietto肋骨牵开器保持胸腔开放，以便对胸腔进行检查（图4-38）。

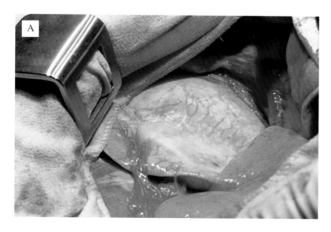

图4-38 与膈粘连的肿块外观。A.将右肺中叶向边上移动，胸膜与心包膜在6点钟方位粘连；B.分离粘连后，副叶位于腹侧，藏在肿块下面。

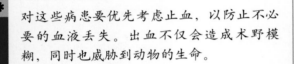

保持创口边缘的创巾湿润非常重要，以防其与胸壁粘连。如果皮肤或者皮下组织表面的创巾干燥，移除时会使组织表面上小的血凝块脱落，此处将再次出血，造成不必要的血液丢失。

对右半侧胸腔全面探查以后，将未受影响的肺叶前移并用湿纱布保持原位（第三套隔离巾）。在移动肺叶前，正压通气数次使空气进入肺内以补充肺塌陷时内部气体的不足。

由于胸膜粘连脆弱，可见明显的新生血管形成和很多出血点，这些可以用电刀止血（图4-39）。

图4-39　肿块周围有明显的新生血管形成，采用电凝控制小血管出血。

对这些病患要优先考虑止血，以防止不必要的血液丢失。出血不仅会造成术野模糊，同时也威胁到动物的生命。

图4-40　用布带环绕后腔静脉以确保安全的操作。

环绕后腔静脉放置一条牵引带以辅助肿块的切除（图4-40）。用湿润的布带牵拉血管可以降低血管损伤的风险，很容易地将后腔静脉移到一边，便于肿块的剥离和去除。

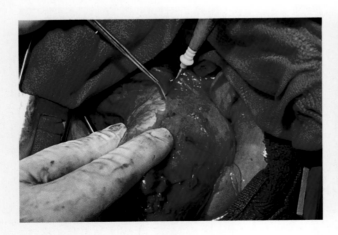

图4-41　用电刀分离膈上的粘连。

图4-42　通过器械辅助和电刀切割将肿块切除，直到与膈完全分离。

每次移动后腔静脉，都会引起该血管的局部塌陷。因此，需要跟麻醉师进行良好的沟通，准备好预防由此造成的任何血流动力学变化。

发现膈上有明显的粘连，需要小心剥离，防止造成穿透腹腔的创伤（图4-41、图4-42）。如果出现了这种情况，应缝合膈的裂口。肿块与肺叶粘连时用手指进行钝性分离，借助于缠绕在术者手指上的拭子进行钝性分离，可将肿块包囊从肺实质上缓慢地分离出来（图4-43）。

最后遇到一个粘连，无法在不严重损伤肺实质的情况下，通过钝性剥离将其分离。决定在这块组织上放置血管钳，以便于将肿块完全切除（图4-44）。

接下来，结扎肺血管和气管，连同与肿块附着的肺实质一起切除（图4-45、图4-46）。切除后，检查组织有无出血。

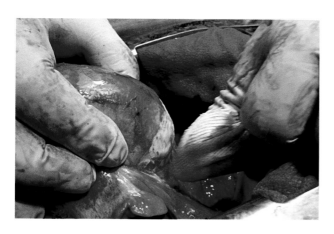

图4-43　用手指将肿块包囊与肺实质钝性分离。

图4-44　用血管钳夹住肺组织，以便将肿块与肺实质分离。

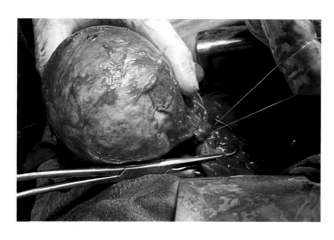

图4-45　在移除肿块前结扎肺实质。

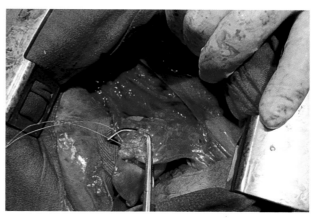

图4-46　移除肿块后检查此区域是否出血。

为了防止出现气胸等并发症，同样进行浸水或漏气试验，检查肺实质结扎部位是否漏气。空气泄漏检测显示存在多个非常小的气泡，因此决定用单丝可吸收缝线对相应肺实质进行简单连续缝合（图4-47）。

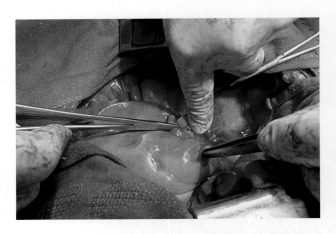

图4-47　分离肿块时造成肺部小的损伤，使用可吸收缝合线行连续缝合以闭合。

再次做漏气测试，显示没有漏气。然后，撤掉之前铺设的第三套外科创巾，向塌陷的肺叶慢慢充气，并在关闭胸腔前再次检查术野（图4-48）。

> 应当常规检查有无纱布块遗留在术野内，尤其是卷曲在一起的纱布（纱布卷）。

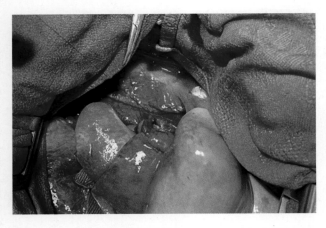

图4-48　再次检查是否存在漏气之后，移除外科创巾，关闭胸腔。

关闭胸腔前，安置胸腔引流管以恢复胸腔内负压，并移除手术后即刻出现的任何液体（图4-49、图4-50），胸腔以常规方法闭合。

最后，用无菌注射器对肿块内容物进行采样，进行细菌培养和药敏试验。

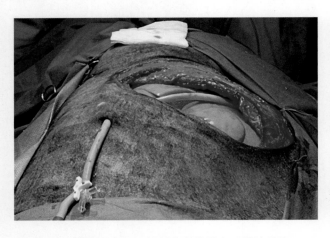

图4-49　围绕手术切口的创巾和肋骨牵开器被移除。

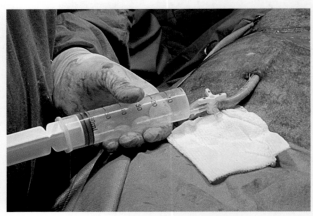

图4-50　安置一个胸腔引流管。

术后

病患被转至重症监护室，在兽医指导下监测重要参数。抽吸胸腔内气体，以恢复到可接受的胸腔内负压。

如果需要，可以给病患连接抽吸泵。

病患术后恢复良好，无心脏或呼吸系统并发症。在细菌培养和药敏试验结果出来前，从术前开始连续使用抗生素治疗。重复进行血液检测以跟踪病患的恢复情况，并作出必要的调整。当连续两次抽吸均未见到液体即液体产量小于2mL/（kg·d）时，术后24h后便取出胸腔引流管。

脓肿样本的培养结果与从支气管肺泡灌洗液中分离出的细菌相同，均为肠杆菌属，并且对同一种抗菌药（恩诺沙星）敏感。因此，决定进行为期十天的术后抗菌治疗，可以推断脓肿可能是由下呼吸道感染引起的（图4-51）。

愈合很好，两周后确认手术治疗成功。

手术后3个月，病患保持稳定。

组织病理学

■ 假性囊性病变伴随异物性肉芽肿、慢性肺炎。
■ 囊性病变的特征与支气管囊肿不同。

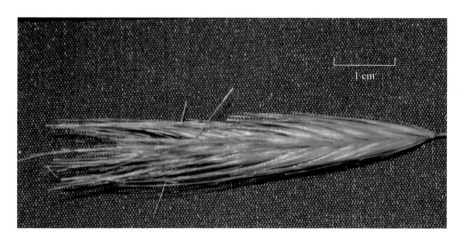

图4-51　根据病理学分析结果，加上病患在出现症状前生活在乡村一段时间，猜测草芒在体内移行是引起脓肿的病因。

肺叶扭转

临床常见度	■				

病因学

如果一个肺叶绕着肺门旋转，则会发生肺叶扭转，导致支气管及其血管塌陷。这种情况不常见，可以发生于宽胸犬，而不仅仅发生于大型犬。

可能增加肺活动性和易发生肺叶扭转的情况包括：

- 胸腔积液。
- 气胸。
- 手术操作。
- 胸腔创伤。
- 肺炎。
- 自发性特发性扭转。

> ＊ 创伤后部分肺叶的塌陷、胸部手术或肺部疾病会使受影响的肺叶易发生扭转。

临床症状与常规检查

肺扭转的动物临床症状是非特异性的，如呼吸困难、咳嗽、咯血、呼吸急促、厌食和体重下降。

在临床检查中，最常见的异常是心音和肺音的减弱。

胸部X线片显示支气管位置异常、管腔变钝、胸腔积液（乳糜胸占33%），并且扭转区域密度增加（图4-52、图4-53）。

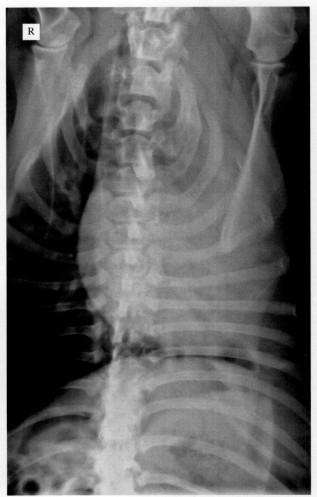

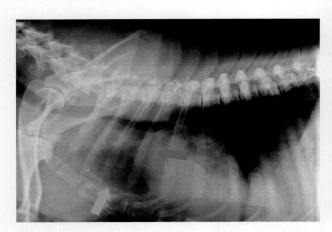

图4-52　支气管位置异常，管腔变钝（蓝色箭头）和水泡性肺气肿（黄色箭头）是发生肺扭转的影像学特征。

图4-53　病患的腹背位X线片显示：因静脉淤血致左半侧胸腔积液，中部放射密度增加。胸腔积液和肺实变提示有可能肺扭转。

> 肺叶扭转有非常典型的影像学特征。

其他可能呈现类似放射学影像且应排除的疾病有：

- 肺炎。
- 肺挫伤。
- 肿瘤。
- 肺不张。
- 血胸。
- 肺栓塞。

最易受影响的肺叶是右肺中叶和左、右肺前叶。

对胸膜液的分析不能提供任何关于该病的具体信息，它可能有乳糜样、出血性或浆液性外观。

治疗

技术难度	■	■	■	■	□

首次治疗应以稳定病患为目标，包括必要时的胸腔引流，吸氧和抗生素治疗。

选择的治疗方法为开胸术和受影响的肺叶切除术（图4-54）。

> 扭转的肺叶充血、缺血且易碎，因此应在不解开的情况下将其切除。

> ***** 不要将扭转的肺叶恢复到正常解剖位置，如果这样做，内毒素和血管活性物质将被释放进入体循环，会使病患的恢复过程复杂化。

本病的预后通常很好，但是会存在一些术后并发症，如持续性乳糜胸，那么就需要进行其他治疗。

切除的肺叶需要送病理学实验室进行诊断以排除原发性肿瘤，还要进行微生物培养和药敏试验。

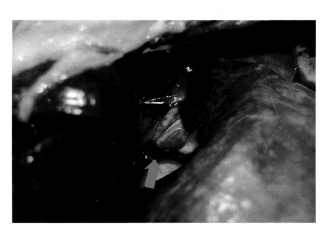

图4-54　显示左肺前叶肺门处血管顺时针旋转（箭头），这张照片是对一只未经治疗的病患进行尸体剖检时拍摄的。

胸部结构右侧观

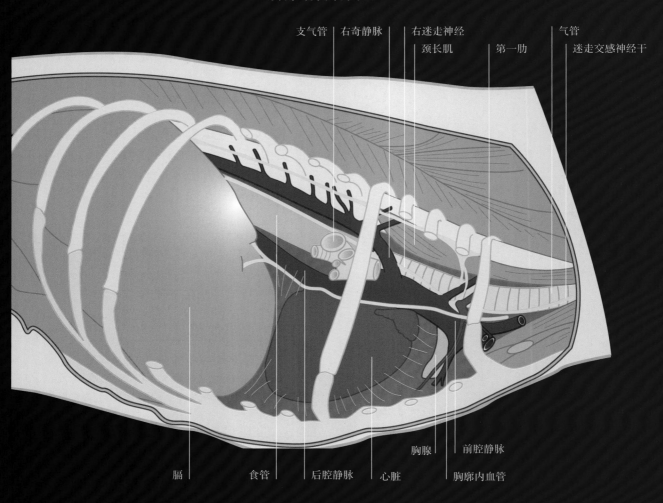

支气管　右奇静脉　右迷走神经　第一肋　气管
颈长肌　迷走交感神经干

胸腺　前腔静脉
膈　食管　后腔静脉　心脏　胸廓内血管

心脏：犬

臂头动脉干　左锁骨下动脉

前腔静脉

肺动脉干

右心房

右心室

主动脉
左肺动脉
肺静脉
左心房

左心室

心尖

心脏：猫

臂头动脉干

左锁骨下动脉

右心房

右心室

主动脉
左肺动脉
肺干
左心房

左心室

心脏的血液供应和瓣膜背腹观

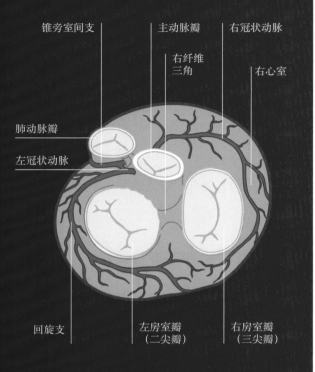

- 锥旁室间支
- 主动脉瓣
- 右冠状动脉
- 右纤维三角
- 右心室
- 肺动脉瓣
- 左冠状动脉
- 回旋支
- 左房室瓣（二尖瓣）
- 右房室瓣（三尖瓣）

心腔纵剖面

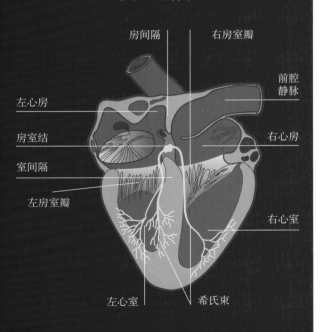

- 房间隔
- 右房室瓣
- 前腔静脉
- 左心房
- 房室结
- 右心房
- 室间隔
- 左房室瓣
- 右心室
- 左心室
- 希氏束

第五章　心血管系统

概述

动脉导管未闭（PDA）
PDA常规手术治疗
　病例1　PDA术中破裂
　病例2　使用血管缝合器闭合
　病例3　使用Amplatzer犬导管封堵器
　　　　（ACDO）封堵PDA

肺动脉狭窄
肺动脉狭窄的治疗-瓣膜成形术
肺动脉狭窄的治疗-跨瓣环补片（开放性补片移植）

血流阻断技术-全静脉回流阻断

心包填塞

心脏肿瘤

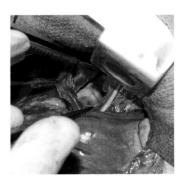 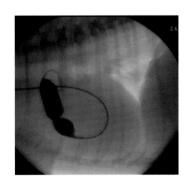

概 述

临床常见度 ▨▨▨□□

心血管外科手术对兽医来说是一个巨大的挑战，主要由于正在进行手术的结构是持续运动的，以及术中发生意外会引发灾难性后果。

心血管外科手术的成功取决于对心脏解剖学和生理学的全面了解，以及兽医在诊断和实施外科手术方面的经验和特殊技能。

在小动物麻醉和重症监护方面取得的显著进展，使通过心脏外科手术治愈宠物先天性和获得性心脏病的机会越来越多。

影响心脏和大血管的疾病可能是先天性或获得性的，其中有些是：

■ 先天性异常（图5-1）
  ● 血管环发育异常——持久性右主动脉弓。
  ● 动脉导管未闭。
  ● 肺动脉狭窄。
  ● 右心房被肌肉或纤维肌性隔膜而分隔。
  ● 室间隔缺损。
  ● 法洛四联症。

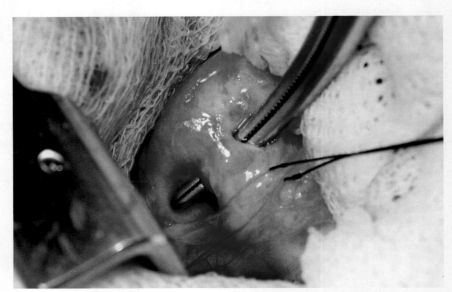

图5-1 一只4月龄犬的动脉导管未闭（PDA），图示为已分离出和未放置结扎线的PDA。

■ 获得性病因（图5-2）
  ● 心脏压塞或心包填塞。
  ● 严重的心动过缓。
  ● 肿瘤。
  ● 侵入心包或大血管的纵隔肿瘤。

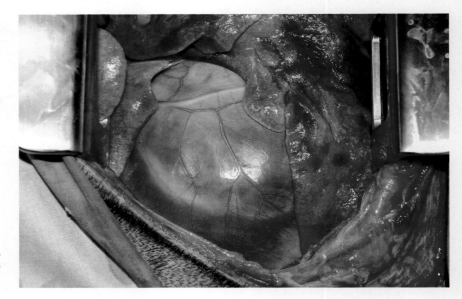

图5-2 特发性心包积血导致心脏压塞：经心包穿刺减压后，行心包切除术。

概述

接受心脏手术的病患通常有一定程度的心血管功能障碍（心力衰竭、肺水肿、心律失常等），应在术前进行医学诊断和治疗。

心血管外科需要专业的材料和器械（表5-1）以及特定技术的知识和培训，如做某些心脏手术或为了终止意外出血时，需要进行5min之内的部分或完全血管阻断（图5-3、图5-4）。

> 心血管手术类似于其他器官的手术，但对组织无损伤操作、细致止血和打结安全系数的要求更高。
>
> 打结的速度和安全性在心血管手术中至关重要，手工打结比使用器械打结更快更安全。
>
> 为了方便打结和确保安全，第一个结的操作要保持线绳向着同一个方向且是一个滑结。每次完成前，需要叠置几个结以固定滑结，防止其松脱。

表5-1	推荐除其他手术所用之外适用于心血管外科手术的材料和器械	
缝合线	材料（3/0 ~ 6/0）	■ 单丝聚丙烯线 ■ 多股丝线
	缝针	■ 圆体锥尖针 ■ 圆体角针 ■ 某些情况下用双针缝合线
器械		■ DeBakey解剖镊（2） ■ Metzenbaum弯剪 ■ Potts剪（45°） ■ 不同规格的持针器 ■ 不同长度、角度的弯钳（分离钳） ■ 直、弯和切向血管夹

图5-3　环绕后腔静脉（蓝色箭头）、奇静脉（白色箭头）和前腔静脉（绿色箭头）放置Rummel止血带以阻断血流，创建进入右心房的通道。

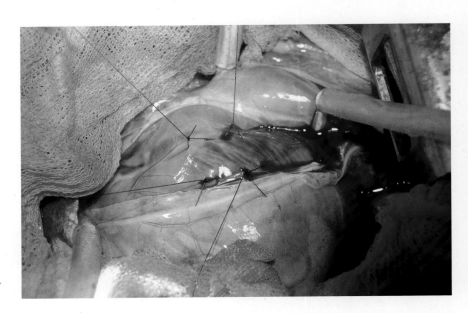

图5-4　在右心房位置做牵引线，切开心房前收紧Rummel止血带。

在心血管外科手术中常采用连续缝合，因为操作快速。最安全的组合是先行连续水平褥式缝合，再做简单连续缝合（图5-5）。

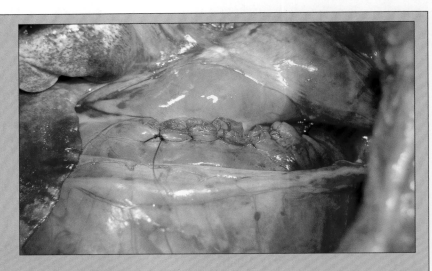

图5-5　缝合后外观。

对病患进行低温诱导，可以使心肌缺血时间延长超过5min。然而温度越低，发生诸如心动过缓、心肌收缩力下降和心律失常等的风险越高。

术后

手术后尽快恢复病患的体温很重要，但必须循序渐进，因为体温的快速变化可能会引起心律、心肌收缩力、组织代谢等的变化，因此需要在恢复期间持续监测。

恢复正常体温可以使用循环水暖毯（图5-6），在后腿和身体周围放置温水袋（图5-7）或使用热空气，务必要谨慎小心（图5-8）。

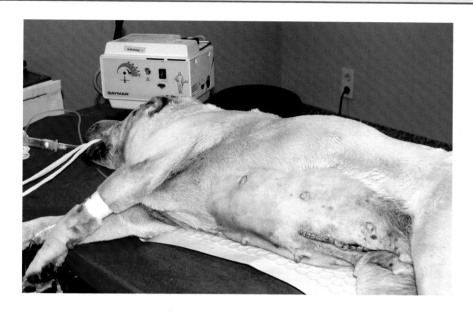

图5-6 为减少身体热量散失，使用一个保持温度的循环水暖毯。

图5-7 使用温水袋作为替代方案，如图所示使用充满温水的检查手套。

图5-8 使用吹风机中的热空气升高苏醒期病患的体温。热源不应固定在一处，以免损伤皮肤。

＊避免使用电热毯或红外线灯，因为可能会灼伤皮肤（图5-9）。

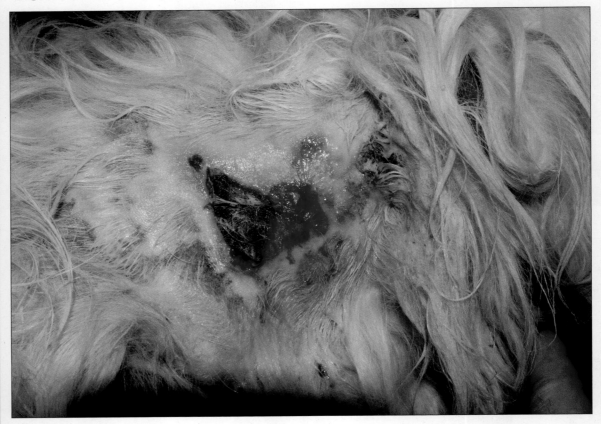

图5-9　皮肤灼伤后外观。

由于对心脏进行操作，水肿，交感神经刺激和血运重建等，在手术后的前12h内，应当使用心电图监测可能出现的心律失常。

> 治疗室性心律失常，可分两次静脉给予利多卡因（1mg/kg），然后按照40μg/（kg·min）持续输注。

组织的氧合状态应通过脉搏血氧仪传感器在耳朵上进行监测，对处于危重状态的病患应进行动脉血气测量，手术中可将采血管放置于足背动脉或胫前动脉内。

经鼻导管（0.5 ~ 2L/min）供氧，通常足以维持大多数病患适当的氧浓度水平。

病患应在手术后前两周静养，然后逐渐恢复正常活动。

3 ~ 6个月后应进行心电图和超声检查，以评估结果。

在下面的章节中，将讨论最常见的心血管疾病及其治疗方案：

■ 动脉导管未闭。

■ 肺动脉狭窄。

■ 心包填塞。

■ 心脏肿瘤。

动脉导管未闭（PDA）

临床常见度 ▮▮▮▯▯

　　动脉导管未闭（PDA）是宠物常见的先天性心脏畸形（占所有先天性心脏缺陷的25%～30%），是连接降主动脉和肺动脉干的胚胎动脉导管未能闭合的结果（图5-10）。

　　在胎儿发育过程中，动脉导管连接肺动脉干和降主动脉，将流向肺部（塌陷状态的）的血液分流到主动脉（从右向左）和脐动脉，以便在胎盘中氧合。出生时肺部扩张，肺内血管阻力降低，动脉导管内的血流方向发生逆转（从左向右），之后导管壁收缩，在出生后72h完全闭合。

动脉导管闭合的机制是什么？
随着血氧张力的升高，动脉导管通过收缩其管壁平滑肌而关闭。
为什么它有时无法闭合？
由于正常肌肉纤维的数量小于正常值，以弹性纤维为主。

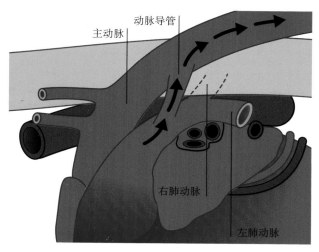

图5-10　胎儿发育期间连接肺动脉干和主动脉的胚胎动脉导管示意图。

　　如果动脉导管无法闭合，主动脉和肺动脉之间的左向右分流将会持续，并将导致心脏容量超负荷和典型的连续的机械性杂音。

临床症状

　　雌性发病率高于雄性。

　　临床症状的差别很大，取决于动脉导管的直径、流经动脉导管的血流量以及动脉导管存在的时间。临床症状包括：

- 与同窝动物相比生长迟缓。
- 运动不耐受。
- 咳嗽。
- 厌食。
- 体重下降。

大多数PDA病患在12月龄前，会出现严重的心力衰竭症状。

　　然而，也可能在例行的体检或评估其他疾病时，在没有任何心力衰竭症状的成年犬中偶然发现，这些动物中，PDA通常很小，血流动力学变化不是很明显。

PDA的病理生理学

　　PDA会导致左心容量超负荷，长远来看会导致以下改变和损伤：

- 左心室进行性扩张和肥大。
- 二尖瓣扩张伴有继发性反流。
- 左侧充血性心力衰竭。
- 肺水肿。
- 由于心脏过度扩张而引起心房颤动。
- 主动脉壁或肺动脉壁扩张和无力。

　　随着时间的推移，由于左心衰竭，通过PDA的血流方向改变为从右向左分流（反向分流）；当来自肺动脉的非氧合血液与主动脉中的氧合血液混合时，就会出现紫绀。

　　机械性杂音可能消失并成为舒张期杂音，如果主动脉压和肺动脉压达到平衡，可能无法听到心杂音。

大多数未经治疗的PDA病患出生一年内会死于进行性心力衰竭。

诊断

　　胸部X线片显示：左心房、心室增大，肺血管扩张，腹背位片示主动脉膨出（图5-11、图5-12）。

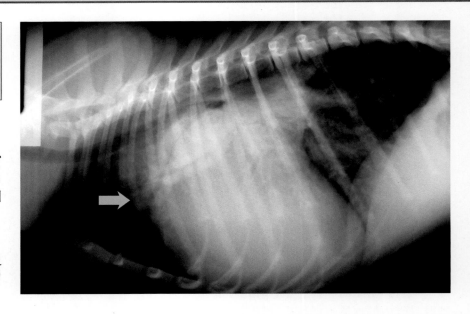

图5-11　侧位片：注意心脏及与支气管伴行的动脉分支（箭头）扩张和肺门处的水肿。

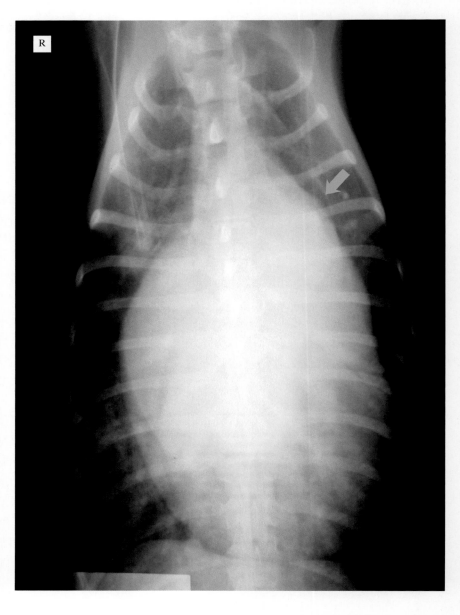

图5-12　腹背位片：可以看到主动脉前端扩张和膨出（箭头所示）。

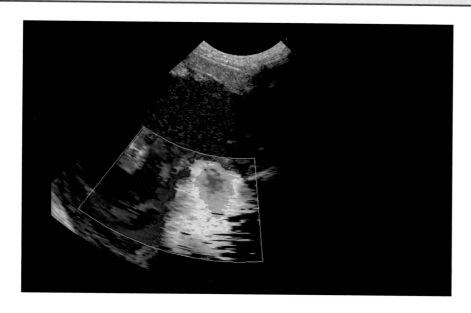

超声心动图检查证实了诊断，显示左心室扩张和肥大，肺动脉扩张，主动脉射血流速增加，多普勒超声显示肺动脉内有湍流（图5-13）。

图5-13　彩色多普勒超声显示肺动脉内的湍流。

在心电图上，Ⅱ导联可能会出现高R波（＞2.5mV）或者宽P波，但并不总是出现。

治疗

一般来说，建议确诊后尽快闭合PDA，使用常规手术或微创技术。

对于从右向左分流（反向分流）的PDA病患，禁止手术干预，因为这种情况下闭合PDA会导致肺动脉高压，危及生命。

> 术后平均存活时间为14年，如果病患不接受手术，其存活时间减少至9年。

对于有充血性心力衰竭的病患，应在手术干预前先用利尿剂（呋塞米，每6h，2～4mg/kg）、地高辛（每12h，0.005～0.0011mg/kg）和血管扩张剂（依那普利，每12h，0.1～0.3mg/kg）进行治疗。

> ＊　应避免过度利尿或舒张血管，因为会引起低血压。

手术选择
微创手术

■ 胸腔镜检查和PDA钛夹闭合术。

■ 影像引导下的微创手术也称为介入放射学（图5-14），首先对PDA行导管插入，然后放置一个自膨式封堵器（Amplatzer）。

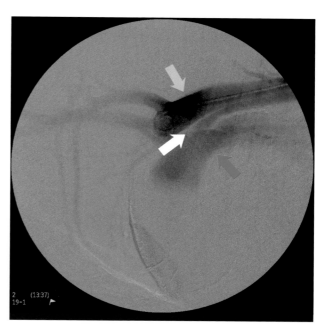

图5-14　PDA封堵前的动脉造影：显示了主动脉（黄色箭头）、肺动脉干（蓝色箭头）和动脉导管未闭（白色箭头）。

这项微创技术能将医源性损害减少到最低限度，病患的康复也更好更快，但需要特殊设备和专业训练，而且对于体型小的病患（<7kg）来说，手术过程更复杂。

常规手术

PDA的标准矫正方法是使用不可吸收多股缝线结扎，其手术入路选择第4肋间隙开胸。

迷走神经跨过动脉导管，可作为寻找动脉导管的参照点（图5-15）。

在识别和分离出动脉导管后，可以使用下一章介绍的技术对PDA进行分离和结扎。

在PDA的闭合过程中，可能会发生Branham反射，其特征是主动脉流量迅速增加而导致严重的心动过缓。

> PDA的快速闭合可能会因为刺激左心房的机械感受器*而引起迷走神经反射。

结果和并发症

如果对幼年动物（6月龄以下）的PDA进行闭合，大多数病患都能得到治愈，这些病患的二尖瓣反流和心力衰竭是可逆的。

> 在术后期间，血管紧张素Ⅱ受体阻滞剂可用于治疗二尖瓣关闭不全或心力衰竭的动物。

如果手术由经验丰富的外科医生进行，术中并发症所导致的死亡率很低（0～2%）。

术中最重要、最严重的并发症是PDA或右肺动脉破裂，如果动物年龄超过2岁，这种风险将会增加。

在分离过程中，PDA后（右）侧的小裂口可以通过拭子按压该区域，从而使其得到很好地控制，但在进一步分离过程中，它们可能会变大，伴随失血量增加。如果发生较大的破裂，应在PDA、主动脉或肺动脉干上使用血管夹控制出血（流出血管阻断技术）。之后，应选择一种外科技术解决这个问题，其选项包括：

- 改变分离平面并使用杰克逊·亨德森（Jackso Hederso）技术。
- 对PDA行广泛的抵抗出血的连续缝合。
- 切断血管夹之间的PDA并缝合游离端。

图5-15 在心基部可以看到：左锁骨下动脉（绿色箭头）、降主动脉（灰色箭头）、肺动脉（黄色箭头）、迷走神经（蓝色箭头）、动脉导管未闭（白色箭头）。

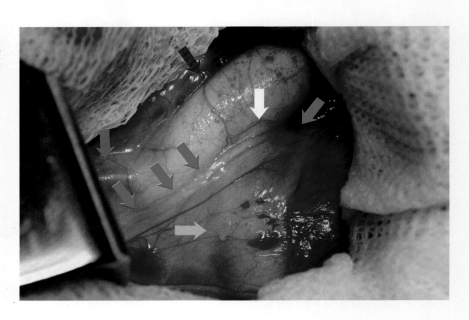

---

* 机械感受器是一类对机械压力或拉力做出反应的感受器。

PDA常规手术治疗

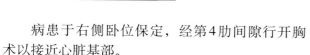

临床常见度				
技术难度				

病患于右侧卧位保定，经第4肋间隙行开胸术以接近心脏基部。

将左肺前叶向后移位，并用浸湿的敷料固定好，可以清楚地看到膈神经和迷走神经、主动脉、肺动脉和动脉导管未闭（图5-16）。

左迷走神经总是横跨PDA，首先应仔细分离该神经，用线或止血带标记好，以便能随时识别该神经并避免意外损伤（图5-17），还应识别出沿PDA尾侧走行的喉返神经（图5-17中的白色箭头）。

> 左喉返神经绕PDA弯曲，并向头侧延伸，经常可以被识别出来（图5-17）。但若难以识别，应对该部位进行分离时记住这条神经。

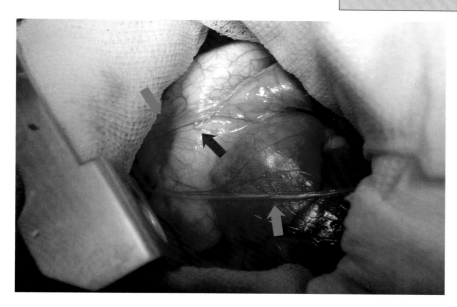

图5-16　心基部影像：迷走神经（蓝色箭头）、肺动脉和主动脉之间的动脉导管（灰色箭头）和膈神经（绿色箭头）。

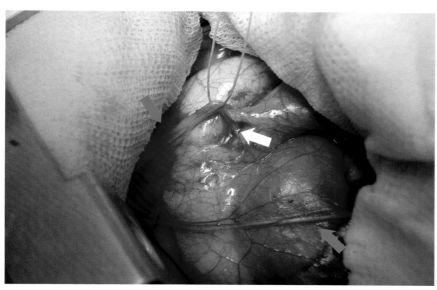

图5-17　分离迷走神经，保持其随时可被识别，以避免意外损伤。图示神经：迷走神经（蓝色箭头）、左喉返神经（白色箭头）、左膈神经（绿色箭头）。

接下来，分离并游离PDA的头侧和尾侧，准备环绕导管放置两条不可吸收的多股结扎线（图5-18至图5-20）。

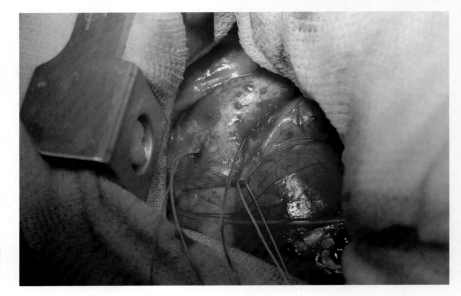

图5-18　向腹侧牵拉迷走神经后，分离PDA并放置两条不可吸收多股结扎线。

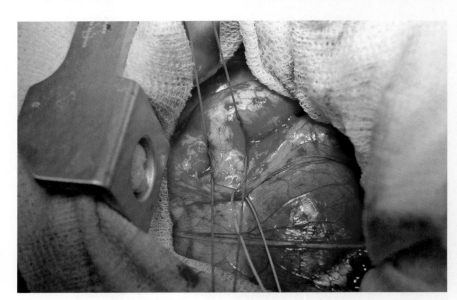

图5-19　结扎线应分开，不要在PDA右侧交叉，它们应该不互相影响，尽可能彼此远离。

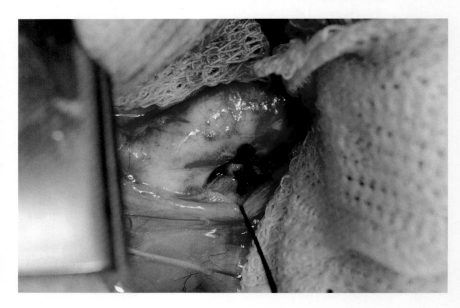

图5-20　结扎导管，先将最靠近主动脉的结扎线打结，第二个线结应尽量远离第一个线结。

一些病患的动脉导管很短，只能放置一条结扎线。在这种情况下，外科医生应该非常小心，因为血管结构非常脆弱（图5-21）。

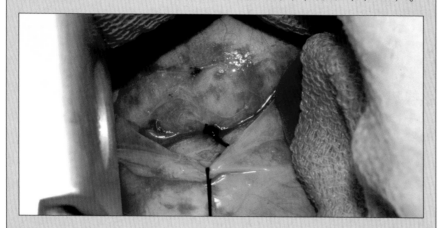

图5-21　导管很短，只能放一条结扎线的病患。

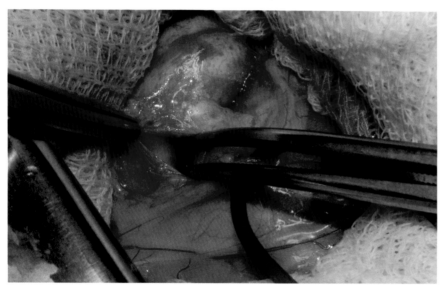

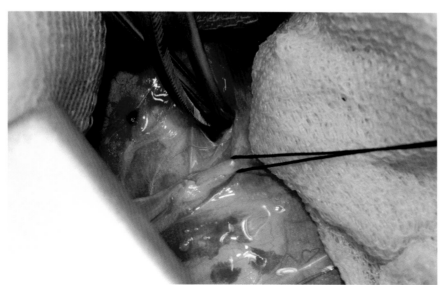

如果结扎线引起了Branham反射，应先放松，然后再逐渐重新结扎。另一种方法是在结扎前，使用无损伤血管夹将PDA夹住。

为了在PDA周围放置结扎线，可以选择下面描述的任何一种技术。它们都有优点和缺点，外科医生应该了解和评估每一个病例。

环扎术

在不打开心包的情况下，于主动脉和肺动脉干之间分离PDA的头侧，于主动脉和左肺动脉之间分离PDA的尾侧（图5-22、图5-23）。

图5-22　用直角钳对PDA的头侧进行分离，需将直角钳以超过45°的角度向尾部倾斜。

图5-23　在PDA和肺动脉之间仔细分离，特别注意不要损伤PDA后面的左喉返神经或右肺动脉（图中未显示）。

尽可能多地分离动脉导管周围的纤维组织，以确保结扎的稳定性和PDA的完全闭合。

用弯钳从尾侧向头侧仔细而渐进地分离PDA，直至可以在头侧触摸和观察到钳子尖端（图5-24）。分离时钳口打开不超过几毫米（2mm或3mm），避免撕裂PDA、主动脉壁或右肺动脉壁。

在分离PDA右侧时应格外小心，因为这是在管壁薄弱且容易破裂的血管周围进行盲目分离的过程。

接下来，用钳子夹起结扎线并从PDA后面穿过；应缓慢进行此操作，以避免结扎线的切割。

✳ 为了避免多股丝线的切割作用，可以将它在盐水中浸泡或用凝固的血液浸渍后使用。

如果钳子不能平滑地通过组织，可能夹住了纵隔，此时不要用力拉扯，要张开钳口尽可能地重复几次，直到钳子顺利滑过。

按照相同的方法放置第二条结扎线，或者将第一条结扎线变成环状穿过PDA，然后将其剪断就有了两条结扎线。

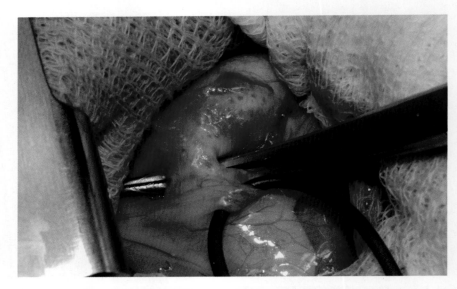

图5-24　将钳子从尾侧向头侧移动，缓慢分离PDA内侧，操作应小心以免撕裂血管壁。

结扎线应该是独立的，不应该在PDA的内侧交叉。

最接近主动脉的结扎线应缓慢、小心且牢靠地收紧，然后收紧贴近肺动脉的结扎线（图5-25）。

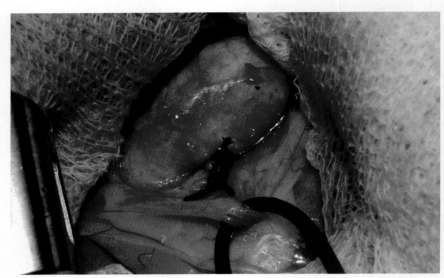

图5-25　PDA已被两条0号丝线封闭。

杰克逊·亨德森技术

这项技术作为一种替代环扎术的方法被发明和描述，目的是避免对PDA内侧的盲目分离导致PDA破裂，因为PDA与肺动脉干或右肺动脉结合在一起。

> ❋ 应小心地在主动脉背侧分离，避免损害非常靠近其内侧的胸导管。

> 术中出血的发生率为6%～10%。

主动脉内侧应始终使用手指或钝器小心、精确地分离。

从左锁骨下动脉到主动脉的第一个肋间支、沿着主动脉切开和分离背侧胸膜。如果看不见后者，可用弯钳从主动脉弓开始朝着尾侧方向来识别（图5-26）。

> ❋ 仔细分离主动脉内侧，确保放置的结扎线可以自由移动，且在结扎时不包含纵隔组织至关重要，否则会妨碍对结扎线打结。

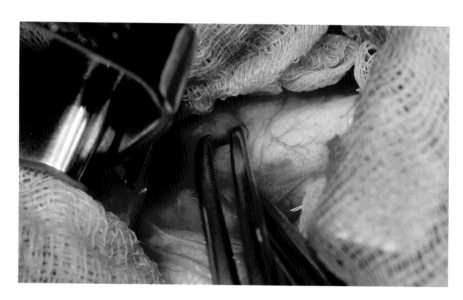

图5-26　分离主动脉的背侧和头侧，应该沿着左锁骨下动脉和主动脉的第一个肋间支这一段进行。

接下来，仔细分离PDA的头侧和尾侧，将弯钳从导管头侧穿到主动脉背侧，然后将结扎线环的两端夹紧并小心地拉过来（图5-27、图5-28）。

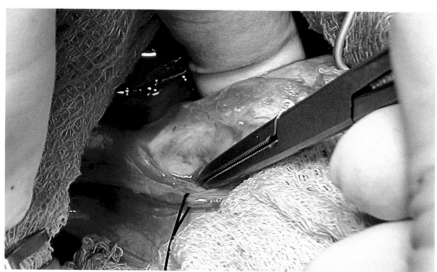

图5-27　用手指钝性分离主动脉内侧的效果很好，如图所示，通过直接触诊使弯钳从主动脉腹侧通向右背侧更加容易。

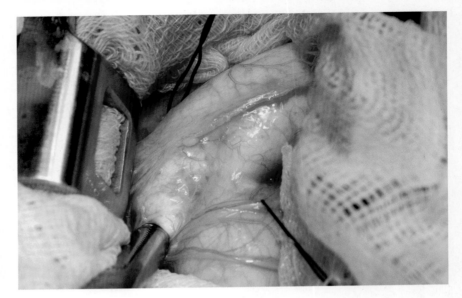

图 5-28 钳紧结扎线环并小心地绕过主动脉，不要用力拉，避免缝线和血管之间的摩擦。

在 PDA 尾侧重复同样的步骤（图 5-29），然后剪断线环可获得两条独立的结扎线。

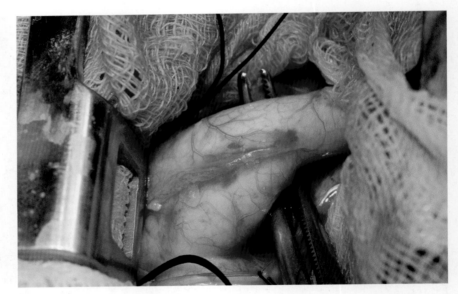

图 5-29 把弯钳从 PDA 尾侧插入主动脉背侧，将剩余的缝线拉过。

把结扎线移动到分别独立的位置，使其不会在导管内侧交叉（图 5-30）。

应当小心地将结扎线拉到结扎位，它们应该是从主动脉背内侧穿至 PDA 的内侧。

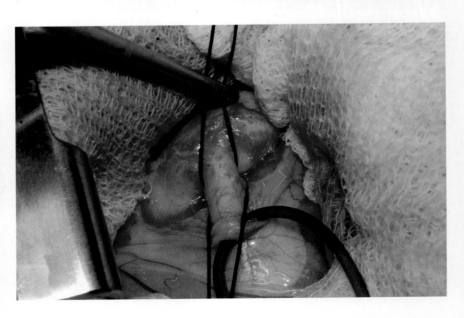

图 5-30 很重要的一点是，每条结扎线必须独立且不能交叉，导管闭合应尽可能安全和彻底；在此过程中避免损伤喉返神经（箭头）。

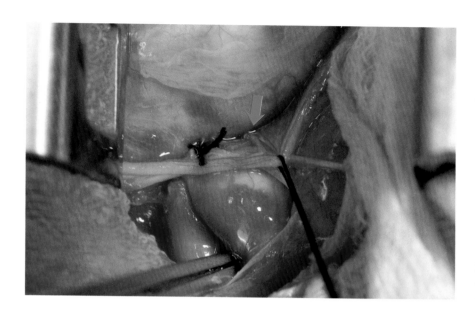

扎紧结扎线，通常先将距主动脉最近的一端扎紧，两个结扎线尽可能分开（图5-31）。

图5-31 结扎后的最后效果：空间很小，而结扎线离得很近，应尝试尽量将其分开；箭头所示为喉返神经。

肉眼检查血管和PDA是否有问题，通过触诊以确认无湍流所致的震颤。

外科医生应当熟悉这两种技术，并对每个病例采用其中一种适当的技术。导管中的持续血流是由不完全封闭引起的，其临床影响通常不明显。

> 如果外科医生有经验，仔细分离并小心处理组织，术中并发症（表5-2）就会减少。

> ✳ 成年大型犬的手术应该特别小心，因其血管弹性差，其PDA较幼年犬、小型犬更脆弱。

> 1%～2%的手术病例会发生PDA再通现象。在复杂的病例中或外科医生缺乏经验时，风险会增加。

开胸术以标准方式关闭切口，胸腔引流管不是常规放置的，除非有涉及失血和存在液体或空气的手术并发症。在这种情况下，胸腔引流管通常在12～24h后移除。

表5-2 两种技术可能出现的并发症[1]		
	标准技术	杰克逊·亨德森技术
术中出血	++	++
胸导管破裂和继发性乳糜胸	−	++
医源性喉返神经损伤致发声困难	+	+
通过PDA的残余分流	++	+++[2]

注：1.随着外科医生的经验增加，并发症会显著减少。
　　2.可能是由于结扎线包含过多的主动脉内侧纵隔组织，或者结扎不良。

手术结果

对幼犬而言，手术3个月后心脏大小恢复正常，肺血管在7d后达到正常，但动脉瘤样扩张无法消失，因为血管壁松弛是不可逆的。在没有术中并发症的情况下，预后很好，病犬原有的心脏缺陷完全恢复。

病例1 PDA术中破裂

技术难度 ███

　　动脉导管破裂合并术中出血在 PDA 分离过程中并不常见，但是应预先考虑到外科医生应该知道如何应对这种并发症（图5-32）。

　　本章涉及一只名叫贝蒂（Betty）的6月龄马耳济斯雌性犬的PDA手术管理，手术过程中动脉导管撕裂并引起大量出血。

　　如果出血量小，可用纱布拭子压迫该部位3～5min进行控制，通常不会再次出血，并且可以完成手术而不会出现并发症。但是，对PDA的操作和分离可能会加重损伤。

图 5-32　在 PDA 尾侧分离：尽管已经提及预防措施，但手术过程中仍有可能损坏导管壁。

　　血管损伤通常发生在PDA内侧，因为分离钳是在避开右肺动脉的情况下，沿着导管的方向盲目插入的。避免损伤肺动脉分支非常重要，如果发生出血，外科医生应保持冷静并果断行动。

在这些干预措施中，应备好血管手术器械以应对术中出血。
- DeBakey无损伤镊。
- 凹凸齿血管夹（哈巴狗夹）。
- Satinsky型（儿科）血管夹。
- 手术吸引器。
- 血液和血液代用品。

分离PDA应该从头侧开始，按照这个方法，发生血管意外损伤的处理比较简单。

外科医生应该对该部位的解剖结构、确切的手术阶段和可能发生破裂的地方有一个心理预期。

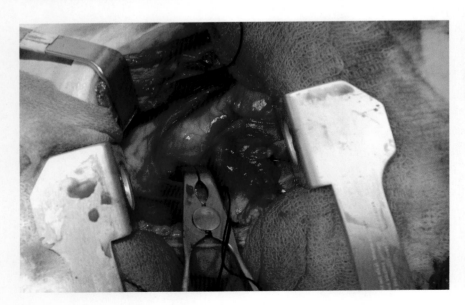

　　首先应该用左手的拇指和食指挤压PDA以控制出血。PDA头侧和尾侧已经被分离，操作起来比较容易。

　　接下来，抽吸手术区的血液，以沉着精准的动作，用血管夹替代手指止血（图5-33）。

图 5-33　抽吸出血液后，将凹凸齿血管夹（哈巴狗夹）放在PDA上，擦拭术区以获得良好的术野。

当出血得到控制后，凹凸齿血管夹（哈巴狗夹）应重新定位，以便可以清楚地看到PDA头侧的钳尖。这是正确放置结扎线和固定线结所必需的（图5-34）。

> 如果血管夹垂直于主动脉放置，结扎线将很难通过动脉导管内侧。

在这个病例中，将按照杰克逊·亨德森技术放置结扎线，由于术野尾侧含有凹凸齿血管夹（哈巴狗夹），因此不能从该侧对PDA进行操作（图5-34）。

接下来，将第一条结扎线放在血管夹上，并靠近肺动脉扎紧（图5-35）。为降低导管内张力并正确扎紧结扎线，在打结同时松开凹凸齿血管夹（哈巴狗夹），但不要取出（图5-36）。

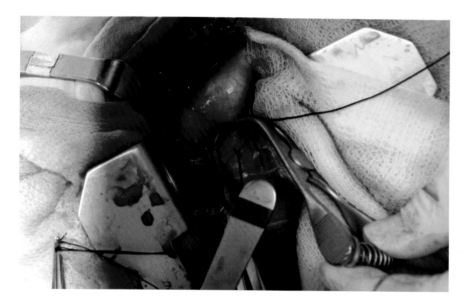

图5-34 凹凸齿血管夹（哈巴狗夹）应重新定位，使夹口与主动脉平行，以便更容易穿过用于闭合PDA的结扎线。

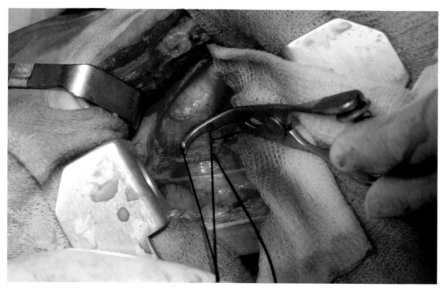

图5-35 封闭PDA的第一条结扎线：这个病例的第一条结扎线被放置在靠近肺动脉处，避免阻碍最近端结扎线的放置。

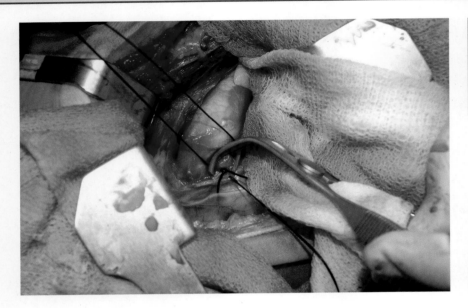

必须打开血管夹，正确收紧和扎紧结扎线，从而可以在无张力情况下闭合血管。

图5-36 此图显示第一条结扎线靠近肺动脉，第二条结扎线靠近主动脉。

第二条结扎线遵循相同的程序，松开凹凸齿血管夹（哈巴狗夹）同时扎紧结扎线。使用这种方法，出血量最少，能安全闭合PDA（图5-36、图5-37）。

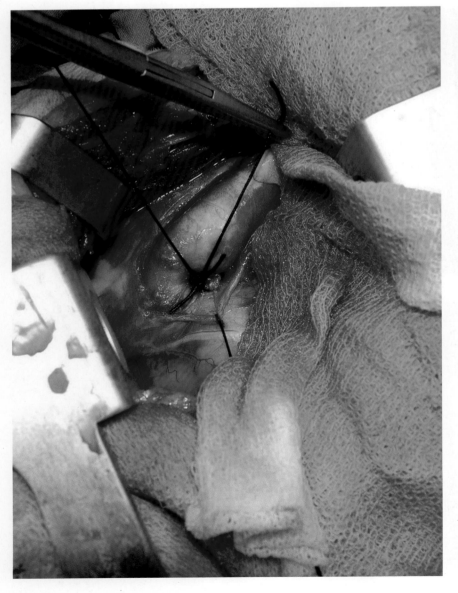

图5-37 第二条结扎线已经完成结扎，血管夹已经被取出，PDA闭合结束。

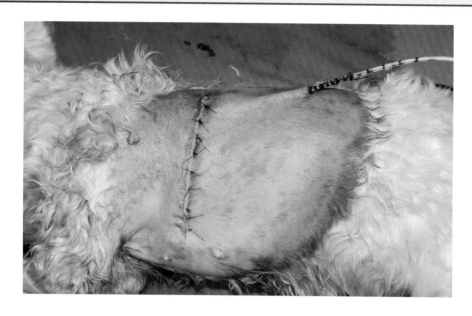

开胸术以标准方式关闭切口，对这些病例放置胸腔引流管，以检查是否有术后并发症，如结扎处裂开继发出血、医源性乳糜胸或气胸（图5-38）。

图5-38　手术最终结果：已放置胸腔引流管，胸壁已经关闭。

如果没有其他并发症（此病例没有），病犬恢复良好，术后护理应遵循此类手术的常规程序。

用引流管抽出残余空气，并检查胸腔内是否有出血。

术后引流管经常发生移位，这就是为什么要在动物左侧卧位时进行抽吸。即使这样，也要拍摄X线片以确认没有并发症（图5-39）。

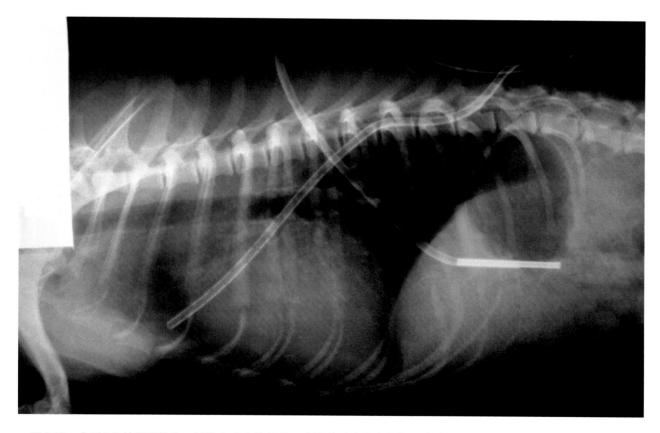

图5-39　术后24h拍摄X线片，以检查病患的情况，确认胸腔内没有空气和液体。

病例2 使用血管缝合器闭合

技术难度 ▮▮▮▮▮▯

动脉导管未闭结扎术后可能的中期并发症之一是导管再通。如果导管又短又宽，并且结扎线不能分开得足够远，就更容易发生这种情况。

为了避免这种情况，一些作者建议切断PDA，独立缝合两端。然而，这种手术选择极可能导致术中和术后并发症，主要是因为术野很深，操作空间很小。

本病例介绍了PDA双结扎的一种替代方法，如果导管短而宽或者血管脆弱，这种方法可能适用，即在这种情况下使用血管缝合器（图5-40）。

如果观察到血管扩张，可能表明血管壁薄弱，或者估计结扎不够安全，那么使用血管缝合器闭合PDA是一个有意义的替代方法。

使用这项技术的步骤与PDA结扎相同，通过第4肋间隙打开胸腔，手术区域的准备如前所述。

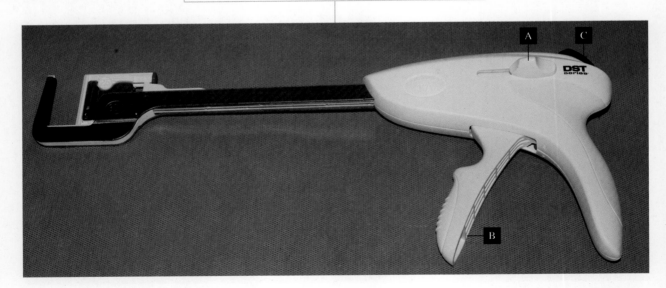

图5-40 血管缝合器：启动按钮A，放置固定销，确保组织不会滑出（1）；挤压扳手B，钉盒滑到组织上方位置（2）；当感觉到阻力时，用力挤压B，射出并合拢缝合钉。缝合完成后，按下按钮C，释放并取出钉盒。

正确结扎宽而短的PDA，比处理其他类型的PDA更加困难，且导管再通的可能性也更高。由于管腔内湍流和病患年龄引起的血管扩张，增加了血管脆性。因此，决定用血管缝合器进行闭合。

下一步是分离PDA内侧使缝合线绕过，在手术剩余时间里尽量减少操作（图5-41）。

小心地牵引缝合线，使缝合器砧座能够通过PDA内侧，缝合器应平稳无阻力地移动（图5-42）。

> 应轻轻地操作缝合器，如果感觉有任何阻力，不要继续前进，而是退出再次尝试；如有必要，扩大分离区域。

然后将缝合器垂直于血管放置，向前推动外固定销（确保缝合器在闭合时组织不会滑出）（图5-40、图5-43）。

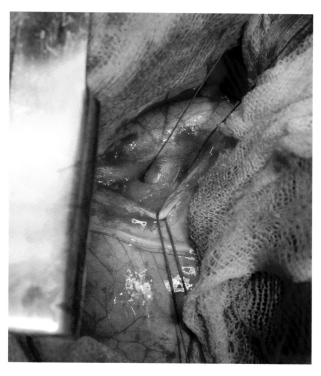

图5-41　仔细分离PDA后，放置缝合线（牵引线），以确保安全操作。

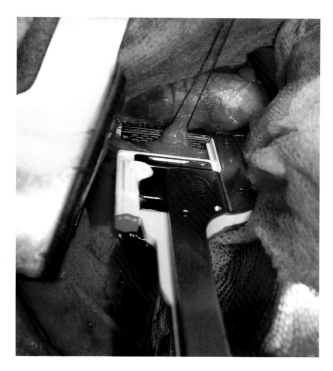

图5-42　通过PDA内侧的缝合器不应遇到阻力或困难。

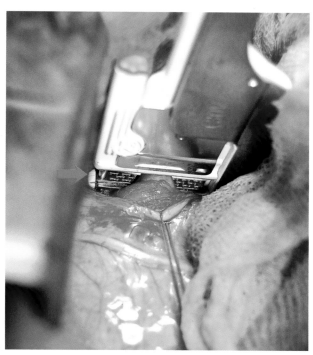

图5-43　为确保缝合钉在组织中精准定位并很好地闭合PDA，缝合器应垂直于血管放置，将固定销滑动到位，如此可以避免血管从缝合钉下滑出而移位。

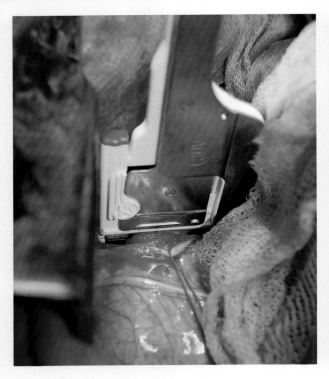

图5-44　缝合器的扳机有两个档位，第一个档位为缝合钉盒以预定的1mm距离放置在组织上，第二个档位是缝合钉穿透组织并在合拢后完全封闭血管腔。血管缝合器放置了三排缝合钉。

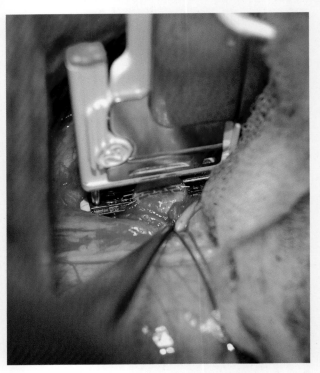

图5-45　释放缝合器，取出钉盒，检查血管缝合后的效果。

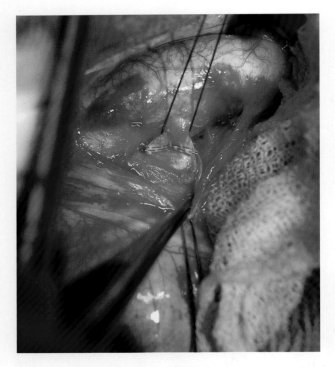

图5-46　取出缝合器后，可以观察到PDA完全闭合，没有出血。

　　紧接着，向前推进钉盒，直到它与血管接触，触发缝合钉；当它们靠近砧座时，PDA被完全封闭（图5-44）。

　　接下来，松开按钮，针盒回缩（图5-45），将固定销滑回原始位置后取出缝合器（图5-46）。

　　采用这种技术，闭合PDA是完全且安全的，导管再通的可能性降至最低，因为缝合钉的设计和位置造成血管腔完全封闭，而不破坏流向导管壁的血流，从而避免缺血、坏死和再通的可能。

用血管缝合器封闭PDA是一种安全可靠的技术，因为可以把导管再通的风险降到了最低，避免了结扎过程中的血管破裂。

病例3　使用Amplatzer犬导管封堵器（ACDO）封堵PDA

技术难度 ■■■■□□

概述

　　PDA中的血流量取决于体循环和肺循环之间的相对压力梯度，这种压力梯度通常导致从左向右的分流，因为体循环中的压力高于肺血管中的压力。

　　这也解释了为什么动脉导管未闭与主动脉连接处的直径通常较宽，并向肺动脉逐渐变细。

临床资料

- 特征性发现：左腋窝处有连续性杂音，常伴有头侧胸壁震颤。
- 雌性发病率较高：比例通常为3：1，但并非所有品种都是如此。
- 病患的年龄：取决于是否能听诊到心杂音，通常在很小的年龄。

- 右向左分流的PDA：可产生舒张性杂音或根本没有心杂音。
- 临床症状：最初几周和几个月无症状。此后，通常会出现充血性心力衰竭伴肺水肿及咳嗽、呼吸困难等相关症状。在反向PDA（从右向左分流）中，由于主动脉后段含有非氧合血液，后部黏膜（如外阴或包皮）发绀；而头部黏膜为粉红色，是由于臂头动脉干没有接受来自导管的血液。后躯无力及红细胞增多症也可能出现。

诊断

　　诊断过程可能包括心电图和胸片检查（图5-47），但PDA的最终诊断和分级是通过多普勒超声心动图实现的，这也有助于排除可能与PDA共同存在的多种畸形（图5-48）。

　　评估PDA的形态很重要，血管造影或经食管超声心动图（TEE）可以提供精确的信息。

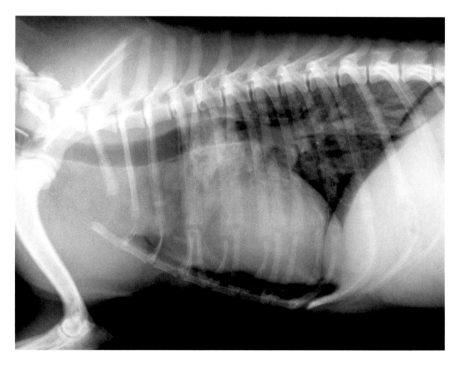

图5-47　一只患PDA的西高地白㹴右侧卧位胸部X线片：肺动脉干扩张，气管移位，左心房和左心室轮廓增大。

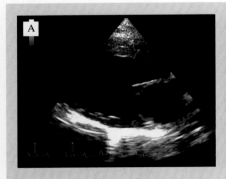

图 5-48A　右侧胸骨旁长轴切面扫查影像：显示由于容量超负荷引起左心室扩张（偏心性肥厚）。

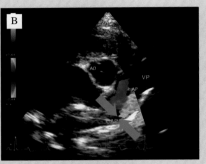

图 5-48B　右侧胸骨旁短轴切面扫查右室流出道和肺动脉干（PA）的彩色多普勒影像：有来自 PDA 的异常朝向探头的血流进入肺动脉管腔（箭头）。

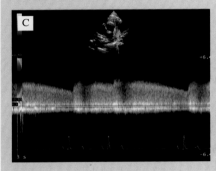

图 5-48C　右侧胸骨旁短轴切面扫查肺动脉干连续多普勒影像：显示PDA 从左向右的典型性连续血流。

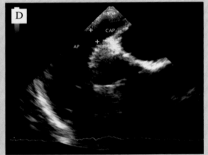

图 5-48D　经食管超声心动图获得的影像：显示连接肺动脉干的导管直径。

超声心动图

建立明确诊断应选择完整的多普勒超声心动图，检查以下各项：

■ 由于容量超负荷，左心房、左心室及升主动脉和肺动脉扩张；可以在不同切面上看到部分 PDA，用左头侧短轴切面可以获得最佳影像。

■ 多普勒评价肺动脉干的持续血流，二维成像和实时多普勒彩色血流图有助于 PDA 的快速定位。

■ 从右向左分流的反向 PDA：常见的超声心动图表现为右心室肥大、肺动脉干扩张和肺动脉高压引起的严重肺功能不全。

微泡超声造影（如混合生理盐水）：将含有气泡的盐水作为造影剂注入头静脉中，同时用超声评估尾侧的腹主动脉，如果有从右向左分流的 PDA，腹主动脉可以看到微泡。

> 使用经胸或经食管超声心动图测量动脉导管的直径并评估其形态是很重要的。

> 最近的文献比较了经胸和经食管超声心动图（TEE）和 PDA 血管造影的数据，对犬采用 TEE 比经胸超声心动图能更准确地描述 PDA 的解剖学特征。

M型

根据病情的严重程度，在导管直径大的犬中可以观察到心脏收缩功能障碍（左心室收缩末期内径增大，缩短分数减少）。在结扎成功或做了其他类型闭合手术的这些病患中，心力衰竭通常持续存在或明显恶化。

多普勒检查

- 多普勒彩色血流图：肺动脉干内湍流，其特征是从动脉导管开口向肺动脉瓣方向的喷射状朝向探头（传感器）湍流。
- 连续波多普勒：位于肺动脉干内的连续血流和舒张期反向血流，后者的速度约5 m/s（相当于主动脉-肺动脉压力梯度为100mmHg）。

在晚期阶段，由于左心室和二尖瓣环扩张，通常有继发的轻度至中度的二尖瓣反流。

由于容量超负荷，主动脉流量可能会增加（速度超过2m/s），这不应被误认为是主动脉瓣下狭窄。

- Qp与Qs比值：正常情况下肺部血流量与全身血流量之比为1，较高值表示左右相通。
  - Qp：Qs<1.5：这被认为是小的PDA，肺阻力正常，主动脉-肺动脉压力梯度中度偏高。
  - Qp：Qs=1.5～2：这被认为是中等大小的PDA，伴左心室容量超负荷。
  - Qp：Qs>2：这被认为是大的PDA，左心室容量严重超负荷，有肺动脉高压趋势，主动脉-肺动脉压力梯度高。

治疗手段

- 从左向右分流的PDA：建议使用下述技术之一闭合PDA。
  - 影像引导的微创手术：已经描述了几种技术（弹簧圈、Amplatzer犬导管封堵器），其中最安全的是通过导管植入Amplatzer封堵器。
  - 传统手术。

> Amplatzer封堵器不能用于体重小于2～3kg的犬，因为股动脉直径比输送鞘直径小；也不能用于任何具有Ⅲ型导管形态（管状，无变窄）的犬。

- 从右向左分流的反向PDA：禁止手术闭合，因为肺动脉高压加重是致命的。
- 如果存在红细胞增多症（>70%），可以实施静脉切开术，并结合液体疗法。
- 使用西地那非治疗肺动脉高压。

手术技巧

技术难度	■	■	■	□

经食管超声心动图（TEE）在治疗中必不可少，因为它可以精确评估PDA壶腹部的直径，并选择尺寸合适的Amplatzer犬导管封堵器（ACDO）。TEE也有助于减少受辐射的时间，并能合理地提高器械输送的精准度。

> 闭合PDA的其他技术如弹簧圈，存在弹簧圈脱落和肺动脉器械栓塞的风险。ACDO更安全，只要壶腹部测量值和封堵器直径的选择正确，风险就会减少。

 采取积极的预防性抗生素治疗方案很重要，大约在术前1h开始，以避免可能发生的感染。

这是一种经动脉的介入技术，经股动脉打开手术入路。

与任何血管入路程序一样，第一步是植入血管鞘。根据先前的信息（导管壶腹部直径和输送鞘直径），血管鞘的直径选择必须正确，这一点很重要；如果血管鞘的直径对于输送鞘来说太小，在手术过程中可能需要更换血管鞘，并出现与此相关的所有并发症。

接下来，插入交换导丝和血管造影导管（如猪尾巴导管或多功能造影导管）至主动脉。对于大型犬的血管造影，使用造影剂注射泵尤为重要，如果没有它，在正确评估PDA形态之前，造影剂会因为压力的关系迅速稀释（图5-49）。

经食管超声心动图对导管壶腹部的形态和直径进行评价，直径决定了ACDO封堵器的腰部尺寸（图5-50）。

> 一般来说，应该考虑使用比导管壶腹部直径宽1.2～1.5倍的封堵器。

在完成血管造影后，将血管造影导管抽出，并引入输送鞘，后者应通过PDA进入肺动脉。

一旦输送鞘到位，与输送钢缆连接的ACDO封堵器被引入肺动脉（图5-51A）。接下来，将构成该封堵器一部分的第一个盘面展开，可通过荧光透视和TEE引导封堵器回撤，直至封堵器的第一个盘面与导管壶腹部的边缘贴合（图5-51B）。随着盘面到位，就可以展开该封堵器的剩余部分，使其插入导管壶腹部的肺边界和导管剩余部分之间（图5-51C）。

牵拉和移动可用于评估封堵器是否被正确地放置（图5-52），如果没有放好，将封堵器回收进输送鞘内，以便重新定位。

一旦确定了正确的位置，就可以释放ACDO封堵器，此操作是以逆时针方向旋转输送钢缆至封堵器分离而完成的（图5-51D）。在此之后，便无法再将封堵器回收进输送鞘内。

TEE用于检查PDA典型的多普勒血流是否消失，并获得在所选位置植入该封堵器的视图（图5-53）。

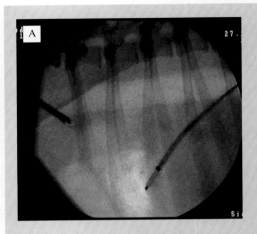

图5-51A　穿过PDA将输送鞘（内有折叠的Amplatzer封堵器）引入肺动脉。

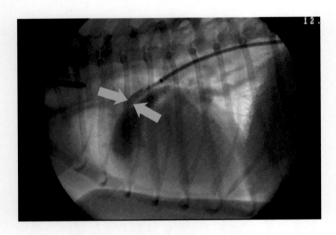

图5-49　在PDA的主动脉边界进行血管造影（黄色箭头）：可以观察导管和肺动脉的直径与形态。

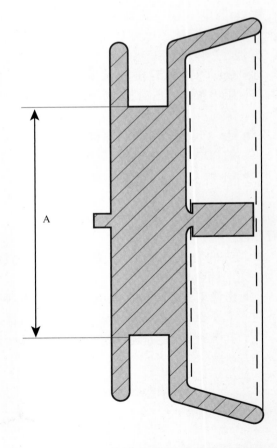

图5-50　ACDO封堵器示意图：直径（A）决定了适合动脉直径的ACDO封堵器。

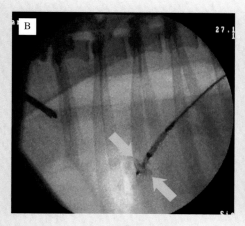
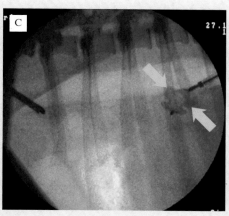
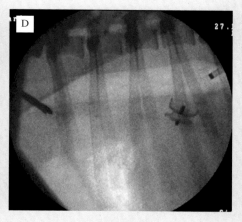

图5-51B　远端盘面展开（箭头）：一旦盘面展开，回撤输送鞘直到感觉有阻力为止，意味着盘面已经与导管壶腹部边缘贴合。

图5-51C　近端盘面展开：紧密贴合在PDA内（箭头）。

图5-51D　从钢缆上释放的封堵器：拧松Amplatzer钢缆直到封堵器释放并固定在PDA内，随后经血管鞘退出输送鞘。

最后，通过血管鞘退出输送钢缆和输送鞘，收回血管鞘，采用外科医生首选的方法关闭血管入路。

> 关键点是根据经食管超声心动图和血管造影获得的信息，选择合适直径的ACDO。

术后治疗与病患恢复

术后护理通常非常简单：处理血管入路伤口，然后拆除缝合线。至于药物治疗方面，对术前有心衰症状的病患，可能需要治疗心脏容量超负荷的问题。

应用Amplatzer封堵PDA的并发症

在手术过程中可能会出现一些并发症，最常见的是继发于导管闭合所致的迷走神经性代偿性心动过缓，另一个可能的风险是肺水肿，尤其是有容量超负荷或心力衰竭的犬，应静脉注射呋塞米予以治疗。

总体来说，这是一种非常安全的技术，成功率很高，避免了传统开胸手术的并发症。

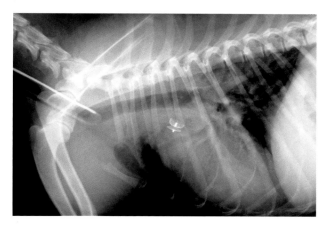

图5-52　进行胸部X线检查，确保Amplatzer封堵器放置在正确位置。

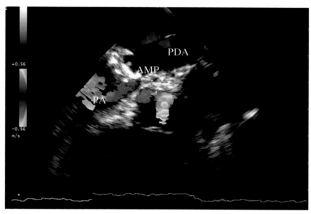

图5-53　经食管超声心动图检查PDA内的Amplatzer封堵器：彩色多普勒显示无残余血流通过导管。PA，肺动脉；AMP，Amplatzer；PDA，动脉导管未闭。

肺动脉狭窄

临床常见度 ███░░

肺动脉瓣位于右心室的出口处，是区分右心室与肺动脉的标志。此瓣膜在心脏收缩期开放，血液从右心室进入肺循环。

肺动脉瓣狭窄，或称肺动脉狭窄，是一种常见于犬的先天性疾病，可导致右心室流出道梗阻。

狭窄可能位于：

■ 瓣膜下（肺动脉瓣下方）。
■ 瓣膜上（肺动脉瓣上方）。
■ 瓣膜水平是最常见的形式，可分为两类：
　■ A型狭窄：是由于瓣膜尖端部分融合引起的。这会导致收缩期时瓣膜尖端无法完全打开，同时还伴有瓣膜轻度增厚，合并瓣膜发育不全。
　■ B型狭窄：由瓣膜发育不良伴瓣膜尖端严重增厚，合并肺动脉瓣环发育不全（出口梗阻）引起的。

> 肺动脉瓣狭窄是右心室流出道的一种先天性异常，通常位于瓣膜水平。

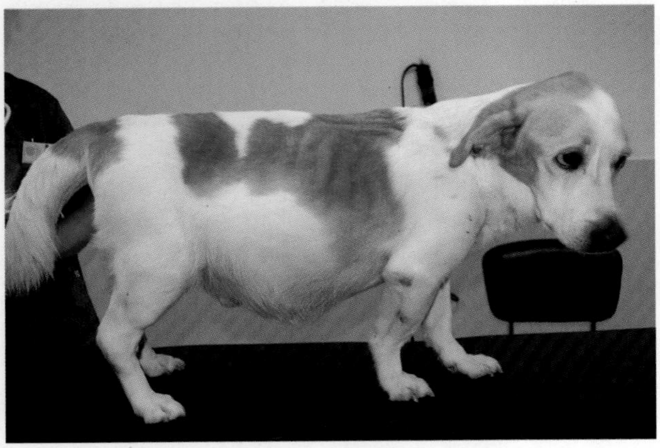

混合形式也存在。受影响的瓣膜通常活动受限，这会减小流出道的直径。

根据多普勒超声心动图测量的最大流速和压力梯度，肺动脉狭窄可能有轻度、中度或重度。

中度和重度肺动脉狭窄可引起右心室游离壁、室中隔和右心室出口动脉圆锥明显肥厚，从而导致动态心肌狭窄合并固定瓣膜狭窄。

受影响最常见的品种包括猭犬、英国和法国斗牛犬、拳师犬、萨摩耶犬、吉娃娃犬、迷你雪纳瑞犬、拉布拉多犬、松狮犬、纽芬兰犬、巴吉度猎犬、可卡犬和西班牙犬。尽管也能影响猫，但这种疾病在猫科动物是罕见的。

病理生理学

由于肺动脉瓣梗阻，右心室在收缩期必须更加努力，才能维持每搏输出量。随着时间推移，由于血流通过肺动脉瓣的收缩压梯度增加导致右心室心肌肥厚。随着病情发展，还可以观察到其他变化，如室间隔在收缩期向左扁平、三尖瓣发育不良和心输出量减少，最终导致右侧充血性心力衰竭。

临床症状

临床症状可能非常多变，从无症状到运动不耐受、疲劳、晕厥或猝死；严重的病例可能伴有右心衰竭和腹水（图5-54）。

> 临床症状通常出现在1岁左右，最常见的症状是运动不耐受或低心输出量引起晕厥。

听诊的特点是左侧心基部有剧烈的收缩期射血性杂音，在心音图上出现渐强 - 渐弱的形状。某些病例中，瓣膜关闭不全也会引起舒张期杂音。只有在严重的病例，心电图才会有明显变化，这些病患的心电电轴会向右偏移，S波异常深（图5-55）。

图5-54　继发于肺动脉瓣狭窄的右心衰竭病犬有明显的腹水。

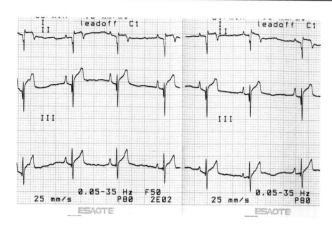

在严重的病例中，胸部X线片可能显示心脏扩大和肺动脉狭窄后的扩张。然而，最佳确诊方法是多普勒超声心动图（图5-56至图5-59），因为可以依据所记录的压力梯度对狭窄程度进行分级：

■ 轻度：小于50mmHg。

■ 中等：在50～80mmHg之间。

■ 严重：超过80mmHg。

> 超声波检查也可以排除其他相关异常。

图5-55　犬肺动脉狭窄心电图。注意导联Ⅰ、Ⅱ和Ⅲ的S波，提示右心室肥大（图片由Cardiosonic提供）。

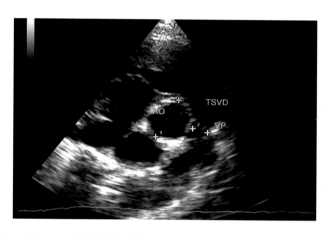

图5-56　右侧胸骨旁短轴切面扫查肺动脉狭窄，并评估右心室流出道（TSVD）和肺动脉瓣（VP）（图片由Cardiosonic提供）。AO，主动脉。

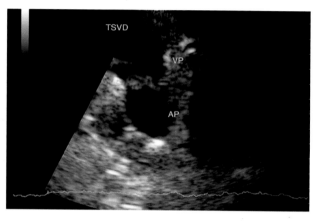

图5-57　优化的左头侧扫查影像评估右心室流出道（TSVD）。注意边缘增厚呈圆顶状的肺动脉瓣（图片由Cardiosonic提供）。VP，肺动脉瓣；AP，肺动脉。

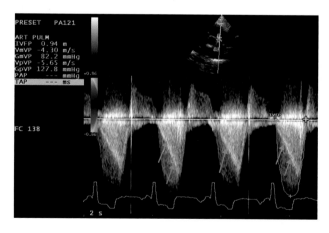

图5-58　一只严重肺动脉狭窄患犬的连续多普勒检查影像，红色箭头标注了重叠的动态狭窄曲线（匕首状）（图片由Cardiosonic提供）。

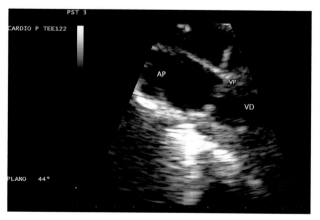

图5-59　球囊导管扩张前，经食管超声心动图检查重度狭窄的肺动脉瓣（图片由Cardiosonic提供）。VP，肺动脉瓣；AP，肺动脉；VD，右心室；AO，主动脉。

超声心动图的主要发现包括：

■ 右心室向心性肥大。

■ 肺动脉瓣的区域变窄。

■ 狭窄后扩张的肺动脉。

● 室间隔扁平，由于右心室的压力高于左心室（室间隔矛盾运动）。

● 右心室或室间隔中的心肌出现由于缺血或纤维化相关的高回声区域。

● 测量肺动脉瓣环并与主动脉瓣环比较，以评估肺动脉发育不全。AO/AP >1.2 ～ 1.5 提示肺动脉瓣环发育不全，可用于区分两种类型的肺动脉狭窄。

● 多普勒评估。

■ 彩色多普勒检查有助于快速评估血流通过狭窄的瓣膜所产生的湍流。

■ 峰值流速。

■ 识别动态狭窄。

■ 识别肺功能不全。

■ 评估其他相关的先天性缺陷。

■ 评估可能相关的三尖瓣关闭不全。

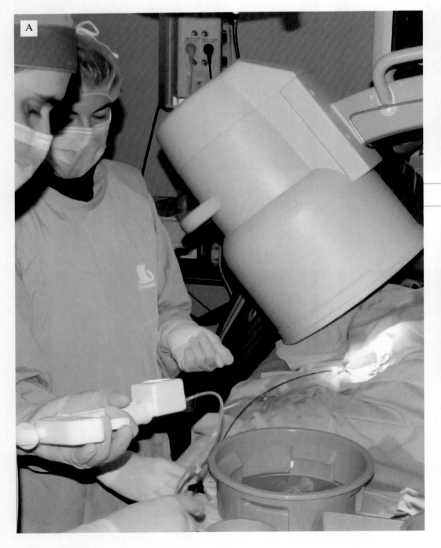

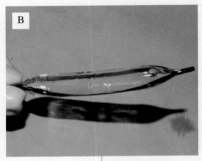

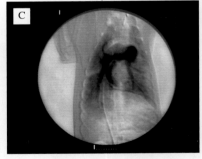

图5-60 法国斗牛犬患重度肺动脉狭窄的球囊扩张手术影像。A.准备对放置在瓣膜区域的球囊进行扩张；B.球囊导管；C.评估肺动脉的动脉造影，在此影像上不能正确评估漏斗部和瓣膜直径。

治疗方法

无临床症状的轻、中度狭窄的病例不需要治疗。对于有一定程度的心室肥厚的病患，可能有必要使用β受体阻滞剂（阿替洛尔）降低心肌耗氧量，也有必要使用利尿剂降低心脏负荷。

在严重情况下，建议使用β受体阻滞剂（阿替洛尔，每12h，0.5～1 mg/kg，PO，从低剂量开始，一直增加到目标剂量）。

在某些病患中，钙通道阻滞剂可能用于改善心脏的氧合和收缩能力。

在所有这些病患中，应避免剧烈甚至中等强度的运动，以防止突发心动过速和增加心肌耗氧量。

然而，对于严重狭窄的病患，选择的治疗方法是在血管内使用球囊导管扩张的肺动脉瓣膜成形术，即使对无症状的病患也应如此（图5-60）。

一些作者建议，对有60mmHg以上压力梯度的病患进行此类治疗。

如果对微创治疗没有反应，可能需要通过开胸手术以改善右心室流出量（图5-61）。

> 在英国斗牛犬和拳师犬的瓣膜下狭窄病例中，应排除冠状动脉异常，这是手术的排除标准，因为在扩张过程中有冠状动脉破裂的风险。

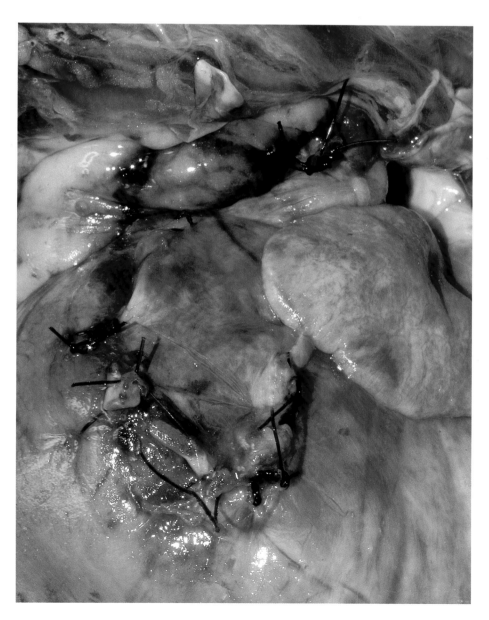

图5-61　跨瓣环补片便于血液从右心室流向肺动脉，无需通过狭窄的瓣膜（尸检影像）。

肺动脉狭窄的治疗–瓣膜成形术

技术难度 ▮▮▮▮▯

技术要求

该技术包括在透视下置入导管，可以实时可视化地在血管和心脏水平操作。同时使用经食管超声心动图，有助于评估肺动脉瓣环的直径及扩张后的瓣膜运动和血流。

手术前（大约1h前）使用积极的抗生素治疗对防止任何感染很重要。

手术过程

这项技术是经颈静脉或股静脉实施，可以采用塞尔丁格（Seldinger，经皮血管穿刺）技术或者作者目前使用的静脉分离术进行，随后通过显微手术或止血夹关闭静脉。

首先，放置血管鞘，在手术过程中，血管鞘作为各种导管的入路。选择正确的血管鞘直径很重要，如果血管鞘的直径小于球囊导管的直径，那么在介入治疗过程中可能需要更换血管鞘，并出现与此相关的所有问题。

然后，引入交换导丝和造影导管（如猪尾巴导管或多功能造影导管），并将穿过三尖瓣到达右心室。

用含碘造影剂进行血管造影，观察并测量肺动脉瓣环直径。这些数据，加上经胸和经食管超声获得的数据，以选择正确直径的球囊进行扩张（图5-62）。

血管造影后，交换导丝穿过肺动脉瓣进入肺动脉干。在导丝到位的情况下，球囊导管可以输送到将要进行扩张的部位（图5-63）。

为了扩张，需连接一个注射器，内装稀释的造影剂，通过注射使瓣膜通道内的球囊充盈。按照这种方法，瓣膜通道扩张，血流出口直径增大。重复扩张2~3次，每次扩张间隔3 ~ 5min，保持球囊在其最大扩张状态5s。最初，球囊有一个清晰可见的腰部，腰部应该逐渐消失，这表明已经达到了最佳扩张状态（图5-64、图5-65）。

在介入治疗过程中，持续监测心律失常，并检查病患的二氧化碳浓度和动脉血压，非常重要。

一旦扩张完成，移除交换导丝，通过球囊导管中的血管造影通道进行血管造影并与扩张前进行对照，确认是否已实现足够的扩张。

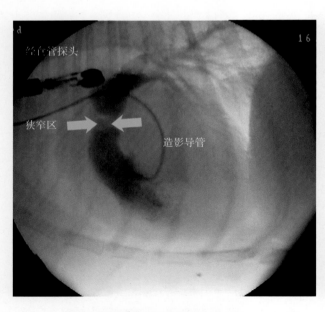

图5-62　使用含碘造影剂行血管造影显示右心室流出道。

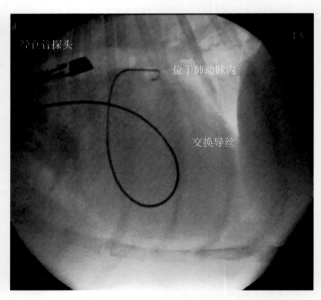

图5-63　J形头端的交换导丝穿过肺动脉瓣后在肺动脉内的影像。

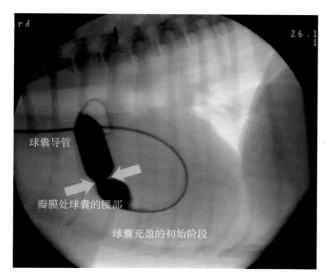

图5-64　在球囊充盈初始阶段拍摄的影像：显示了标志着肺动脉瓣狭窄的腰部。

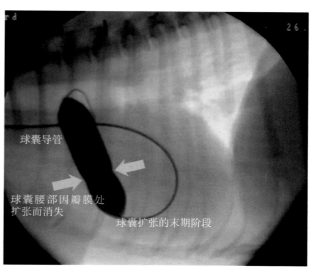

图5-65　球囊充盈结束时拍摄的影像：注意球囊在其最大直径，且之前的腰部已完全消失，这是最佳扩张状态的标志。

此后，将球囊导管完全缩瘪，通过血管鞘取出，选择适当技术关闭血管入路部位。

在A型狭窄的情况下，通常依据肺动脉瓣环直径的1.2～1.5倍选择球囊直径，而在B型狭窄的情况下，这个倍数通常为1.1～1.2。

在英国斗牛犬和拳师犬的瓣膜下肺动脉狭窄中，应首先排除冠状动脉异常，原因是需要排除扩张过程中可能存在的冠状动脉破裂风险，或许可以确定选择球囊的大小。

> 选择合适的球囊直径是关键，取决于狭窄类型及通过超声心动图和血管造影获得的数据。

术后护理及随访

术后护理通常非常简单，仅包括血管入路部位的伤口护理和随后的缝线拆除。

在药物治疗方面，大多数病例在下次超声心动图检查前继续使用阿替洛尔控制心率和相关的动态狭窄。

肺动脉瓣膜成形术的并发症

在手术过程中，可能会出现许多并发症，最常见室性心律失常，如室性早搏（孤立的或连续性的），甚至室性心动过速，通常在介入治疗过程中迅速消失或对药物反应良好。在极端情况下，心室颤动可能发生，如果不逆转，可能引起病患死亡。这种心律失常可能是由导管与心室内膜接触或对造影剂的反应引起的。在一些病患中，可能会出现一种短暂的几分钟后就会消失的右束支传导阻滞。

由于这项技术导致心室破裂和/或心肌损伤的病例很少，但在英国斗牛犬和拳师犬中，已有描述致死病例与存在冠状动脉的异常有关。

一般来说，这是一种非常安全的技术，A型狭窄的血流动力学改善程度高，B型狭窄的血流动力学能得到适当改善，使这项技术成为治疗该病的首选技术。

肺动脉狭窄的治疗–跨瓣环补片 （开放性补片移植）

技术难度 ■■■■■

跨瓣环技术适用于患有严重肺动脉狭窄的病患，特别是怀疑有明显的漏斗部肥大，或者狭窄处弹性很大且无法使用微创技术治疗时。

此技术应在心脏缺血时，即采用血流阻断技术和中低温（32～34℃）条件下进行。

手术步骤

肺动脉瓣手术入路选左侧第5肋间隙。

在手术的第一阶段，识别出迷走神经和膈神经（图5-66）。在纵隔头尾之间做一个切口，分离前后腔静脉和奇静脉并在其周围放置隆美尔（Rummel）止血带，但不收紧。

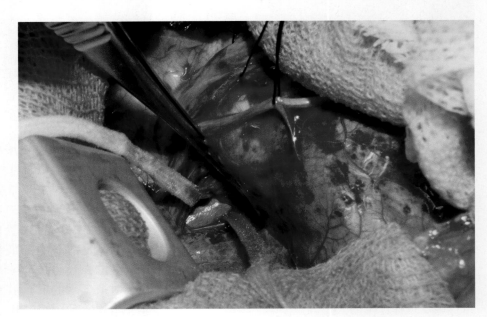

图5-66 经第5肋间隙行左胸切开术，分离并标记膈神经和迷走神经；接着分离腔静脉和奇静脉，备好止血带，将在跨瓣环补片操作中阻断血液流入心脏。

取一片长方形的心包膜，大小约为3cm×7cm，将其包裹在盐水浸泡过的纱布中（图5-67）。

心包移植物可在戊二醛溶液中浸泡至少10min，以便于操作和缝合。在使用前，用无菌生理盐水冲洗。

图5-67 心包补片应该为长方形，但稍后应修剪以适应需要。

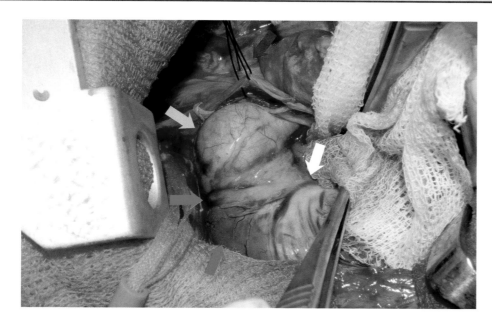

下一步，应该识别此手术涉及的解剖结构（图5-68），仔细检查是否存在单一冠状动脉，如果存在，需行肺动脉切开术。

图5-68　已确定该区域的解剖结构：迷走神经和膈神经（灰色箭头）、常见的肺动脉干狭窄后动脉瘤样扩张（黄色箭头）、肺动脉瓣（蓝色箭头）、左冠状动脉的室间支（白色箭头）、右心室漏斗部（绿色箭头）。

在右心室流出区域做一个切口，仅涉及一半心肌（注：非全层切开）（图5-69）。

图5-69　从肺动脉瓣开始，切开与漏斗部相对应的一半心肌（注：非全层切开）。

如果需要切断小的冠状动脉，需要使用4/0不吸收性单丝缝合线在心肌上进行整体结扎。

出血不很明显，但清晰的术野应该通过持续抽吸来保持，助手应将吸引器的吸引头放置在不干扰外科医生视线的位置。

有必要检查补片的心包面是否朝内，这个区域应该与血液保持接触。

使用带无损伤圆针的4/0聚丙烯缝线做两个连续缝合，都从补片腹侧开始，第一个缝合在距离先前进行的心室切开术几毫米处，将心包补片右侧连接到心肌上（图5-70、图5-71）。

在下一阶段，将心包补片缝合到心室切口和肺动脉干头侧部分。

缝合应包含足够的组织，包括补片和心肌，以防止缝合处裂开，并确保止血效果（图5-70）。

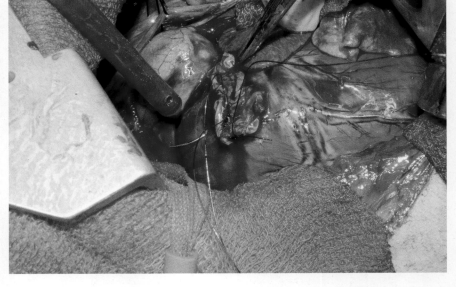

图5-70　此图显示将心包补片右侧和心肌作为连续缝合的开始，从这里开始缝合，是因为这里的入路和视野最差。

图5-71　第一条缝合结束于肺动脉干前内侧，在肺动脉瓣后2～3cm处。

然后，进行第二个连续缝合。但是，这一条缝线不要收紧，给补片（蓝色箭头）留一个开口，以便能够接近肺动脉（图5-72）。

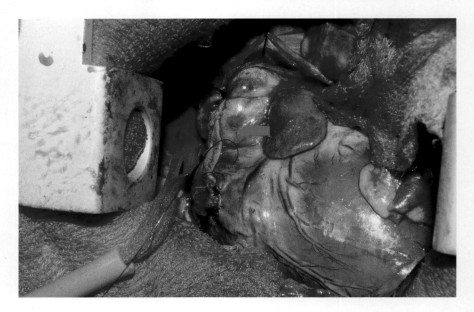

图5-72　第二次的缝合在第一个缝合的起点和终点附近开始和结束。不过，在这种情况下，不需要收紧缝合线，而是留下一个未打结的环。

这种缝合可以在心肌切开术后再迅速闭合，将心脏缺血的时间减到最少。

✳ 在缝合心包补片时，不损伤左冠状动脉的室间支非常重要。冠状动脉损伤可能引起急性心肌梗塞、出血和非常严重的心律失常。

一旦一切准备就绪，收紧止血带，缺血期开始。

通过补片开口，用11号手术刀片切开肺动脉。将坚实的梅氏（Mayo）剪一个剪刀插入，经瓣环向心室方向延伸，扩大切口。

✳ 必须注意不要剪断早先放置的缝线。

使用精细解剖（Metzenbaum）剪，将增厚的瓣叶部分剪除。

收紧第二条缝合线，打结前松开后腔静脉止血带，排出心脏内空气以防止空气栓塞，然后松开另外两条止血带。

血流阻断时间不应超过 4 ～ 5min。

为了将缺血影响降至最低并延长血流阻断时间，必须保持病患体温为30 ～ 34℃。

当通过心脏的血流恢复时，补片缝合处的出血是正常的。保持冷静，等待补片在缝线上面伸展并适应心脏（图5-73）。为促进缝合处止血（图5-74），应当准备局部用胶原或纤维素止血剂。几分钟后移除止血剂，检查缝合处有无出血（图5-75）。

在持续渗漏的地方，外科医生应该准备好用同样的材料进行简单缝合。

如果血流阻断时间较短，心脏恢复良好。对某些病例，为了恢复心输出量，应直接进行心脏按压，或者在出现药物无法控制的心律失常时进行除颤。

✳ 体温过低可能会对心脏产生不良影响，如心肌收缩力减弱、心动过缓、室性心律失常的风险增加。

经检查缝合处无出血，确认心输出量恢复后，放置引流管，以标准方式闭合胸腔。

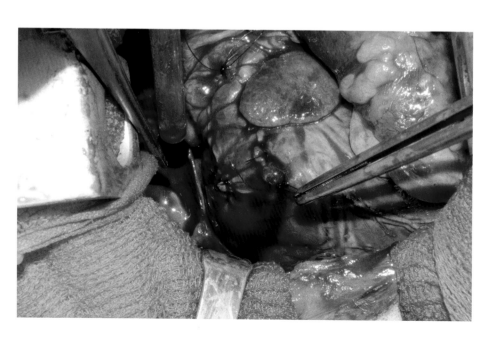

图5-73 血流阻断结束后，血液开始从右心室通过心室补片流向肺动脉。

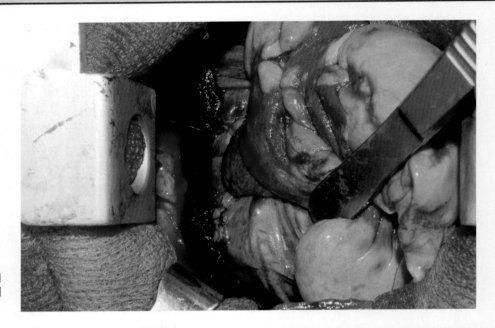

图 5-74 通过压迫和使用局部止血剂如胶原蛋白控制缝合处出血。

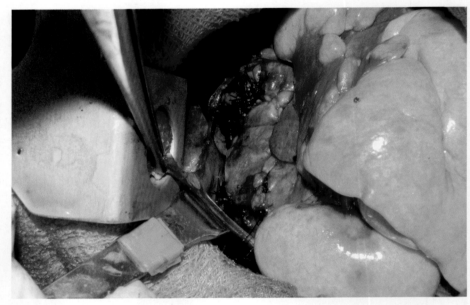

图 5-75 在几分钟内，补片适应心肌，缝合点之间的缝隙被密封。

术后

有必要采取任何可能的方法（如静脉滴注生理盐水、使用电热毯或热水瓶、保持环境温暖），使病患体温恢复正常，而不造成烫伤。

术后 48h 内必须不间断监测病患，以便发现任何心律失常和缺氧引起的脑损伤迹象，如肺换气不足或癫痫发作。

在最初几小时内，有必要定期检查胸腔引流，并监测动脉血压，因为当血压恢复正常时，病患在麻醉恢复期间可能会发生术后出血。

预后

这项技术治疗严重的肺动脉狭窄是有效的，然而术中的死亡率很高（15%～20%）；即使由有经验的外科医生进行，术后即刻死亡发生率同样也很高，这是由不受控制的心律失常或通气功能障碍引起的。

显然，这些病患总是会出现肺动脉瓣关闭不全，不过，如果三尖瓣功能正常，这种影响极小。

60% 的病例有长期存活的预后。

血流阻断技术–全静脉回流阻断

技术难度 ▮▮▮▮▮▮

血流阻断术是一种应用于心脏开放手术的技术，目的是阻断血液流入心脏，并在打开或介入心脏内部时防止出血。缺血时间不应超过4min，但如果病患保持轻度低温（体温在30 ～ 34℃）时，缺血时间可达6min。

该技术是用于肺动脉狭窄、右房三房心或右心房肿瘤的手术。然而，也用于控制其他手术期间的严重出血，如切除大肿瘤或分离PDA时（在这种情况下，实行全流出段血流阻断*可能更加容易）。

为了阻断血液流入心脏，应使用血管夹或隆美尔（Rummel）止血带阻塞前、后腔静脉和奇静脉（图5-76）。

> 循环停止时间不应超过4min。

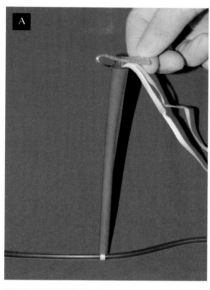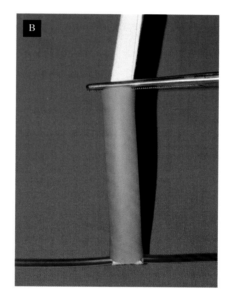

> 隆美尔止血带可以由一条棉带、6 ～ 10cm橡胶管和血管钳制成（图5-76B）。

图5-76 隆美尔止血带。A.市售版；B.自制版。在这两种情形下，棉带会阻断血管，并借助橡胶管而收紧。

隆美尔止血带在这个手术中是有用的且非常安全，在狭小术野里占用空间也小（图5-77）。

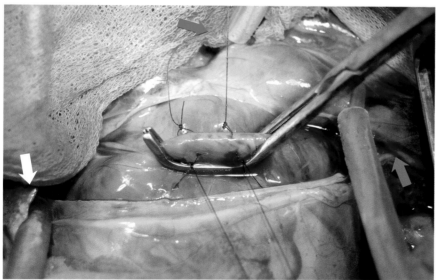

图5-77 这个病例的手术操作需要在右心房进行，为了阻断血液进入心脏，在后腔静脉（白色箭头）、奇静脉（蓝色箭头）和前腔静脉（绿色箭头）放置了三条隆美尔止血带。

---

* 通过在主动脉和肺动脉的出口各放一个血管夹，实施全流出段血流阻断。

根据手术类型，进行
右侧或左侧开胸手术，并
确定最重要的解剖结构（图
5-78）。

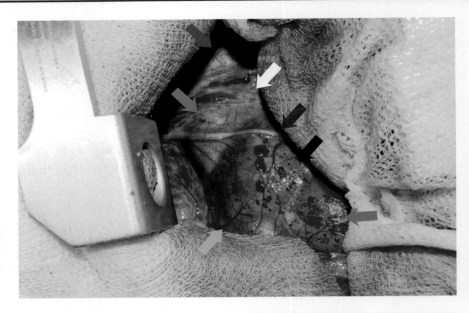

图5-78　左侧开胸术：主动脉
（红色箭头）、迷走神经（白色箭
头）、肺动脉干（蓝色箭
头）、膈神经（灰色箭头）、左心房（黑
色箭头）、左心室（绿色箭头）、
右心室（黄色箭头）。

从头侧开始，分离前腔
静脉，环绕其放置隆美尔止
血带（图5-79、图5-80）。

图5-79　钝性分离前腔静脉，
特别注意其背侧的神经。

> ✳ 当隆美尔止血带在血
> 管表面移动时会对血
> 管产生锯切作用，为
> 了防止这种情况发生，
> 使用前应将它们放在
> 无菌生理盐水中浸泡。

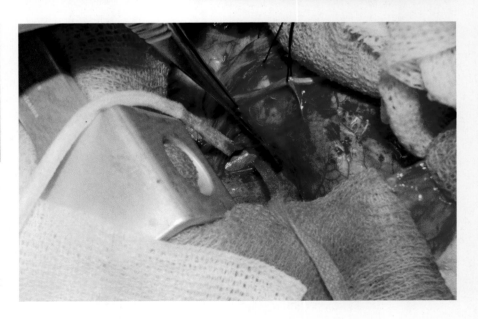

图5-80　小心放置隆美尔止血
带的棉带，以免损伤静脉壁。

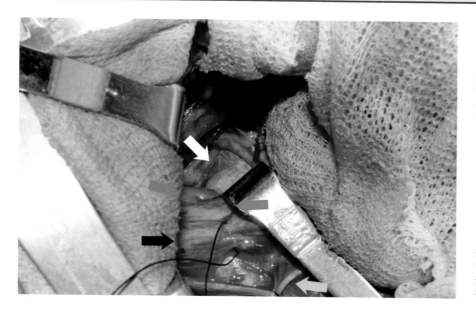

在背侧区域分离食管和主动脉并移位于腹侧，以便显露奇静脉（图5-81）；无损伤分离该静脉后，环绕其放置一条止血带（图5-82）。

图5-81　分离食管背侧区域（蓝色箭头）和主动脉（绿色箭头）后，识别并分离奇静脉（白色箭头）；其他可被识别的结构是迷走神经（黑色箭头）和左膈神经（黄色箭头）。

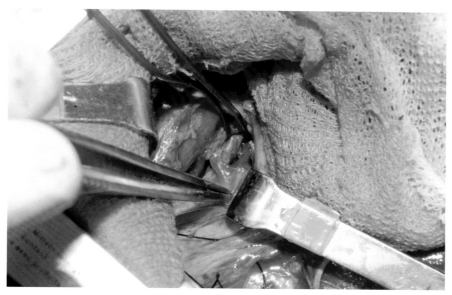

图5-82　分离奇静脉后放置止血带的收缩带，这里用的是硅胶管止血带。

最后，在心脏尾侧找到并分离出后腔静脉，放置止血带（图5-83至图5-85）。

图5-83　为了接近后腔静脉，必须切开纵隔，不能损伤背侧的迷走神经（白色箭头）或腹侧的膈神经（蓝色箭头）。

图 5-84　使用直角钳有助于分离血管周围和深层组织，此图显示放置止血带前对后腔静脉的分离。

用无菌生理盐水定时冲洗血管，始终保持其水分充足以防止受损。在这种情况下，不要使用温热的液体，以保持低温。

图 5-85　环绕后腔静脉的隆美尔止血带，准备使用。

　　止血带的闭合方法是拉紧带子，将橡胶管滑向血管，直到血流完全中断；然后将带子固定在管内，以免其过早松开。

　　血管按如下顺序闭合：①奇静脉；②前腔静脉；③后腔静脉。

　　对心脏的干预治疗结束后，按以下顺序取出止血带：

　　①后腔静脉；②前腔静脉；③奇静脉。

　　为了取出止血带，从橡胶管上松开带子，将橡胶管向后滑动并检查环绕血管的带圈，在靠近静脉处将其切断。

　　在血流阻断期间，这些静脉的血栓形成尚无临床报道，因此不需要对病患进行肝素化。

＊　取出隆美尔止血带时，带子从血管周围滑过时可能会有锯切作用，为防止血管受损，在接近血管处将其剪断。

放置隆美尔止血带应考虑：

隆美尔止血带由以下部分组成：
- 血管带
- 橡胶阻断管
- 穿线钩

将带子置于无菌生理盐水中浸湿，以减少对血管的锯切作用。

使用分离钳将带子轻轻地绕过血管，不要拉扯。

将穿线钩穿过橡胶管，并将带子末端带出橡胶管；如果不能一起穿过，就一个一个穿过。

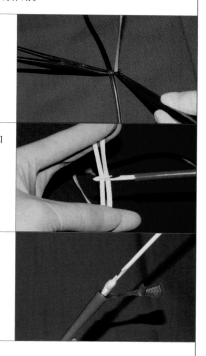

用穿线钩将带子末端带出橡胶管。

现在可以使用止血带了。

为了阻断血管，将橡胶管滑向血管，同时拉紧带子。

盖上胶管帽或用血管钳夹住带子，可将带子固定在橡胶管内。

在血管阻断结束后，松开带子，退回橡胶管。尽可能靠近血管处剪断带子（箭头），以便将带子取出。

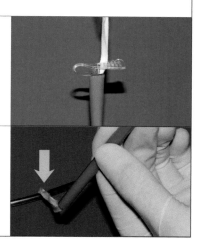

止血带要一直用无菌生理盐水冲洗，以防已阻断的血管受损。

退出止血带时，应在靠近血管的地方剪断，把带子和血管之间的摩擦减到最小。

心包填塞

临床常见度

概述

由于积液或出血引起心包内压力升高，导致所谓的心包填塞，表现为心输出量减少和右侧充血性心力衰竭（心脏顺应性受损、舒张期充盈减少、心输出量降低）。这种情况靠心动过速代偿，可能进一步降低心输出量，触发心律失常并降低冠状动脉血流量。

心包填塞的主要原因是：

■ 心基部肿瘤。

■ 右心房血管肉瘤。

■ 特发性心包积液。

临床症状

这些病患的临床症状主要继发于上述心功能不全，其主要症状有：

■ 心动过速。

■ 心音低沉。

■ 动脉脉搏微弱。

■ 颈静脉搏动增强。

■ 毛细血管再灌注时间减少。

■ 肝肿大。

■ 腹水（中度至高的蛋白含量）。

诊断

诊断是基于临床症状和胸片，在胸片中可以看到一个巨大的圆形心脏轮廓（图5-86）。

超声检查证实了心包积液的诊断，并且在行心包穿刺术缓解心包压力时有很大帮助（图5-87）。

心包细针抽吸可能有助于确定填塞的病因，浆液性渗出提示肿瘤或炎症，出血性渗出可能提示右心房血管肉瘤或特发性心包出血。

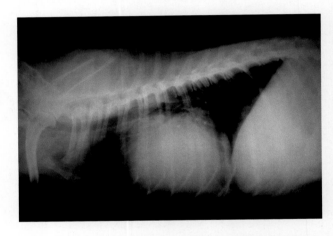

图 5-86　一只患有特发性心包积液的5岁拳师犬的侧位X线片。

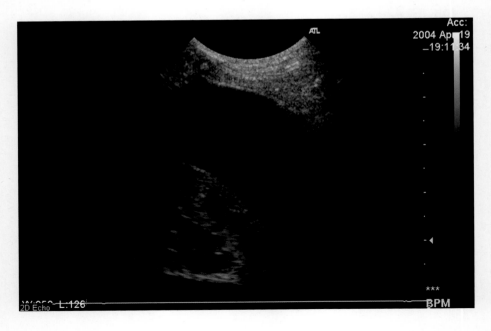

图5-87　右心房血管肉瘤病患的心包积液。

外科手术 心包减压
心包穿刺术
技术难度 ■■□□□□

心包可以使用针头或导管经皮直接引流，为避开冠状动脉，最好在右侧，并在超声引导下经第5肋间隙进行（图5-88）。消除心包内容物能迅速改善心率、动脉脉搏和外周灌注。

在紧急情况下，可以在右侧穿刺心包进行盲抽。

心包切除术
技术难度 ■■■□□□

心包切除术是为了防止心包内液体或血液积聚，从而防止充血性右心衰竭和低心输出量。

目前，心包部分切除术是通过切除膈神经以下心包来完成的，这项技术可以通过开胸术或胸腔镜进行。
开放性心包切除术
侧壁开胸术经第5肋间隙进行，从右侧可检查右心房或从左侧可检查心基部（图5-89）。

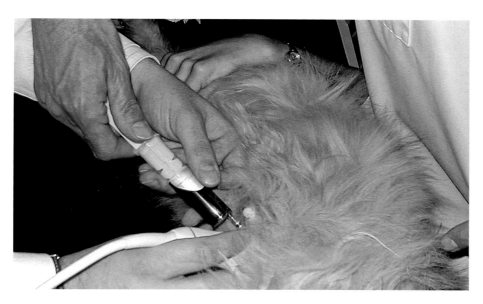

图5-88 在超声引导下，对一例右心房血管肉瘤病患充满血液的心包进行抽吸。

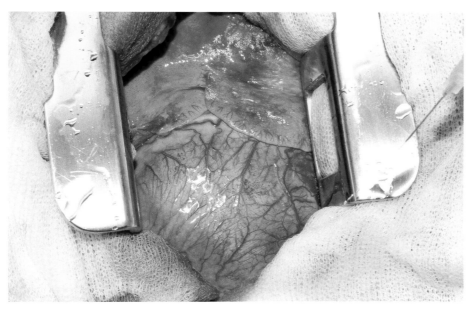

图5-89 经左侧第5肋间隙进行侧壁开胸术的手术视野准备。

心包膨胀且常增厚。在膈神经腹侧做一个小切口，通过这个切口抽吸心包内容物（图5-90、图5-91）。

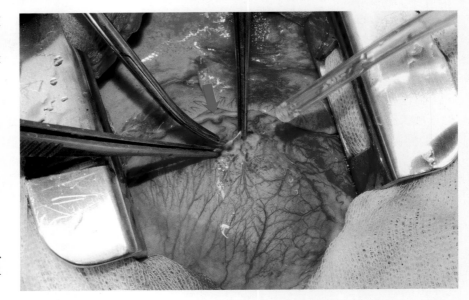

图5-90　在膈神经腹侧切开心包（箭头），用双极电凝镊对血管进行预防性止血。

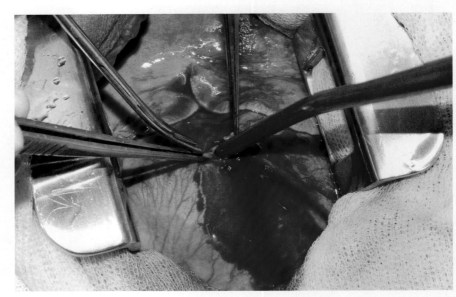

图5-91　打开切口后立即抽吸心包腔内的液体。

切开前应提醒麻醉师，可能会有血流动力学改变。

然后用电刀或双极电凝镊和手术剪，将切口向头尾方向延伸（图5-92、图5-93）。

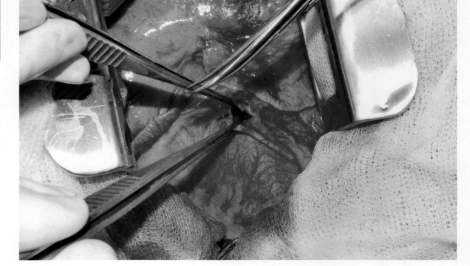

图5-92　在膈神经下方切开心包，向头、尾方向延伸切口。

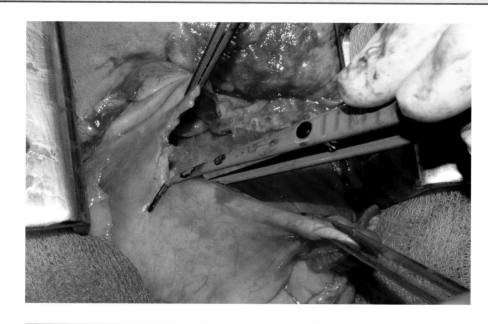

图5-93　为了对心包血管进行可靠止血，在切开心包血管前用双极电凝镊止血；注意这个病患的心包增厚。

* 如果使用单极电刀，保持刀尖远离心肌，最好使用木制压舌板（放置在心包与心外膜之间保护心外膜）。

由助手轻轻地抬起心脏，协助医生把心包另一侧切开；在这个操作中，注意不要损伤另一侧的膈神经，并记住可能会发生心脏和血流动力学变化。

如果麻醉师观察有任何心脏变化，外科医生应该中断手术直到病患稳定下来。

抬起心包并移开肺叶和胸腺，60%～70%的心包表面可以被切除（图5-94至图5-96）。

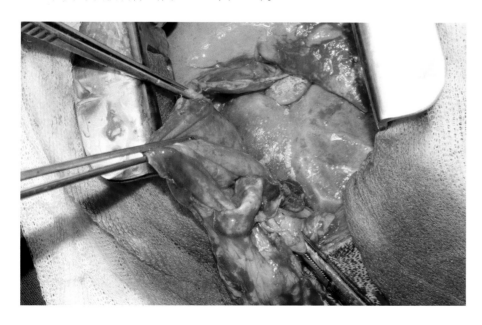

图5-94　图示在尾侧切开心包并将切口向左和向右延伸后，将心包向头侧牵拉以便切除。

在手术过程中，有几条隐藏在纵隔脂肪中的血管难以看到，可能会被意外切断；因此，良好的预防性止血至关重要。

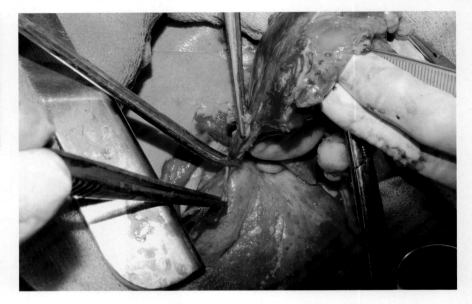

图5-95 心包切除后的最终外观。

如果无法观察和确定出血来源，使用中等力度放置几个外科拭子或止血敷料进行按压，等待几分钟直到凝血。

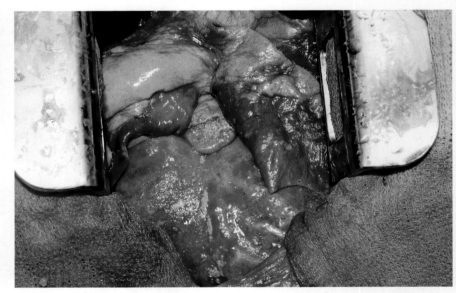

图5-96 心包切除术结束。采用这项技术，可以切除超过60%的心包。

之后，用无菌微温生理盐水冲洗胸腔并抽吸（图5-97），放置胸腔引流管，以标准方式关闭胸腔。这些病患经常出现胸腔积液，因此希望在术后最初3～4d内将血性渗出液抽出。

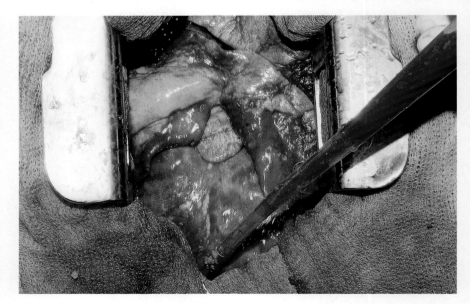

图5-97 对胸腔冲洗后抽吸，出血量少证实纵隔止血良好。

心脏肿瘤

临床常见度				
技术难度				

在伴侣动物临床中，心脏肿瘤的发病率较低，占所有动物的0.2%，且大多数为恶性，主要见于7~10岁的病患。在绝育病患中更为多见，尤其见于雌性。

心脏肿瘤可以是原发性或继发性的。最常见右心房、右心耳的血管肉瘤（HSA，占病例的70%），其次是所谓的心基部肿瘤，是以其定位在主动脉和肺动脉干出口并不影响右心房而命名的。

> 右心房血管肉瘤是最常见的心脏肿瘤，其次是心基部的化学感受器瘤，请记住，这些可能都是由脾脏血管肉瘤转移导致的。

化学感受器瘤（图5-98）是心基部的肿瘤，可能起源于主动脉体（80%的病例）或颈动脉体（20%的病例）。最常受血管肉瘤影响的品种是德国牧羊犬和金毛寻回犬，其次是可卡犬和杜宾犬。最易患化学感受器瘤的品种是拳师犬、波士顿㹴和英国斗牛犬。

这个部位也可能是异位甲状腺瘤和甲状旁腺瘤的部位。最常见的心包肿瘤为间皮瘤，此肿瘤呈多发性结节分布于心包，并常扩散至胸膜。

图5-98 位于房间隔的化学感受器瘤，在阻断腔静脉后将其切除。

> 纯种短头犬的化学感受器瘤发病率较高，可能与这些犬的慢性缺氧有关。

临床症状

患心脏肿瘤的病犬可能无症状，对其胸部检查时可能会偶然发现胸腔肿块。然而，病患通常会出现呼吸困难、咳嗽、晕厥或充血性心力衰竭等症状，取决于肿瘤的位置。

最常见的临床症状与心包积液和继发性心包填塞有关，如低血压、外周脉搏微弱、心音减弱、黏膜苍白、腹水和虚脱（图5-99）。

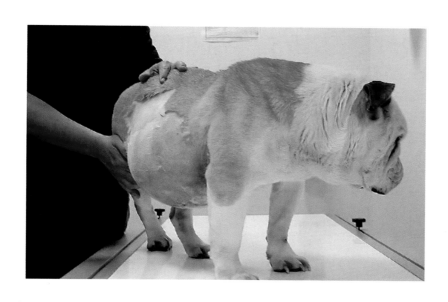

图5-99 心基部肿瘤导致腹水明显。

不引起积液的肿瘤可能导致充血性心力衰竭或心输出量降低，这是由于肿瘤压迫引起静脉回流减少（图5-100）。

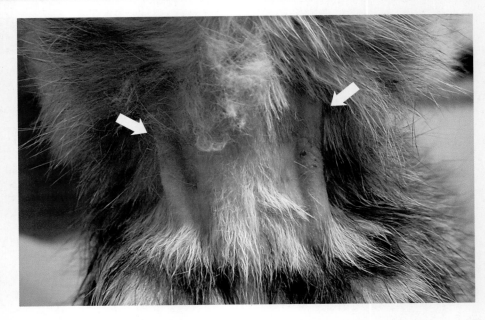

图5-100　肿瘤压迫胸腔大血管引起静脉回流减少，导致颈静脉怒张。

诊断

体格检查的结果取决于肿瘤的类型和位置，心脏听诊可能听到由肿瘤阻塞血流引起的杂音。

心脏听诊可能完全正常，或伴随心包积液的心音减弱。

在患化学感受器瘤的病例中，胸部X线片可能显示胸腔和/或心包积液、肺水肿或瘤体（图5-101）。

超声心动图对这些病例可能有用，最常见的是心包积液（图5-102）；超声还可以观察位于右心房或心基部的肿瘤（图5-103）。

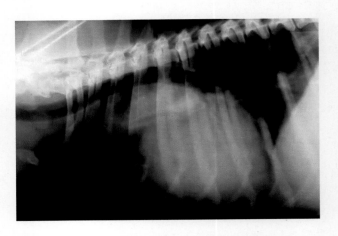

图5-101　由于心基部肿瘤造成气管向背侧移位。

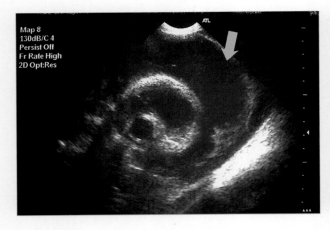

图5-102　超声影像显示引起心包填塞的心包积液（箭头）。

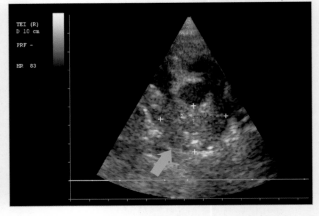

图5-103　位于主动脉和肺动脉之间的心基部化学感受器瘤。

右心耳的肿块应怀疑为血管肉瘤，并且应当
使用超声检查脾脏。

近年来，计算机轴向断层摄影术（CAT）的
引入使肿瘤的确切位置和范围得以确定，并能对
胸腔大血管和纵隔病变进行检查（图5-104）。

30%～40%的心包积液病患与血管肉瘤有关。

超声检查可以提供肿瘤大小、位置和范围，
以及肿瘤是否为浸润性或带蒂的信息，这些
信息对制订手术计划很重要。

心电图可能正常。如果发生心包积液，可能
会出现QRS波群减弱和增强交替出现（心电交
替）。血液检查和心包积液的细胞学检查无法提示
与心脏肿瘤相关的任何特征性变化。

心包穿刺对心包积液的鉴别诊断没有帮助，
因为后者是心力衰竭或肿瘤压迫血管的结果。

治疗

对伴有颈静脉怒张、腹水和/或胸腔积液的严
重心包填塞病例，应当在右侧第5肋间隙的肋骨
与肋软骨交界处，通过心包穿刺使病患稳定。

使用延长管和三通阀，可以很容易并安全地
抽吸心包积液。

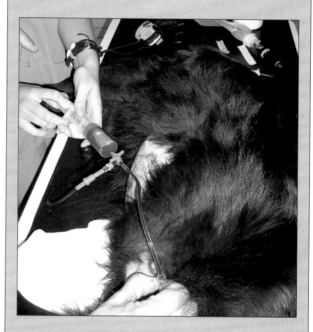

图5-105 细针抽吸积液。

采用超声引导下细针抽吸进行心包引流（图
5-105），可以通过改善心功能来稳定病患。

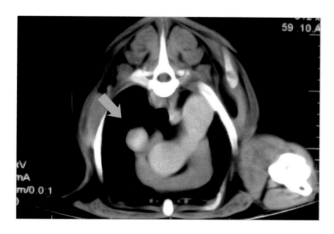
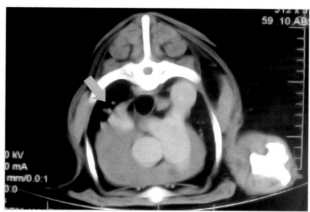

图5-104 胸部CAT扫描显示心脏基部有圆形肿块（箭头所示），对应于右心房血管肉瘤。

❋ 对于这些病患禁用利尿剂，因为会引起低血压并可能导致心血管性虚脱。

在某些情况下，使用皮质类固醇可以减轻炎症，从而减少心包灌注。

在心脏肿瘤中，对不接受手术治疗的病患而言，化疗可以作为唯一疗法，或作为接受手术治疗病患的辅助疗法。

多柔比星、环磷酰胺和长春新碱可用于血管肉瘤的化疗。

对于大多数病例，建议进行心包切除术；如果可能的话，切除肿瘤以改善由于心包膜出血和肿瘤压迫而引起的临床症状。麻醉师应为胸内手术（包括对心脏进行操作）和潜在的并发症（如心律失常、低血压、出血和缺氧等）做好充分的准备，也需要在手术期间和手术后良好地管理疼痛（图5-106）。

这些干预措施是否成功，依赖于整个手术期间全面的麻醉监测。

经中线（图5-107）或第四肋间（图5-108）实施开胸手术，进入胸腔和切除肿瘤，并当出现心包积液时实施心包切除术（图5-109）。

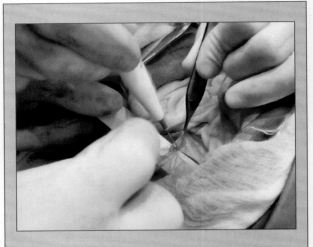

图5-106　使用电刀切开心包，用木制压舌板保护心外膜。

心包切除术可使液体在胸膜这一较大的吸收表面上扩散，以防止急性填塞。未经治疗的血管肉瘤病患的存活期为60d。心包切除术可提高存活质量，如果将肿块切除，病患的存活时间增加到120d；如果再联合多柔比星辅助化疗，平均存活时间能达到150～180d。

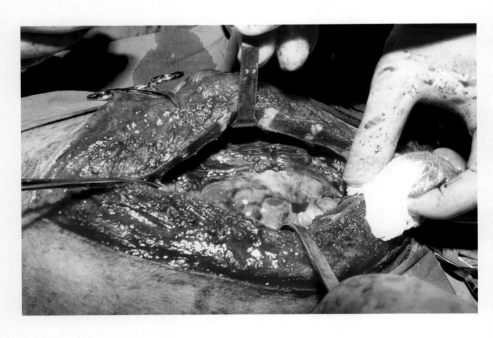

图5-107　为切除巨大的化学感受器瘤，对病患实施正中胸骨切开术。

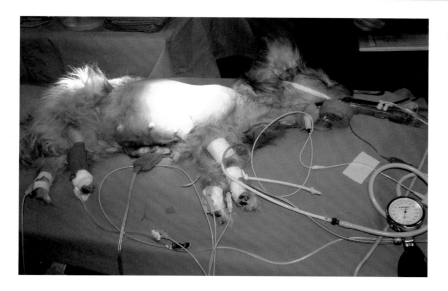

图5-108 麻醉并监测病患，准备经右侧第4肋间隙实施开胸术，行心包切除和血管肉瘤切除。

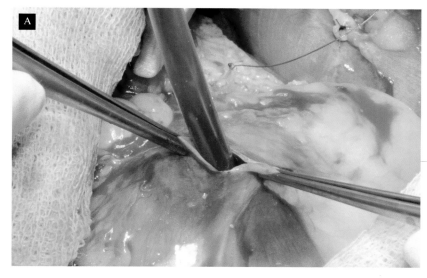

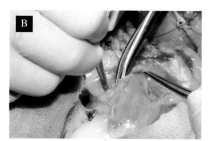

图5-109 为解除继发于血管肉瘤的心包填塞，对病患施行膈下心包切除术。A.切开心包并抽吸积液；B.开始心包切除。

将化学感受器瘤与大血管和心耳钝性分离，这种情况下应使用双极电凝镊，以便控制大血管出血。

如果不能切除化学感受器瘤，应行部分心包切除术（图5-110）。

图5-110 部分心包切除术。

图5-111 右心房的血管肉瘤。

图5-112 环绕奇静脉和前、后腔静脉放置隆美尔止血带，以阻断静脉血流入心脏。

如果是血管肉瘤，切除肿瘤时可以切除部分右心房和/或心耳（图5-111）。

如果肿瘤边界清楚，可以在心脏跳动的情况下进行心房切除；如果肿瘤呈浸润性，可以使用隆美尔止血带阻断腔静脉血流后，再行心房切除（图5-112）。

如果是局部性血管肉瘤，可夹住心耳并切除肿瘤，接着使用水平褥式缝合法贯穿心耳全层缝合缺损，然后简单连续地缝合切口边缘（图5-113）。这些缝合使用带有圆针的单丝合成不可吸收缝线。

如果肿瘤不能被分离并切除，可以行血管旁路术以阻止血流经过该区域（图5-114）。

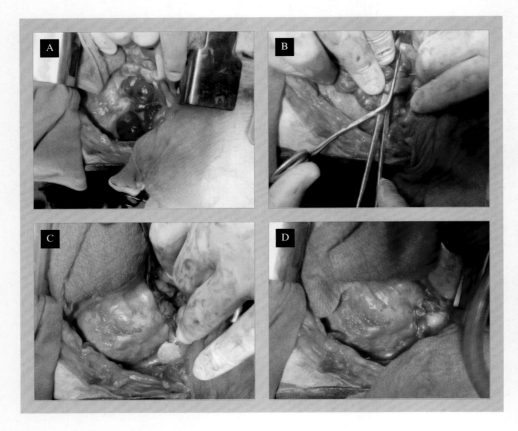

图5-113 心耳血管肉瘤切除术。A. 影响右心耳和部分右心房的肿瘤，肺叶被湿润的纱布拨开；B. 放置了两把DeBakey钳；C. 切除肿瘤后，使用连续水平褥式缝合法关闭心房；D. 心房切口表面第二层行简单连续缝合后的最终外观。

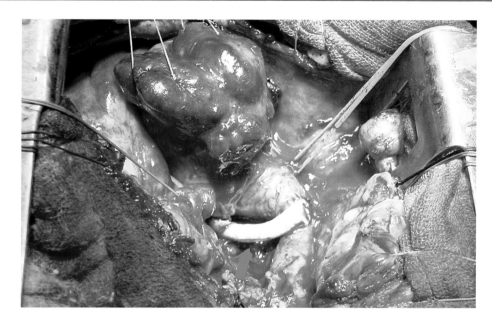

图5-114 格伦 (Glen) 技术。

给这个病例建立了一条永久性旁路，使血液从前腔静脉流入肺动脉，无需经过肿瘤所处的右心位置。箭头显示为放置在腔静脉和肺动脉间的人工血管。

无论任何情况，应提交样本进行组织病理学分析；根据病理学家的发现，开始进行适当的治疗。

术后

在术后即刻至72h内，应对病患有无出血和/或心律失常进行监测，也应通过全身和局部镇痛措施管理疼痛。

- 美沙酮 (0.4mg/kg，肌内注射)。
- 芬太尼或MLK (吗啡、利多卡因和氯胺酮) 以持续速率输注 (CRI)。
- 芬太尼贴剂。
- 布比卡因 (2mg/kg，胸膜间、肋间或两者兼有)。
- 非甾体抗炎药 (考虑风险)。

> ***** 因为对心脏进行操作，在心脏手术中常见心律失常。

> 对血管肉瘤进行手术治疗的目的是通过解除填塞以提高存活质量，如果能切除肿瘤团块并于术后辅以化疗，可以延长存活时间。

在一项对25只心基部肿瘤患犬的研究中，接受药物治疗的患犬中位存活期为129d，而接受心包切除术的患犬中位存活期增加到661d。

在另一项对23只右心房血管肉瘤患犬的研究中，如果手术与化疗相结合，中位存活期为164d，而单纯手术切除肿瘤的存活期仅为46d。

Bussadori博士描述了几个案例：

- 患有血管肉瘤的雌性已绝育德国牧羊犬：手术切除和化疗后的存活时间为455d。
- 患有心内化学感受器瘤的8岁雄性罗威纳犬：切除肿瘤后存活300d。

这些肿瘤具有恶性特征，预后谨慎。外科手术是心包填塞的一种姑息治疗方法。

犬前纵隔左侧观

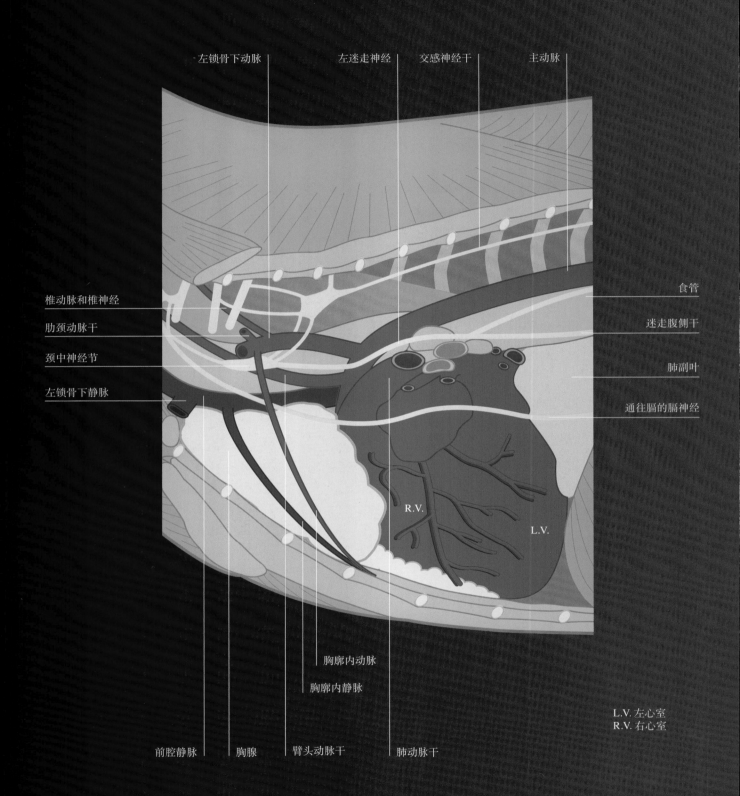

左锁骨下动脉　　左迷走神经　交感神经干　　主动脉

椎动脉和椎神经

肋颈动脉干

颈中神经节

左锁骨下静脉

食管

迷走腹侧干

肺副叶

通往膈的膈神经

R.V.

L.V.

胸廓内动脉

胸廓内静脉

前腔静脉　　胸腺　　臂头动脉干　　肺动脉干

L.V. 左心室
R.V. 右心室

胸腺的结构与血液供应

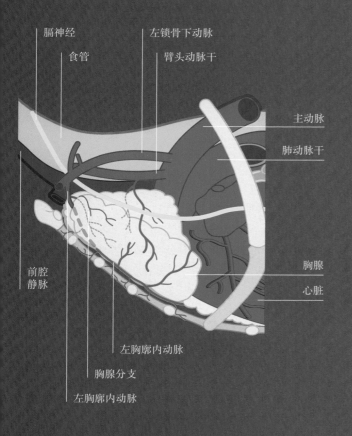

膈神经
食管
左锁骨下动脉
臂头动脉干
主动脉
肺动脉干
胸腺
心脏
前腔静脉
左胸廓内动脉
胸腺分支
左胸廓内动脉

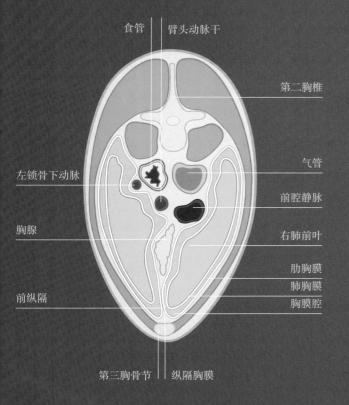

食管
臂头动脉干
第二胸椎
气管
左锁骨下动脉
前腔静脉
胸腺
右肺前叶
肋胸膜
肺胸膜
胸膜腔
前纵隔
第三胸骨节
纵隔胸膜

第六章　前纵隔

概述

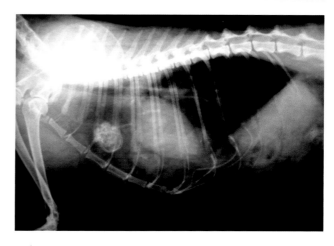

猫胸腺瘤

 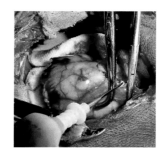

前纵隔肿瘤

 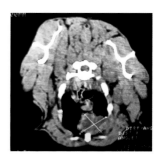

概　述

临床常见度	■			
技术难度	■	■	■	

　　纵隔里面的肿块通常是肿瘤，但也可能是脓肿、肉芽肿、食管异物、膈疝和膈破裂（图6-1）。

　　小动物临床最常见的纵隔肿瘤是胸腺淋巴瘤与胸腺瘤（图6-2），但其他肿瘤也必须考虑进去，如化学感受器瘤和其他异位肿瘤。

临床症状

　　临床症状通常取决于肿块对于邻近结构的侵袭与压迫程度，包括咳嗽、呼吸困难、吞咽困难、返流、喉头麻痹和霍纳氏综合征。

> 如果确诊为喉头麻痹，应拍摄胸片以排除纵隔肿块。

　　也可能有胸腔积液、气胸、乳糜胸或血胸和副肿瘤性症状，如巨食管症和高钙血症。

> 高钙血症提示淋巴肉瘤及巨食管症提示胸腺瘤。

诊断

　　诊断的依据是胸部放射学检查、超声心动图、胸腔积液分析和活检。

 活检应在超声引导下进行，因为有损坏重要血管结构的风险。

治疗

　　治疗是在开胸探查的基础上进行的，因为这些肿瘤通常很大，所以应施行胸骨切开术。切除非侵袭性肿瘤可能很简单，但分离时应小心，避免损伤肿块周围的神经和血管结构。

 不建议切除侵袭性肿瘤，因为经常影响到重要结构。

预后

　　预后取决于局部侵袭和肺部转移的程度；如果有副肿瘤性症状，预后会更为谨慎。

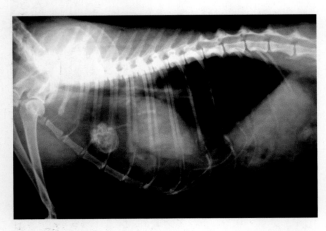

图6-1　此病患心脏前方观察到的肿块是一个木乃伊化胎儿，因膈肌破裂而移位于胸腔。

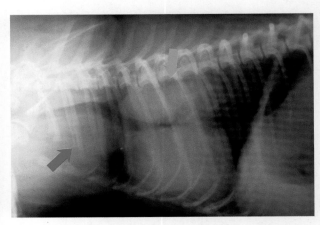

图6-2　淋巴瘤病患的X线片：前纵隔（蓝色箭头）和气管支气管的淋巴结（黄色箭头）都非常大。应考虑的其他多中心型肿瘤包括肥大细胞瘤和恶性纤维组织细胞瘤。

猫胸腺瘤

临床常见度	■			
技术难度	■	■	■	

胸腺瘤是罕见于猫的一种肿瘤，分为侵袭性或非侵袭性，在50%～60%的病例中，肿瘤为非侵袭性，肿瘤包膜良好。侵袭性肿瘤往往浸润邻近结构，如前腔静脉、胸壁和心包，难以切除。这些肿瘤起源于胸腺上皮，与成熟淋巴细胞有不同程度的联系，后者可能占优势，但上皮是恶性成分，淋巴成分比上皮成分更容易脱落。因此，很难区分胸腺瘤和前纵隔淋巴肉瘤。

此肿瘤出现于成年猫，公猫患病率是母猫的2.5倍。根据文献，胸腺瘤可能与副肿瘤性症状有关，如重症肌无力、高钙血症和再生障碍性贫血。

该病例是一只5岁已绝育的雌性短毛猫，表现呼吸困难、运动不耐受和体重下降的病史和临床症状；医师对其进行了胸片检查，结果显示前纵隔有肿块（图6-3、图6-4）。

麻醉前的血液检查结果完全正常。与大多数肿瘤一样，超声引导下的细针活检是术前检查的一部分；此项检查是否可行，取决于肿瘤位置。

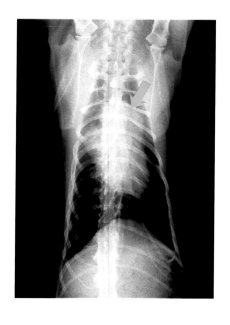

图6-4　背腹位X线片：可在前纵隔中观察到此团块。

> 当肿块靠近胸壁且远离大血管时，超声引导下的细针抽吸可能更安全。

细胞学检查提示该肿瘤与胸腺瘤相符。对于猫的前纵隔肿块，最常见的鉴别诊断是淋巴瘤。

术前

在麻醉诱导的同时，静脉注射预防性抗生素，以便切开时使组织间液达到良好的药物浓度。以人工或机械通气方式，采用常规麻醉方案。

> 在对这些病患进行麻醉监测期间，应特别注意控制术中和术后疼痛，以及因处理心脏区域可能发生的心律失常。

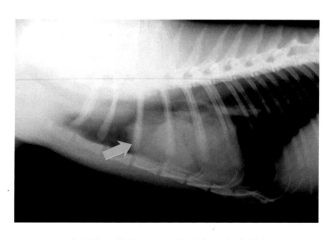

图6-3　右侧位X线片：显示肿块位于心脏前方。

手术技巧

　　手术开始于宽大的胸骨中线切口，接近胸腔并获得内部器官的良好术野（图6-5、图6-6）。

图6-5　胸腔已经打开，尽可能保留胸骨柄软骨的完整性，在最右边观察到肿瘤（箭头）。

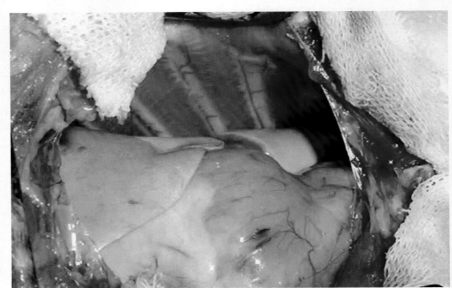

图6-6　在牵拉肺部之前，应给病患适当通气，以适应较长时间的肺塌陷。病患头在右边。

　　使用精细器械，通过钝性分离和锐性切割将肿瘤移除，采用单极或双极电凝法进行止血（图6-7、图6-8）。

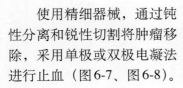
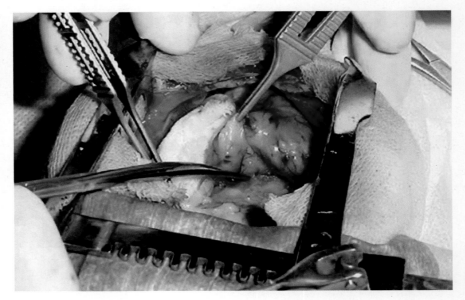

图6-7　使用精细器械将肿瘤切除（病患头部超出图像上部）。

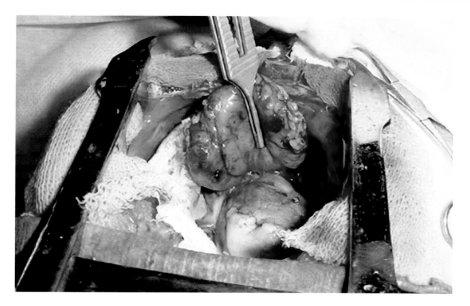

图6-8 肿瘤切除后面观：镊子尖端显示肿瘤包膜和心包粘连。

用手指钝性剥离肿瘤包膜结缔组织与心包的粘连，另用电刀切开（图6-9、图6-10）。

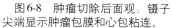

为了谨慎地剥离肿瘤，可以使用生理盐水浸湿的无菌拭子。

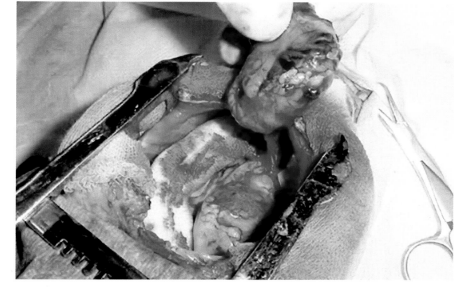

图6-9 剥离粘连将肿瘤游离出来（病患头部朝向右上角）。

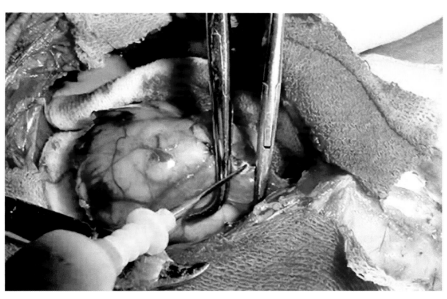

* 进行这种手术时（图6-10），可将一个木制压舌板放在肿瘤包膜结缔组织和心包之间，以阻止电流通过心脏组织。

图6-10 使用电刀灼烧结缔组织与心包之间的粘连（病患头部在右边）。

切除肿瘤后，检查该区域有无出血（图6-11），放置胸腔引流管，以标准方式关闭胸腔（图6-12）。将切除的肿瘤提交组织病理学进行确诊（图6-13）。

图6-11　肿瘤切除后的手术视野：关闭胸腔前应确认该区域已可靠止血（病患头部在右边）。

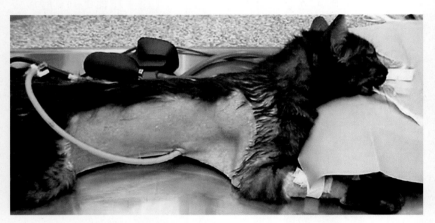

图6-12　手术后、拔管前和经胸腔引流管注入麻醉剂后，将病患立即转入康复笼。

图6-13　将切除的肿瘤提交组织病理学进行确诊。

不要采取过度通气将二氧化碳从肺中排出，这一点很重要，因为这会消除病患开始正常呼吸所需要的刺激。

术后病患被送入重症监护室进行恢复。术后监测的一个重要方面是进行胸腔抽吸，以预防呼吸系统并发症，而选择合适的伊丽莎白项圈也很重要。

术后

病患恢复良好，没有出现心脏或呼吸系统的任何变化。术后24h取出胸腔引流管。术前的抗生素治疗继续维持5d。伤口如期愈合，病患于两周后痊愈。

组织病理学确诊为胸腺瘤。术后肿瘤科和外科均对该病例进行了26个月随访，病患身体健康。

起源于胸腺的非侵袭性肿瘤比侵袭性肿瘤有更好的预后，因为通常不会出现局部浸润、复发或转移。一般来说，手术切除是可以治愈的，预后良好，中位生存时间为两年。

前纵隔肿瘤

临床常见度					
技术难度					

本病例为一只9岁的雌性拳狮犬，临床症状为休克和严重的呼吸困难，曾在教学医院（阿根廷布宜诺斯艾利斯大学兽医学院）急诊室就诊。

通过输液和供氧使病犬稳定下来后，对其进行了胸部X线片检查，结果显示胸腔中度积液。胸腔穿刺显示有血胸，紧急血液学检查显示血细胞比容22%，总蛋白40g/L。接着进行输血，几小时后，病患更加稳定并接受48h住院治疗。随着血液值改善，进行了一系列X线检查，结果显示胸腔积液已被吸收，但在胸腔内发现肿块（图6-14、图6-15）。

该犬被转送到外科，进行前纵隔肿瘤检查。病患身体状况良好，已完全从急性失代偿中恢复过来，可以安排择期手术。

临床病史显示，该犬两年前接受过乳房切除术，被诊断为乳腺瘤。

> 应该强调的是，任何胸部手术都需要了解胸腔的入路和关闭，以及特殊的麻醉管理。

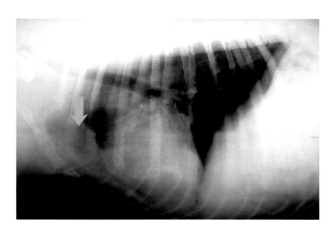

图6-14 侧位X线片：箭头标记前纵隔肿块。

胸腔入路因目标区域或器官不同而不同，对这个病例选择胸骨切开术，如此可使两侧半胸良好地显露。

计算机轴向断层成像（CAT）用于评估肿瘤的确切位置和局部延伸程度，并排除继发性并发症。CAT扫描证实，前纵隔有一个肿块，使右肺前叶朝后移位。病灶为轻微的不规则轮廓，大小42.6mm×39mm，其余肺野和心血管轮廓均未出现异常（图6-16）。血液检测值在正常范围内。术前心脏评估排除了增加的风险。

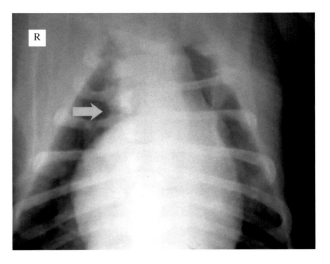

图6-15 腹背位X线片：箭头所示前纵隔增厚。

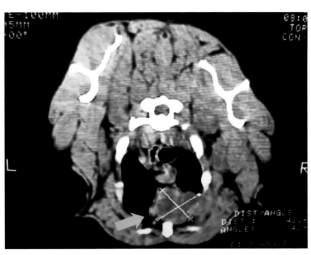

图6-16 CT扫描显示前纵隔肿块。

向宠物主人解释清楚了，需要采用胸骨切开术进行完整的胸腔探查。鉴别诊断包括胸骨腺病，以及较小程度的胸腺瘤、淋巴瘤或异位甲状腺癌。

术前

在手术过程中，需要手动或机械控制通气。

为施行胸骨切开术对病犬进行准备，从颈部末端到腹部前端进行大范围剃毛。术前用药包括阿片类药物。麻醉使用异丙酚诱导、异氟烷和芬太尼维持。

手术技巧

按胸骨全长切开皮肤，分离皮下组织，将胸肌与胸骨分离（图6-17），使用电灼止血。

术中出血会干扰手术视野，因此良好的止血是防止术中出血的关键。

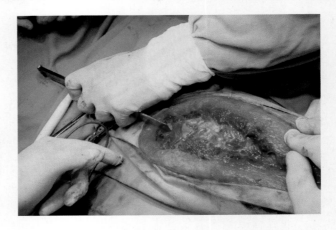

图6-18 从胸骨前端开始，用骨锤和骨凿切开胸骨。

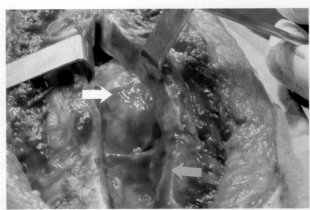

图6-19 该图显示纵隔肿块（白色箭头），在其前方可见胸廓内动脉起始处的拱起（黄色箭头）。

决定在前端行胸骨切开，使用骨锤和骨凿，缓慢仔细地移动；同时观察胸部，因为肿块位于第一个胸骨节上（图6-18）。如此小心地打开入路，可以避免损伤肿块。一旦打开胸腔，识别肿块周围的血管结构和胸骨上的肿块（图6-19）。在切口边缘放置第二套创巾，然后放置Finochieto肋骨自行牵开器（图6-20）。在诱发一定程度的肺塌陷之前，麻醉师对肺部进行两次通气，会有助于改善手术视野，并有助于分离肿块，而不会对肺、心脏或大血管造成太大的风险。

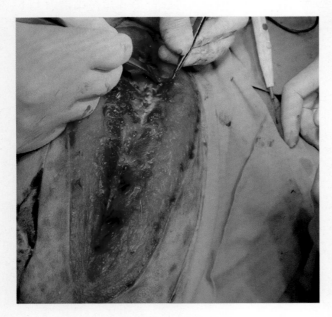

图6-17 使用骨膜剥离器分离胸肌。

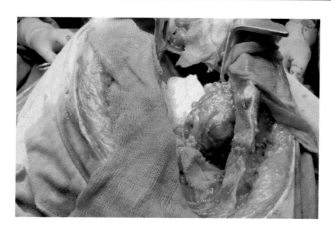

图 6-20 肿块左侧被钝性剥离，随后在右侧结扎胸廓内动脉。

切除肿瘤始于钝性剥离，分离胸骨左侧的较小粘连。在头侧分离、结扎并切断为肿瘤直接供血的胸廓内动脉分支，从头侧到尾端剥离直至将肿瘤完全切除（图 6-20、图 6-21）。

在主手术完成后和关闭胸腔前，确定胸腔引流管的正确位置（图 6-22）。

闭合胸骨切口（图 6-23），用 3/0 单丝尼龙线对肌肉行简单间断缝合，对皮下组织采用相同材料行连续缝合，最后，用同样的 3/0 尼龙线进行皮下连续缝合和皮肤的简单间断缝合。

术后

将病犬送入 ICU 进行精心监护，在胸膜腔内注入布比卡因，持续 24h 滴注止痛药，48h 后取出胸腔引流管。病犬回家后使用曲马多 3d，氨苄西林 7d。

两周后，愈合良好，外科治疗结束，该犬没有出现任何心血管或呼吸的问题。

组织病理学显示为中级别癌，该犬被转移到肿瘤科，接受卡铂辅助化疗。

该手术是 2009 年 8 月完成的，撰写该病例时为一年后，病犬依然身体健康，生活质量极好。

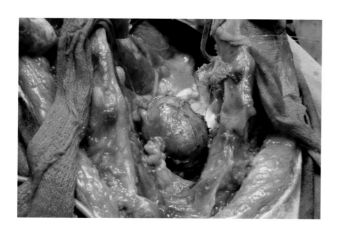

图 6-21 剥离肿块使其与胸腔粘连分离。

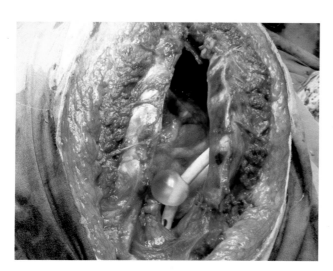

图 6-22 放置胸腔引流管。

图 6-23 闭合胸骨切口。

气管与邻近结构腹侧观

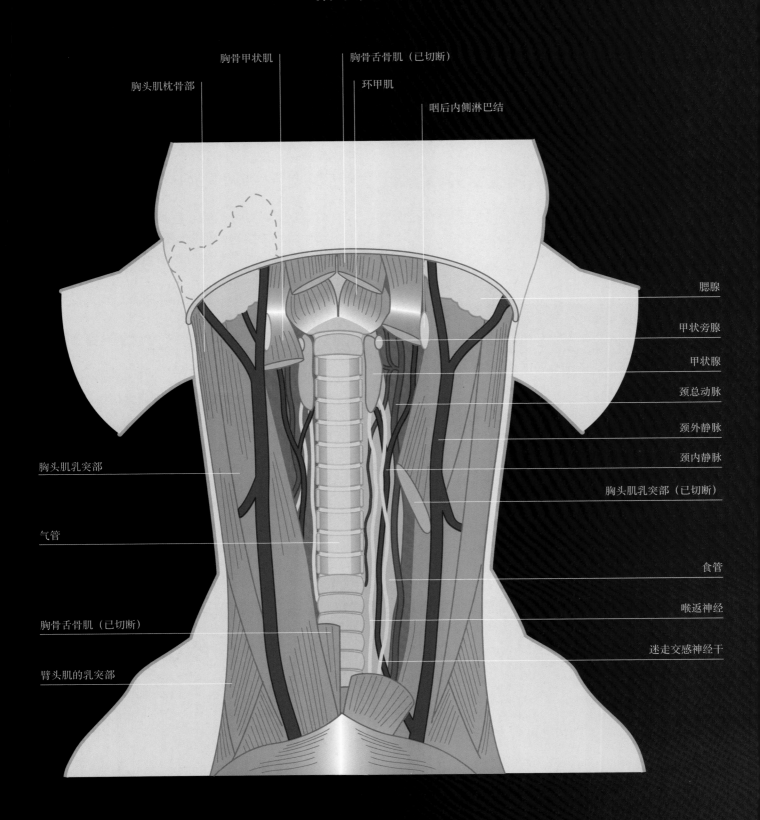

胸头肌枕骨部

胸骨甲状肌

胸骨舌骨肌（已切断）

环甲肌

咽后内侧淋巴结

腮腺

甲状旁腺

甲状腺

颈总动脉

颈外静脉

颈内静脉

胸头肌乳突部（已切断）

胸头肌乳突部

气管

食管

喉返神经

迷走交感神经干

胸骨舌骨肌（已切断）

臂头肌的乳突部

气管与喉部动静脉之间的关系

腹面观

右侧　　　　　　左侧

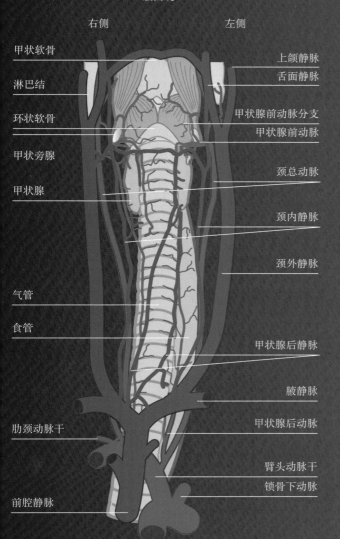

甲状软骨　　　　　　　上颌静脉
淋巴结　　　　　　　　舌面静脉
环状软骨　　　　　　　甲状腺前动脉分支
　　　　　　　　　　　甲状腺前动脉
甲状旁腺
甲状腺　　　　　　　　颈总动脉
　　　　　　　　　　　颈内静脉

　　　　　　　　　　　颈外静脉

气管
食管
　　　　　　　　　　　甲状腺后静脉

　　　　　　　　　　　腋静脉
肋颈动脉干　　　　　　甲状腺后动脉

　　　　　　　　　　　臂头动脉干
　　　　　　　　　　　锁骨下动脉
前腔静脉

犬气管横切面

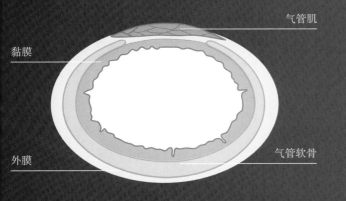

　　　　　　　　　　　气管肌
黏膜

外膜　　　　　　　　　气管软骨

第七章　气　　管

概述

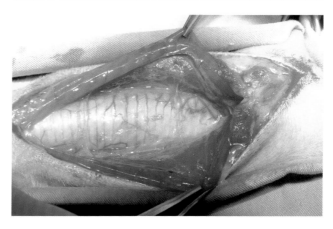

气管塌陷

 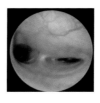 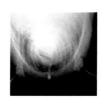

气管塌陷-颈部气管腔外成形术

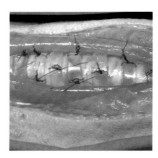 

气管塌陷-气管腔内成形术

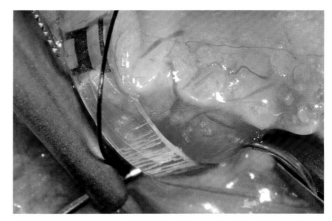

概　述

气管是连接喉部和支气管的半刚性管状结构，由35～45个C形透明软骨维持，软骨之间由弹性环状韧带连接，背侧由气管背膜（气管肌）连接（图7-1），其节段性血供由甲状腺前、后动脉的小分支提供（图7-2）。

副交感神经（喉返神经和迷走神经）引起气管腺的肌肉收缩和分泌，交感神经（颈中神经节和交感干）抑制肌肉收缩和分泌。

气管黏膜由假复层柱状纤毛上皮细胞和杯状细胞组成，负责黏液的产生及黏液和被吸入颗粒向咽部的输送。

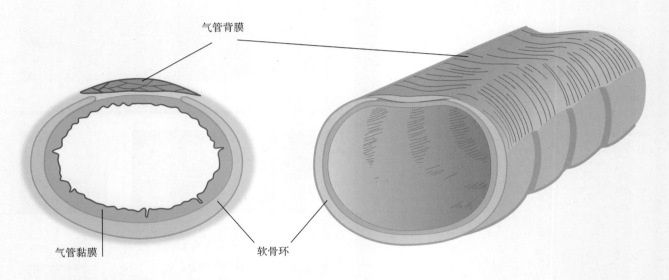

气管背膜

气管黏膜

软骨环

图7-1　气管的正常结构：注意软骨环和气管背膜。

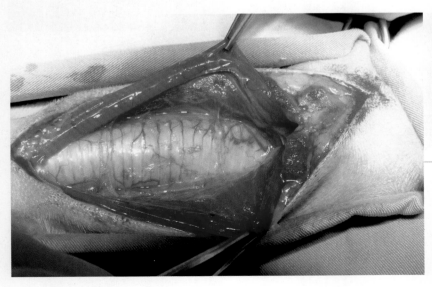

图7-2　气管术中图片显示，其血供由平行于气管环的动脉血管分支提供。

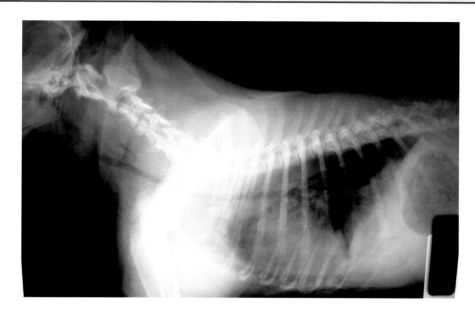

气管黏膜的病变导致黏液分泌增加。

气管病变的诊断以影像学为基础（图7-3、图7-4），并结合内窥镜检查（图7-5、图7-6）。

图7-3　气管发育不全的英国斗牛犬侧位X线片。

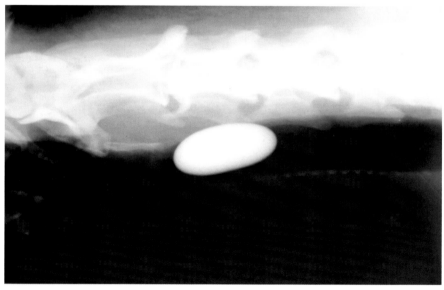

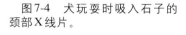 气管黏膜持续损伤可引起上皮细胞改变和鳞状上皮化生，导致管腔狭窄。

图7-4　犬玩耍时吸入石子的颈部X线片。

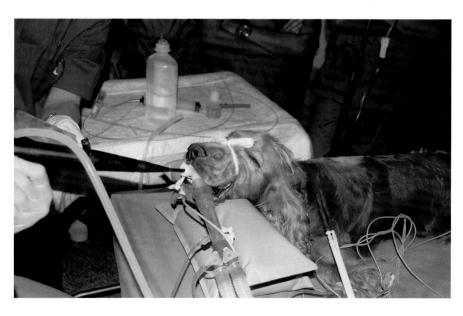

图7-5　对怀疑吸入异物的患犬，通过气管内插管进行气管镜检查。

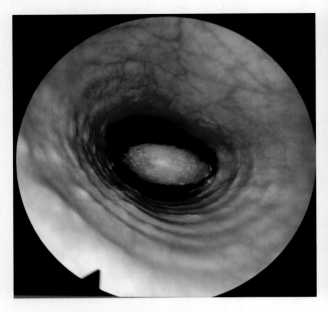

图7-6　病患吸入主人抛掷的光滑圆形石子的内窥镜影像，此石可通过内窥镜取出，无须实施气管切开术。

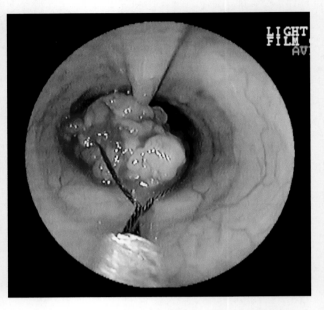

图7-7　显示一个导致猫气管管腔几乎完全闭塞的肿块，患猫表现明显的呼吸困难（图片由Simone Monti提供）。

气管手术的适应证：

■ 气管塌陷。

■ 创伤。

■ 气管节段性狭窄。

■ 气管内有阻塞性肿块（图7-7）。

■ 呼吸道广泛性阻塞。

除上述手术适应证以外，手术中心的每位工作人员都应具备如何实施气管切开的实用知识，以便能安全地治疗有上呼吸道问题的病患，特别在紧急情况下（图7-8、图7-9）。

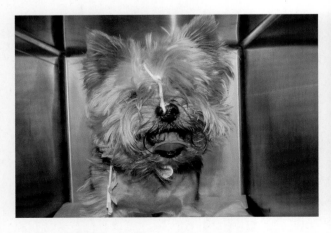

图7-8　病患喉头水肿引起严重的呼吸困难，最初采取临时气管切开术处理。

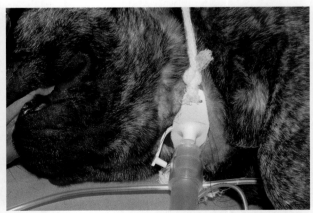

图7-9　临床兽医师应当熟悉气管造口的插管位置，以便病患出现上呼吸道问题时能熟练操作。

气管塌陷

气管塌陷是气管阻塞的一种类型，继发于维持管状结构的软骨弱化，可阻碍空气流入肺部。

由于气管的特发性退行性变化，气管软骨失去硬度，在呼吸时不能保持其形状。塌陷通常发生于气管的背腹水平面（图7-10）。

> 如果颈部气管受到塌陷的影响，吸气时症状加重，而胸部气管的塌陷会导致呼气时情况恶化。

这种疾病主要发生在小型犬和玩具犬，特别是5～9岁的约克夏㹴。

气管塌陷的动物常出现呼吸窘迫，其特征是类似于"雁鸣"的慢性剧烈咳嗽或干咳、呼吸困难、发绀甚至昏厥。从咳嗽、呼吸困难和胸内压升高到气管黏膜的进一步损害是一个恶性循环，慢性上皮损伤会引起上皮细胞炎症和脱落，黏液的分泌和纤毛的清除能力会降低，导致分泌物堆积，从而加重咳嗽和气管塌陷。一旦形成恶性循环，病患的病情就会逐渐恶化。

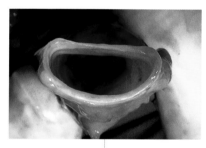

图7-10 气管塌陷时，纤维软骨代替透明软骨；气管环失去刚性，背侧变得扁平。

临床症状

临床症状甚至可能出现于幼犬，并随着年龄增长而恶化：

- 呼吸出现喘鸣音。
- 有典型"雁鸣"声的周期性咳嗽。
- 呼吸困难。
- 运动不耐受。
- 昏厥。

应当考虑的临床细节：

- 30%的病患也出现喉麻痹或塌陷。
- 近50%的病患有支气管塌陷的迹象。
- 通常整个气管都受到影响，但在大多数情况下，有一个特定部位受影响最严重。

表7-1列出了气管塌陷的4个等级。

表7-1 气管塌陷的分级与各自的解剖功能改变			
分级	气管直径缩小程度	软骨形状	气管肌
1级	25%	实际保持C形	轻微突入气管腔
2级	50%	开始变宽的U形	伸展和下垂
3级	57%	非常开放的U形	非常伸展和松弛
4级	>80%	完全变平	与气管环腹侧接触

诊断

　　如果症状提示气管塌陷，应做进一步检查以确诊该病。影像学诊断包括X线摄影（在吸气和呼气期间）、透视、超声检查、CT扫描或气管支气管镜检查（图7-11、图7-12）。

　　支气管镜检查和透视检查被认为是诊断气管塌陷最有用的检查，然而，并非所有的兽医中心都具有这些设备。

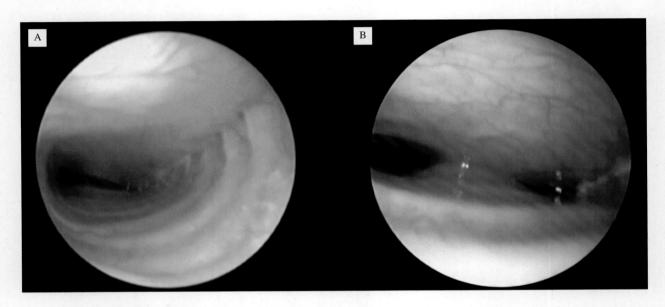

图7-11　使用内窥镜检查气管软化引起气管塌陷的病患：A. Ⅱ～Ⅲ级；B. Ⅳ级。

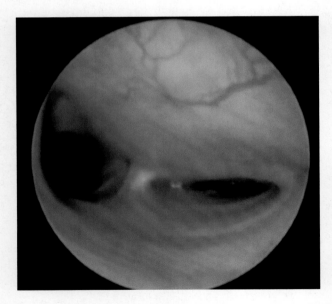

图7-12　该病例的左支气管软骨也受到影响（犬为胸卧位）。

　　常规的X线设备对大多数兽医来讲负担得起，如果使用正确，可能是一个很好的诊断工具。X线片应当在动物吸气和呼气时拍摄，以观察颈部和胸部的变化（图7-13）。为了评估气管的塌陷程度，也可以作后颈部的轴位投照（图7-14、图7-15）。

＊　侧位片可能由于定位不良或技术不佳，或颈部肌肉（或食管）和气管发生重叠，而导致假阳性或假阴性结果。

　　应当保持病患头部和颈部伸直，不要过度拉伸（气管狭窄的假象）或弯曲（气管背面弯曲）。

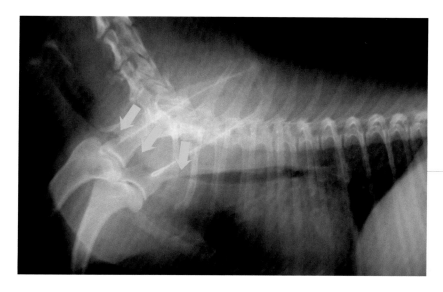

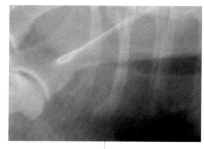

图7-13　X线片显示主要影响后颈部的气管塌陷。

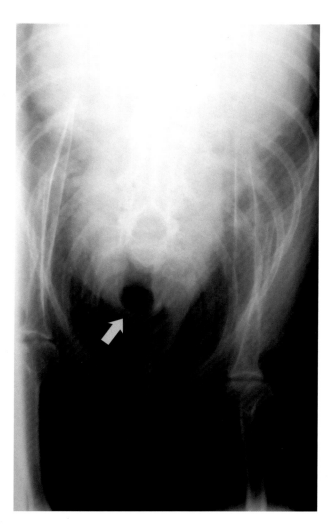

图7-14　行轴向投照时，可以评估后颈部气管的直径，箭头所示为正常气管。

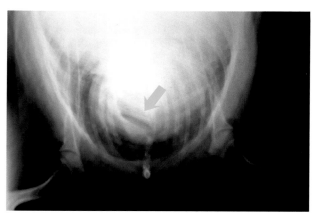

图7-15　在病患吸气时拍摄的X线片，显示后颈段气管塌陷；与图7-14比较，气管严重变形（箭头所示）。

> 由于并发的心脏变化，这些病患的胸片也可能显示心脏肥大；应进行心电图检查，以发现可能出现的窦性心律失常、肺心病或左心室扩张。

超声检查是另一种有用的诊断方法，但由于腔内有空气，难以解释；因此，应该由专家进行检查。

气管塌陷的鉴别诊断应包括扁桃体炎、喉麻痹、鼻孔或气管狭窄、喉囊外翻、软腭过长、原发性或异物性支气管炎和气管炎、慢性失代偿的二尖瓣闭锁不全等疾病。

治疗方法

这些病患可以选择药物治疗，主要目的为阻断恶性循环，防止疾病恶化。对药物治疗没有反应和严重塌陷的病患，需要手术治疗。

> 对于Ⅰ级或Ⅱ级塌陷的病患，使用药物治疗可以得到控制；高于Ⅱ级、Ⅲ级和Ⅳ级的病患，需要手术治疗。

药物治疗

首先，所有能被纠正的外部因素都应纠正，如避免接触有害气体、烟雾或灰尘等刺激性因素，给动物饲喂高纤维、低脂肪的食物，以保持该品种的标准体重，并减少体力活动。同时，也应当治疗并发疾病，如支气管炎或心力衰竭。

> 药物治疗目的是降低继发性临床症状的强度和频率，但须记住这是一种进行性疾病。

Ⅰ级或Ⅱ级病患的药物治疗方法：
- 镇咳药
  - 布托啡诺（每8～12h，0.5～1mg/kg，PO）。因其有镇静作用，所以每个病例的用量需要调整，在没有过多镇静的情况下达到镇咳效果。
  - 可待因（每6～8h，2～5mg/kg，PO）。
- 支气管扩张剂
  - 氨茶碱（犬：每8h，10mg/kg，PO，IM；猫：每12h，5mg/kg，PO）。
  - 茶碱（犬：每6～8h，9mg/kg，PO；猫：每8～12h，4mg/kg，PO）。
  - 特布他林（每只动物：每8～12h，1.25～2.5mg，PO）。
- 皮质醇：可能产生副作用，易诱发呼吸道感染，可用于机械性外伤引起急性气管炎时的咳嗽症状。
  - 地塞米松（每12h，0.2mg/kg，IM，SC）。
  - 强的松（每12～24h，0.25～1mg/kg，PO）。

- 镇静剂（用于紧张和压力大的病患）。
  - 乙酰丙嗪（每8～24h，0.05～2mg/kg，PO，IM或SC）。
  - 安定（每12h，0.2mg/kg，PO）。
- 抗生素（如有相关感染）。
  - 氨苄西林钠（每8h，22mg/kg，PO，IM或SC）。
  - 头孢唑林（每8h，20mg/kg，IM）。
  - 恩诺沙星（每8h，5～10mg/kg，PO，IM或SC）。
  - 克林霉素（每12h，11mg/kg，PO，IM）。
- 重度呼吸困难病患的氧气治疗，前提是不会造成进一步的呼吸窘迫。

一项对100例气管塌陷病患的研究显示，在这些病例中使用复方苯乙哌啶片（盐酸苯乙哌啶和硫酸阿托品），71%的病患效果良好，虽然作用机制尚不清晰，但也是一个可以考虑的选择。

> 兽医应建议用胸背带替代项圈，减轻肥胖病患的体重并限制运动；应尽可能远离刺激性产品、烟雾和过敏原。
>
> 从长远来看，药物治疗的结果通常不是很好，因为软骨会持续退化。

手术治疗

技术难度 ▮▮▮□□

气管腔体积缩小50%或更多，以及对药物治疗无明显反应的病患，需要手术治疗。

有很多外科技术可以解决这个问题。如果软骨仍然有足够的硬度维持这个形状，矫正性软骨切开术可以将椭圆腔转变为锥体形状，而大多数病患的软骨非常松弛。对小型病患，可使用褥式缝合进行背膜重叠以改善气管形态，但会缩小气管直径。1976年首次使用外部环形假体，即使用小型注射器。最近，也有在气管腔内使用金属支架维持其直径的报道。

> 因为软骨变性会随着时间推移而发展，药物治疗很少能取得良好的长期效果。

手术治疗是以支持软骨和气管肌为基础，分别采用常规或微创手术方式放置腔外（图7-16）或腔内假体（图7-17），且不改变黏液纤毛的清除功能。

随访

应当告知主人，他们的宠物患有一种渐进性疾病，症状可能会变得更加严重。手术获得改善的持续时间因病例不同而不同，重要的是制订定期检查计划，消除加重和加速气管塌陷进程的危险因素和并发性损害。

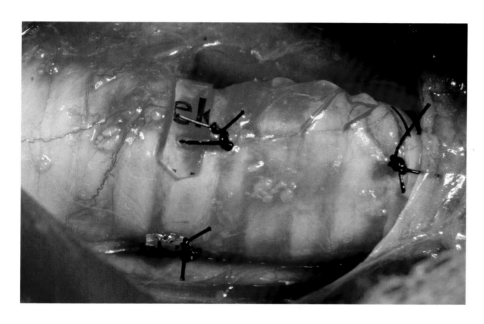

图7-16 维持气管管状的腔外假体。

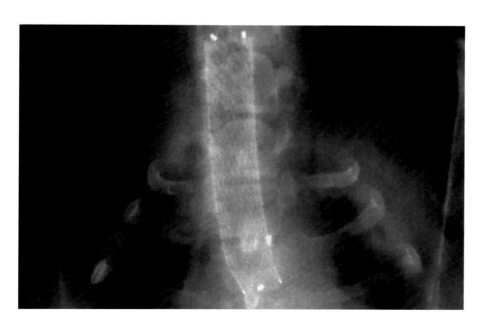

图7-17 放置于前胸部治疗气管塌陷的支架。

气管塌陷-颈部气管腔外成形术

技术难度 ■■■□□

颈部气管腔外成形术的目的是为软骨和气管肌提供支撑，而不影响气管节段的神经支配和血液供应。

术前

假体准备

用于气管成形术的环状假体是用2mL或5mL的注射器制成的。用手术刀或剪刀将注射器切成大约5mm宽的节段，然后将每段纵向切开，以便能放置在气管周围。用手术刀和小锉刀把所有边缘和锋利的边界处理光滑（图7-18、图7-19），避免损伤组织。然后，将此环形假体清洗干净，放入一个高压灭菌袋中进行灭菌（避免化学灭菌）。

病患准备

建议在麻醉诱导期间使用预防性抗生素，如静脉注射头孢唑林（20mg/kg），术后每8h重复使用一次。糖皮质激素用于减轻因缝合假体引起的气管黏膜炎症。病患在进行麻醉和气管插管前，应预先给氧。

图7-18　制造气管假体所需的材料。

图7-19　显示环状假体的准备步骤；在磨圆假体的锐利边缘后，将其清洗并高压灭菌。

手术治疗

重要的解剖信息：
- 气管的血液供应和神经支配为节段性，起源于气管两侧的血管和神经。
- 左喉返神经位于颈侧突上，非常靠近气管。
- 右喉返神经常位于颈动脉鞘内。

病患仰卧位，使颈部枕在一个圆筒（如卷起的毛巾）上充分伸展，以方便对气管进行操作（图7-20）。

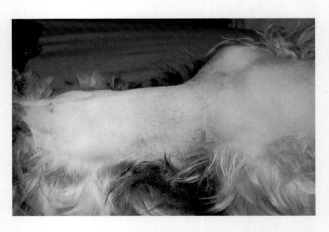

图7-20　术野的准备：动物置于仰卧位，颈部充分伸展（颈下毛巾卷使气管保持正确体位）。

切开从喉到胸骨柄的皮肤和皮下组织，接着沿中线分离胸骨舌骨肌和胸头肌，以显露气管（图7-21）。

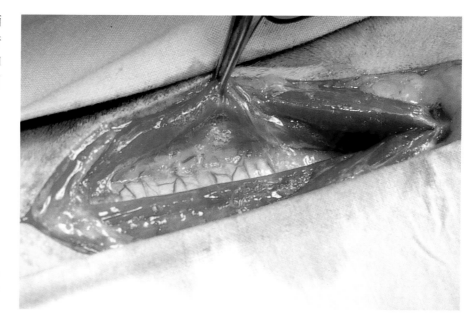

图7-21 为接近气管，切开皮肤后，沿中线分离胸骨舌骨肌和胸头肌。

在分离气管时应特别小心，保护血管和支配血管的神经。图7-22后颈部气管解剖图。

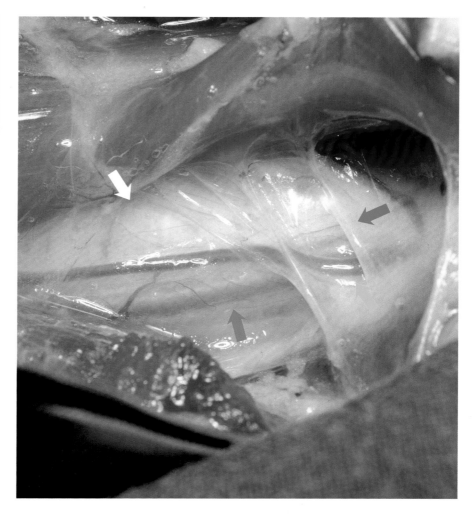

图7-22 后颈部气管解剖：气管（白色箭头）、颈动脉（绿色箭头）、颈内静脉（黄色箭头）、迷走神经干（蓝色箭头）。

为降低对左喉返神经的损伤风险，分离主要在气管右侧进行，减少对另一侧的操作（图7-23）；采取小节段分离，以保持气管的血液供应（图7-24）。

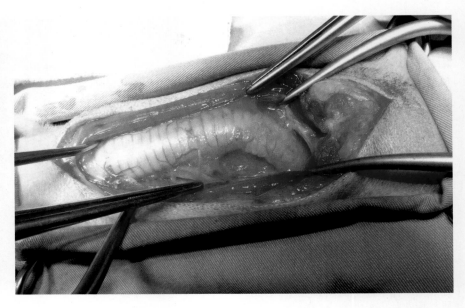

图7-23　为深入到气管背面，分离主要在右侧进行，以避免损伤左喉返神经。

对右侧的分离为节段性分离，以避免损伤这个区域的血供；同时允许转动气管，以便在该区域放置假体缝线时能看到背侧。

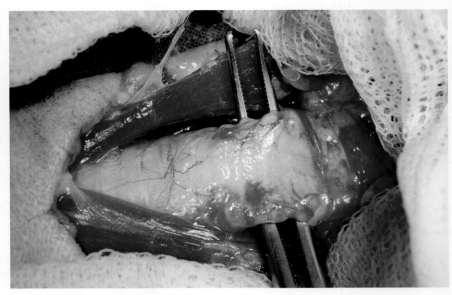

图7-24　分离气管应小节段进行，以减少对其血供的损害。

 分离时应仔细、准确，以免损伤喉返神经，导致医源性喉麻痹。

气管肌肉应缝合到假体上，以防止其阻塞气管管腔。

在左侧，创建一个环绕气管的隧道，用分离钳（弯钳）或弯曲的长动脉钳将假体引导至气管周围（图7-25、图7-26）。接着，使用合成的单丝不可吸收缝线，做几个简单缝合将假体固定到气管上。通过部分旋转气管以接近其背侧，将缝线均匀地分布于气管周围（图7-26至图7-29）。

手术医生应当确保，气管内插管不会被缝在每个假体环的缝合线内。

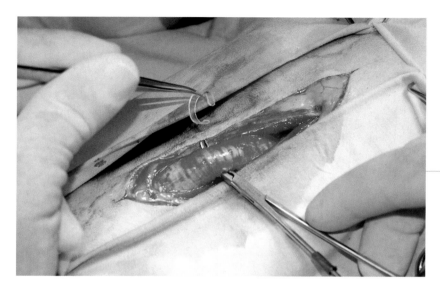

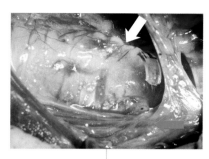

图 7-25 用长动脉钳引导假体绕到气管周围，注意不得损伤气管周围结构（蓝色箭头）。在特写镜头中可以看到，当假体被引入时，气管环很松弛以至于能被翻转（白色箭头）。

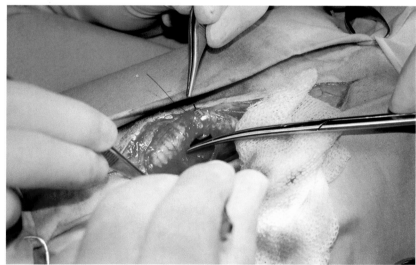

图 7-26 把假体缝合在气管环的腹侧，其余缝合线均匀分布在气管周围。在这幅图中，分离有所延伸以便观察气管侧面和背面。

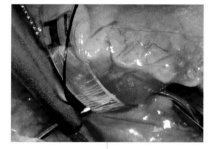

图 7-27 通过牵引侧面缝合线，将部分气管旋转以接近背侧，将气管肌肉固定在假体上。应当识别邻近气管的结构：迷走神经干（蓝色箭头）、颈总动脉（绿色箭头）、颈内静脉（黄色箭头）。

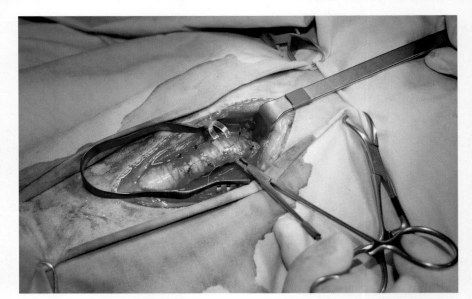

图7-28 假体环以10～15mm的间隔沿病变气管段分布，帮助气管恢复正常形状。

在胸腔入口放置一个或两个假体环，可以通过一个已缝合到位的假体环向前拉气管。

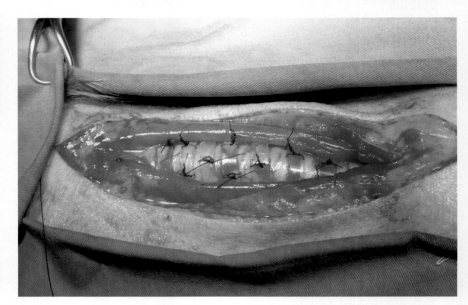

图7-29 在颈部气管放置假体环后的外观。

一种替代使用单个假体环的方法是螺旋形假体（图7-30）。根据作者的经验，这项技术难度很大，会引起较多的气管缺血和其他并发症，因此不推荐使用。

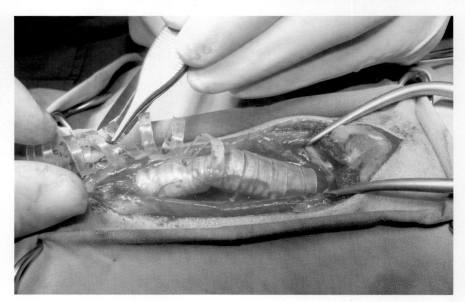

图7-30 螺旋形气管假体的放置：这项技术需要处理更多的气管和周围组织，增加了术后并发症的风险。

最后，用无菌生理盐水冲洗手术区域，使用简单缝合法将已分离的肌肉按层次对合，并按外科医生的习惯对皮下组织和皮肤进行缝合（图7-31、图7-32）。

> 手术能否成功取决于外科医生的经验和技术。

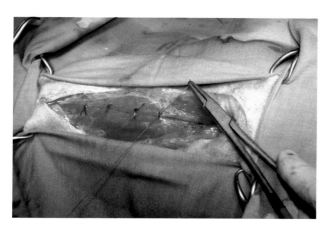

图7-31　使用合成的可吸收材料缝合胸骨舌骨肌和胸头肌。

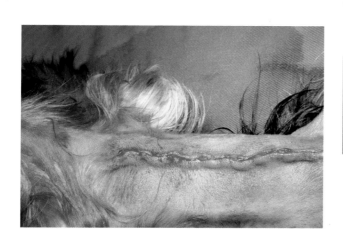

图7-32　采用外科医生选择的缝合方法对合皮下组织和皮肤。

术后

■ 为了促进康复，应当通过鼻插管供氧并给予皮质激素。

■ 应不断监测这些病患的康复情况，以便发现可能出现的呼吸道并发症。

■ 每个病例的术前用药（镇咳药、支气管扩张剂、抗生素）应根据需要维持。

由于术后气管周围炎症和气管黏膜缝线引起的刺激，几周后临床症状可能没有明显改善。

> 对于大多数病例，即使临床症状没有完全消失，病患的生活质量也能改善。

这个手术能够促进临床症状的长期改善：84%的病患咳嗽减轻，80%的病患呼吸困难减轻，55%的病患运动水平改善，60%的病患呼吸道感染减少。

气管成形术可能的并发症

■ 假体因气管内细菌侵入而感染。

■ 气管因侧面被过度分离而坏死。

■ 因喉返神经损伤而导致喉麻痹。

外科医生应采取一切可能的预防措施，以避免这些并发症。

> 气管塌陷病患的预后与气管病变的严重程度、肥胖及伴随疾病等的危险因素直接相关。在6岁以下病患中，塌陷通常更为严重，但手术的预后更好。

气管塌陷—气管腔内成形术

技术难度 ■■■□□

如果气管塌陷的患犬对药物治疗没有反应，就需要手术治疗（图7-33）。许多外科技术已被应用，如气管环软骨切开、背膜折叠、切除和吻合、腔外假体，后者是最常用的技术，因为能为气管提供支撑而不干扰其生理功能。但这些治疗仅限于某些部位，因为只能用于颈部气管塌陷的病例，同时也可能引起严重的并发症，如气管坏死、感染或喉麻痹。

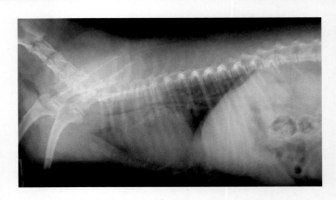

图7-33　气管塌陷的主要部位在胸部，药物治疗效果不佳，对这些病例应考虑气管腔内成形术。

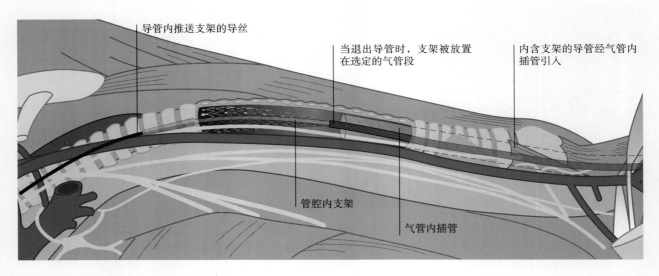

导管内推送支架的导丝

当退出导管时，支架被放置在选定的气管段

内含支架的导管经气管内插管引入

管腔内支架

气管内插管

图7-34　气管内放置的自扩张式金属支架（1）。

在为每个病例选择治疗方法时，应考虑塌陷的位置、程度、长度和直径。

与传统的外科治疗方法相比，植入自扩张式金属支架治疗气管塌陷，具有一定的优势（图7-34、图7-35）。

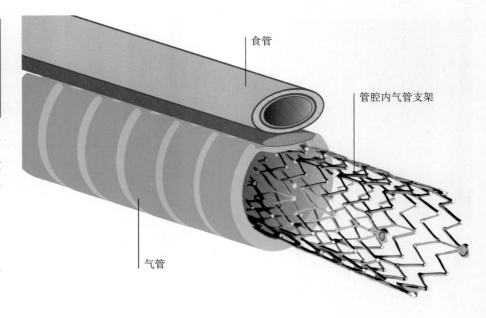

食管

管腔内气管支架

气管

图7-35　气管内放置的自扩张式金属支架（2）。

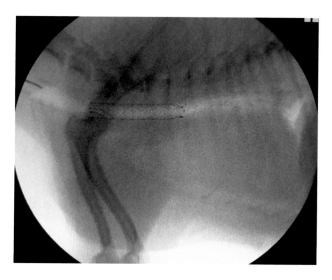

图 7-36 自扩张式镍钛合金支架主要用于前胸部的气管塌陷。

这是一种快速的微创手术，可以消除操作气管外壁引起手术并发症的风险，以改善病情，缩短康复时间（图7-36）。

腔内假体（支架）的放置

在影像引导下，通过可透视的微创手术，使进入气管腔和放置腔内支架成为可能，同时也将损伤减小到最低。

> 通过微创手术放置气管内假体是一种快速的方法，避免了对气管周围组织的分离及常规手术的并发症。

这个手术方法主要适用于广泛的胸内气管塌陷病患或那些不适合常规手术的病患。

金属支架有两种类型：

- 直径固定的支架，需要扩张气囊。
- 具有预定直径的自扩张式支架，能很好地适应不同直径的气管，有包装或裸露两种（图7-37）。

> 在透视设备的引导下，放置自扩张式支架简单而快速。可扩张球囊支架更容易移位。

理想的支架特点
易于释放和安置
足够的径向力保持气管开放且避免移动
高弹性以避免材料疲劳
良好的纵向柔韧性
良好的生物相容性，以避免肉芽组织形成或感染，并维持黏液纤毛的清除功能

在气管支气管树中使用自扩张式金属支架的主要缺点是：在气管内引起异物反应和由于上皮细胞变化而导致的分泌物积聚。也有可能出现其他并发症，如肺炎、慢性咳嗽、上皮细胞侵蚀、支架移位或破裂、气管上皮反应性增生引起再狭窄。

文献描述了不同类型支架的使用情况，特别是不锈钢和镍钛合金两种。

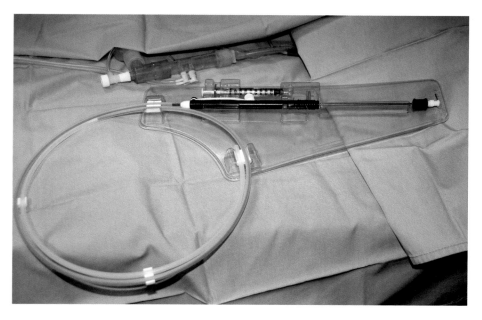

图 7-37 准备经气管内插管导入镍钛合金支架。

外科技术

这项技术的关键因素是确定所用支架的正确直径和长度，通过在食管内引入标记导管测量直径（图7-38），对意识清醒的病患进行X线透视，预先确定病变长度。如果无法操作，应进行支气管镜检查，以测量开始塌陷到结束部位之间的距离。

测量时麻醉师应保持动物处在吸气状态，为了避免肺损伤，吸气时的水压不应超过20cm。需要注意的是，颈部气管的直径比胸部气管宽。

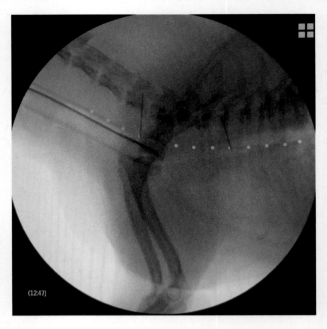

> 支架直径要大于塌陷两端所测最大直径的10%，长度也应超出塌陷长度1cm。

在透视控制下，将支架输送系统导入到正确位置并释放出假体。

图7-38 为了确定支架的大小和长度，应当对正常气管和塌陷部位进行测量，具体是在食管内放入一根标记导管，上面有1cm间隔的不透射线的标记。

为了将支架导管导入气管内插管，如图7-39所示，应使用T形连接头。

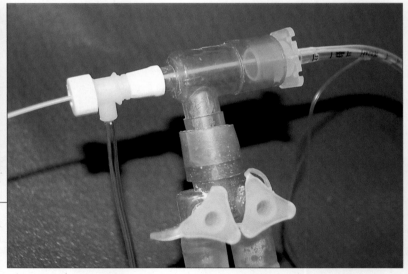

图7-39 使用T形连接头将支架导管导入气管内插管。

术后

术后可能出现以下并发症：

■ 短期内
- 咳嗽。
- 气管出血。
- 气管穿孔，纵隔气肿。

■ 长远看
- 形成过多肉芽组织。
- 假体缩短。
- 支架破裂。
- 进行性气管塌陷。

作者研究了气管壁对两种支架（不锈钢和镍钛合金）的反应，结果如图7-40至图7-47所示。

根据作者的经验，气管壁对不锈钢自扩张式金属支架的组织反应比镍钛合金自扩张式金属支架的组织反应更为显著。因此，对那些在影像引导下进行微创手术的病患，推荐使用镍钛合金自扩张式金属支架。

气管对自扩张式支架反应的研究		
	不锈钢支架	镍钛合金支架
术后90d的计算机断层扫描影像	图7-40　环状过度生长，占据部分气管管腔。	图7-41　气管管腔清晰（1）。
	图7-42　支架近端过度生长。	图7-43　气管管腔清晰（2）。
术后90d的气管内窥镜检查影像	图7-44　分泌物滞留和支架末端环状增厚。	图7-45　完整均匀的上皮再生。
术后90d的组织病理学图片	图7-46　气管壁增厚和内陷形成。	图7-47　外观与正常气管相似。

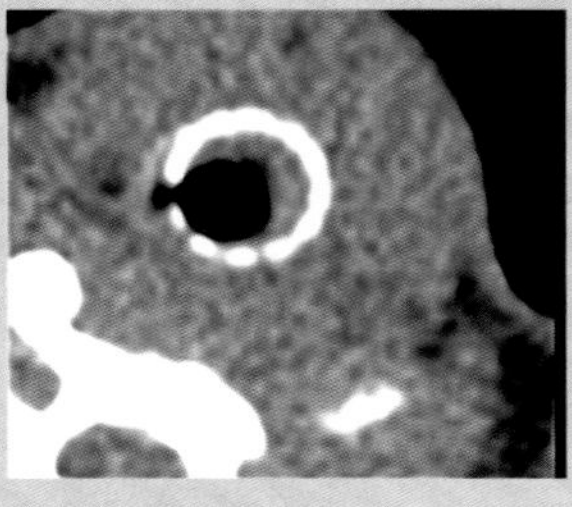

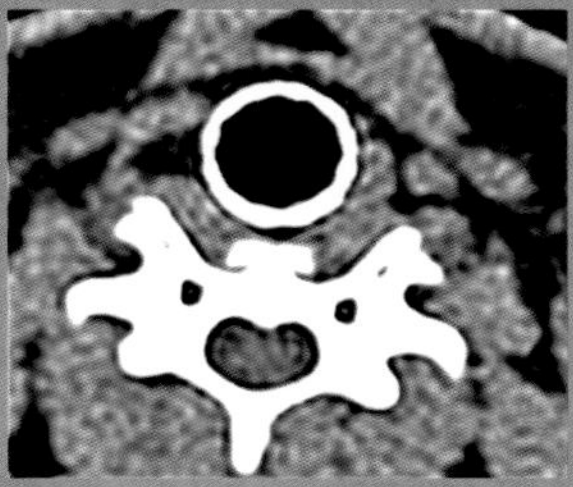

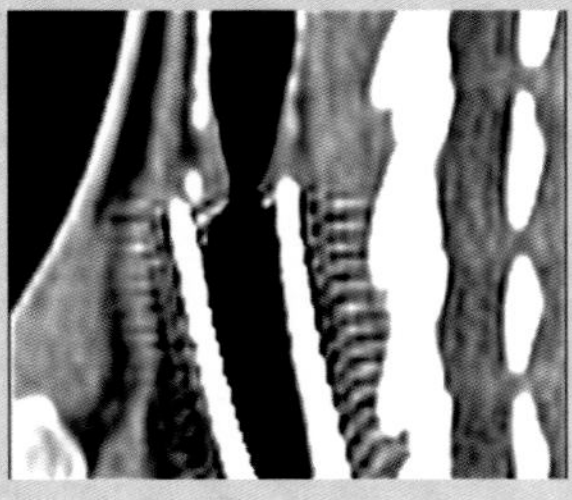

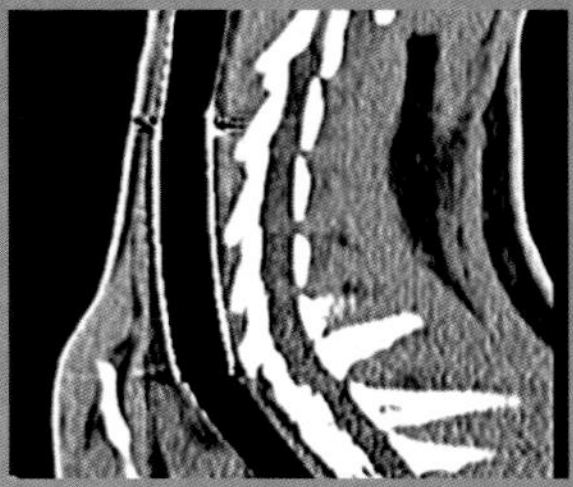

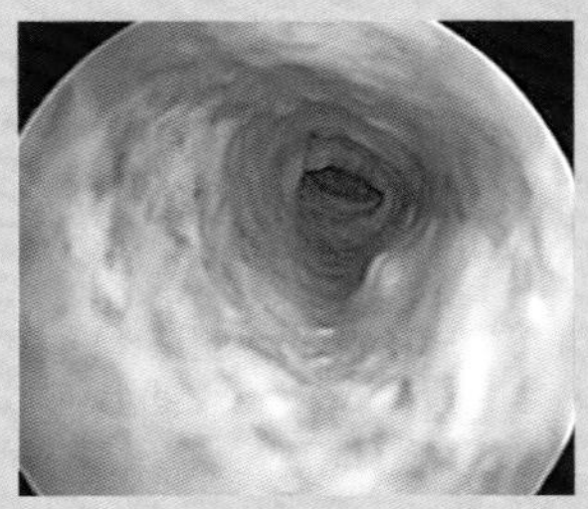

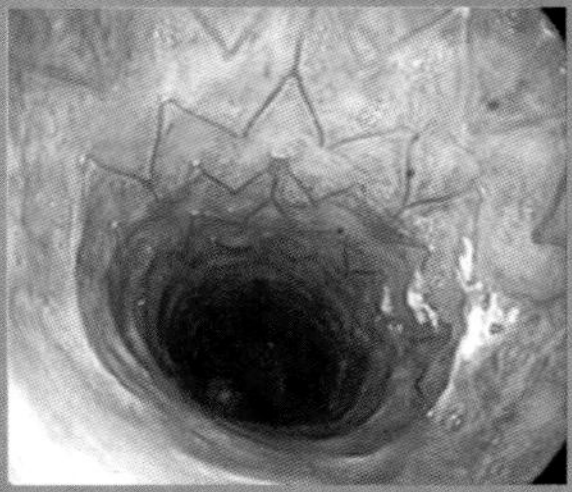

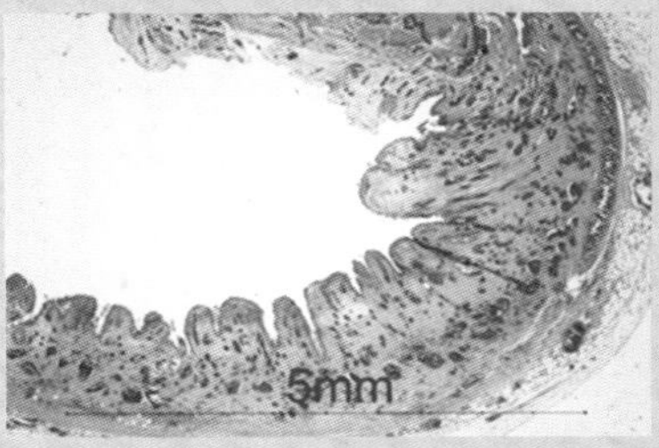

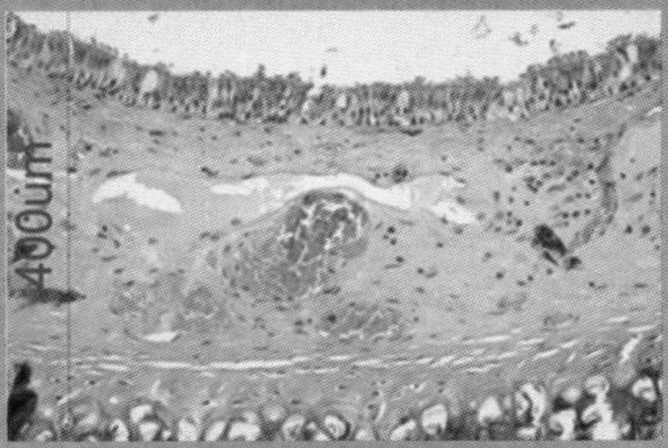

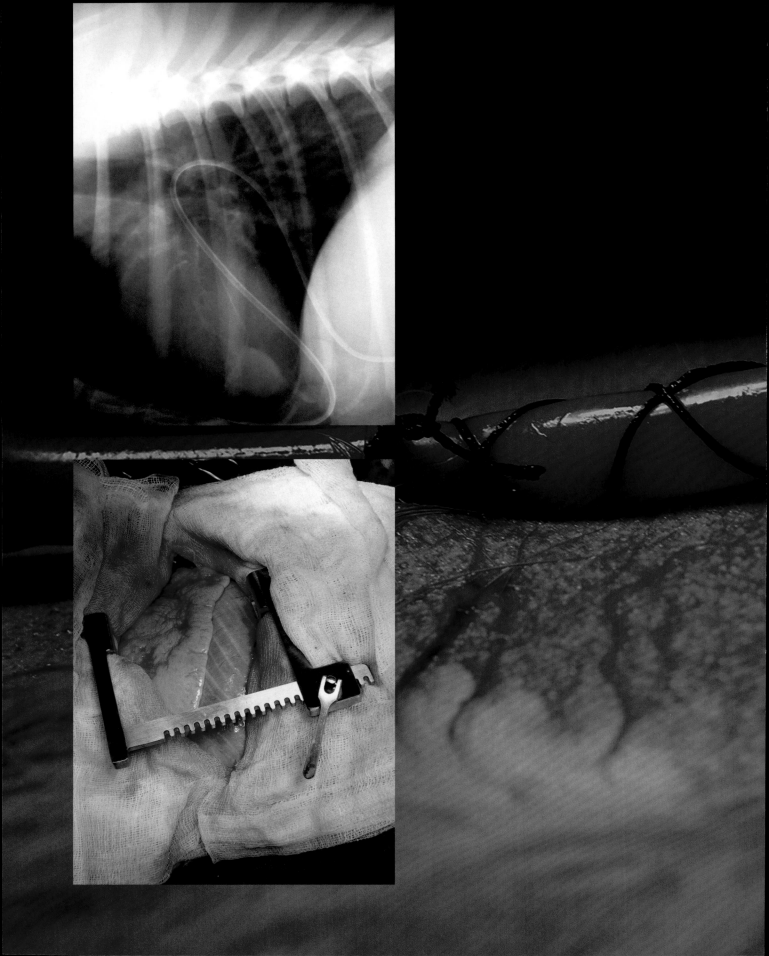

第八章　常用技术

胸外科手术的麻醉技术 —————

胸腔引流 ————————

胸腔穿刺

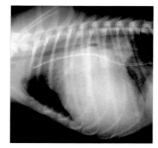

引流管的放置 ——————
胸部放射学 ———————
胸部细胞学 ———————
胸腔内窥镜 ———————
微创手术 ————————
影像引导的微创手术
胸腔镜

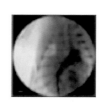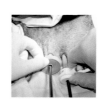

开胸术 —————————
侧壁开胸术
中线开胸术

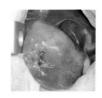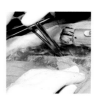

胸外科手术的麻醉技术

技术难度 ■■□■□

与其他外科手术相比，需要进行胸外科手术的病患的麻醉管理更为复杂，因为它们需要更全面的监护，并且必须有适合它们需求的呼吸机。此外，它们也常常是心脏和/或呼吸系统受损的"虚弱"病患，这增加了麻醉风险。

这意味着麻醉师必须了解潜在的疾病过程和手术操作（图8-1）。

术前

对于接受胸外科手术的病患，无论疾病程度如何，都要进行全面的术前评估。术前全面评估病患的具体状况，应特别注意心血管和呼吸系统，外科手术本身会在某种程度上改变其功能。因此，应检查出先前存在的任何疾病过程，并尽可能在手术前进行治疗。

这些病患麻醉的要点
1. 术前
■ 全面的术前检查和心血管评估。
■ 尽可能对病患进行最佳的术前准备/稳定体况。
2. 术中
术中注意事项包括：
■ 充分的监测。
■ 选择适当的麻醉剂和止痛剂，多模式镇痛。
■ 选择使用 IPPV* 技术。
3. 术后
■ 考虑可能出现的术后并发症以及如何处理。
■ 术后管理（恢复自然通气）。
■ 疼痛控制。

注：*间歇正压通气。

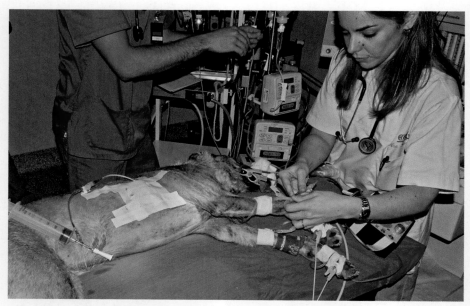

图8-1　拟实施中线开胸术的病患正在接受麻醉和监护。术前放置胸腔引流管，以稳定呼吸功能。

术前检查对于评估麻醉风险具有重要价值。应用美国麻醉医师协会（ASA）的患病动物健康状况分级表将其分级，并尽可能准确地告知主人风险。麻醉前检查应包括病患完整的临床病史，全面的身体检查（尤其要注意心脏、呼吸系统）和适当的附加检查，通常包括血液分析（生化、血液学、血气）、X线片、心电图、血压测量和超声心动图。

需要施行胸外科手术的病患，其术前准备和稳定体况很重要，因为术后发生肺不张和肺炎等肺部并发症的风险较高。这些并发症似乎与以下方面有关：

1.术前呼吸障碍的程度。临床症状越严重，发生并发症的风险越高。因此在手术前，尽可能地对病患进行治疗或稳定体况非常重要。

2.肺功能会因为术中的组织操作、病患侧卧致该侧肺受压及肺不张等原因而受损，这些损伤可以通过仔细的术中管理来减轻。例如，在术中通气过程中给予呼气末正压通气（PEEP）或联合使用氧气和空气。

3.最后，术后疼痛控制不足可能导致病患呼吸浅表，并且因疼痛而刻意避免咳嗽，从而导致分泌物积聚。因此，良好的疼痛控制非常重要，应该在手术前开始并在术后持续进行，使用多模式镇痛包括多种止痛药和不同给药途径。这些止痛药作用于疼痛通路的不同部位。

除了需要立即手术治疗的最危急情况外，麻醉前可以改善的任何问题都应该得到解决和纠正。

手术前要采取的稳定病患的措施包括：

■ 对有腹水、胸膜腔或心包积液的病患进行引流，可以完善诊断，也可以改善手术前的呼吸或心脏功能（图8-2）。为此，需要对病患进行镇静，如使用乙酰丙嗪（0.02～0.03mg/kg）和阿片类药物（这种混合物也可以作为麻醉前药物）。如果病患配合，可以在手术过程中使用氧气面罩。

■ 对有气胸的病患抽出空气，如果气胸快速复发，最好的选择是放置引流管，从胸膜腔连续吸出空气，直至胸腔张开为止（对胸腔活动性出血可能同样必要）。

■ 对失代偿性心脏病的病患先使用血管扩张剂、利尿剂、抗心律失常药及其他任何必要的药物进行治疗。

■ 如果慢性贫血病患的血细胞比容低于15%，或者急性出血病患血细胞比容低于20%～25%，以及任何血红蛋白水平低于7mg/dL的病患，需要输血。

■ 患有慢性呼吸系统疾病或特定心脏疾病的病患可能具有较高的血细胞比容，从而增加血液黏稠度，进而阻碍外周血灌注。在这些情况下，可以进行静脉切开术。目的是将血细胞比容降低到60%～65%。计算需要清除的血液量，可以使用以下公式：

$$需要清除的血液量（mL）= \frac{体重（kg）\times 0.08 \times 1000mL/kg \times（实际血细胞比容-预期血细胞比容）}{实际血细胞比容}$$

需要清除的血液量用生理盐水置换。

■ 肺炎病患：适当的抗生素治疗。

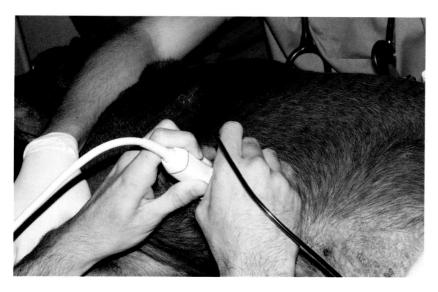

图8-2　对因特发性心包积液引起心包填塞的病患实施心包抽吸术。

术中
监护

如上文所述，对这些病患的监测应尽可能全面和彻底。胸外科手术的主要目的是：

- 病患有足够的通气。
- 良好的氧合状态。
- 监测和管理心血管功能（尤其是伴有心脏病的病例）。

在这些病患中，仅观察呼吸频率、胸部起伏或气囊的运动是不够的。理想情况下，应该使用二氧化碳检测仪或二氧化碳监测仪，以直接且无创的方式连续监测每次呼出的气体中的 CO_2 水平。此外，波的形状提供了有关呼吸道状况的信息。

正常的 CO_2 值介于 35 ~ 45mmHg 之间，与外周血非常相似（图 8-3，蓝色箭头）。

除了监测二氧化碳以外，还应监测呼吸道压力，测量气道压力、潮气量和每分钟流量，如果有必要的话，通过血气分析评估血液中的二氧化碳值，以进行全面的呼吸监测（图 8-4）。

对呼吸压力和潮气量的测定虽然不能提供有关气体交换的确切信息，但是能够评估针对不同体型大小的病患是否达到了足够的气体交换量，或者是否达到了可能损害肺实质的压力。在小型病患中，正常峰值压力在 8 ~ 20cmH₂O 之间，潮气量应为病患体重的 10 ~ 15 倍。

理想情况下，应使用动脉血气分析评估血液氧水平（图 8-4），如果使用侵入性动脉血压监测，很容易获得动脉血样本。脉搏血氧仪以非侵入性方式提供有关氧分压和血红蛋白饱和度的信息；在预期会降低饱和度的情况下使用该方法可能会很有意义，但通常该信息是在缺氧过程中提供的，并且可能受许多因素的影响。手术期间应反复进行血气分析来进行确认。

对于血液动力学监测，应连续读取心电图以尽快发现心律失常，必要时对其进行治疗，并观察治疗反应（图 8-3）。

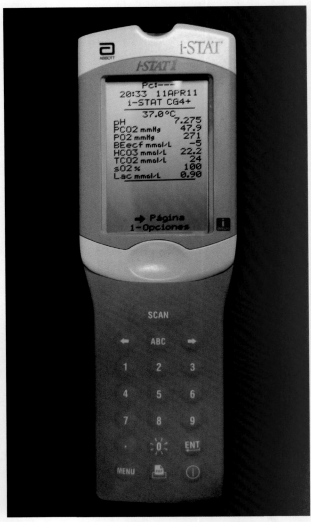

图 8-4　对一只接受胸外科手术的病患进行血气分析，以监测体内平衡。

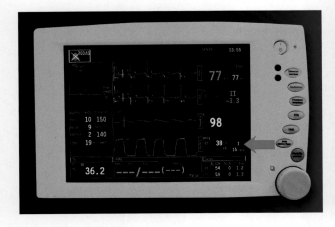

图 8-3　多参数监护仪。

图 8-5　多普勒系统用于无创测量动脉血压。

血压也应该进行监测，最好采用侵入性方式，否则应通过多普勒系统进行监测（图 8-5）。

测量中心静脉压可能有用，尤其对于进行心脏手术的病患，或预期总血容量或相对血容量突然变化的病患（图 8-6）。

麻醉方案

如果病患的病情有缺氧风险而需要立即治疗，需要迅速建立气道：

- 如果病患合作，给予 100% 的氧气；如有可能，将其置于胸卧位（图 8-7）。
- 在一条或两条静脉中建立静脉通道，使用速效诱导剂，如丙泊酚（2～6mg/kg）、阿法沙龙（2～5mg/kg）、硫喷妥钠（5～10mg/kg）或依托咪酯（1～3mg/kg）。
- 给病患进行插管和通气。

如果病患的病情不是很严重，可以使用乙酰丙嗪、苯二氮䓬类或 α-2 肾上腺素能激动剂（取决于病患的病情、性情、应激水平等）。如果需要紧急手术，与纯阿片类 μ 受体激动剂联合使用。

任何情况下都应该对病患实施持续监测，特别在麻醉过程中，因为麻醉剂会导致呼吸抑制。

然后用 100% 的氧气给病患吸氧 5min（图 8-7），在诱导和插管后，使用异氟烷或七氟烷维持麻醉。在理想情况下，使用氧气和空气组合，至少要有 30% 的氧气吸入，并监测动脉氧。

在脾脏进入胸腔的膈疝病例中，需要注意某些药物如乙酰丙嗪、硫喷妥钠或异丙酚可增加脾脏的体积，最好避免使用。

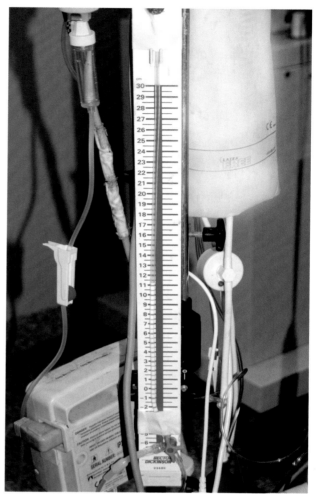

图 8-6　中心静脉压测量系统，盐水柱的 0 点应与病患心脏齐平。

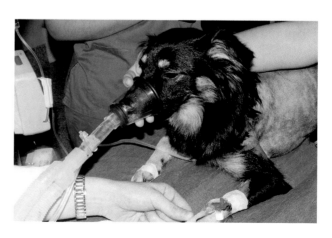

图 8-7　麻醉诱导前几分钟吸氧使病患达到 100% 氧合。

在巨食管症病患中，手术过程中的任何时候都可能出现返流。因此，在这种情况下，术前使用一种较温和的药物，然后快速插管，并为抽吸食管内容物做好准备。

对于患有心血管功能障碍（如动脉导管未闭、肺动脉或主动脉瓣狭窄）或需要进行心包切除术的病患，首先有必要使其病情稳定，或对其进行药物治疗或在手术前引流心包积液。对于这些病例，保持良好的心输出量尤其重要，同时将心率维持在正常范围内，并维持良好的心肌收缩力和良好的容积与心率比。因此，应恰当选用麻醉和镇痛药，防止可能引起低血压的高碳酸血症，同时应避免可能影响心输出量的高压力或大容量机械通气。给予液体疗法，使中心静脉压保持在 0 ~ 10mmHg 范围，并准备多巴酚丁胺或多巴胺等血管活性药物，将每分输出量保持在生理范围内。

这些病患的术前用药是使用低剂量乙酰丙嗪（0.02 ~ 0.03mg/kg），或苯二氮䓬类药物联合阿片类药物如哌替啶（2 ~ 3mg/kg）。

然后，病患预吸氧5min（仅在无应激情况下），再注射依托咪酯（1 ~ 3mg/kg）和苯二氮䓬［咪达唑仑（0.2mg/kg）或地西泮（0.2mg/kg）］混合剂，以及阿法沙龙或芬太尼。

使用异氟烷或七氟烷维持麻醉，同时给予氧气和空气混合物。如果出现影响心输出量的室性心律失常，应持续静脉输注利多卡因或普鲁卡因胺等抗心律失常药物。

在动脉导管未闭（由左至右分流）的病例中，心室搏动的大量血液进入肺动脉并通过肺部再循环，导致主动脉血流明显减少，全身血压降低。此外，某些病例的肺血管阻力可能会超过外周阻力，这会导致从右向左分流，并可能发生右心室衰竭。

这些病患的麻醉目标是维持从左向右分流和心输出量，防止全身血管阻力降低和肺血管阻力增加。在监测心率增加时，通过输液和使用正性肌力药物维持心输出量。结扎可能会导致舒张压（DBP）升高和触发布拉纳姆（Branham）反射，导致心动过缓，这种情况下应松开结扎带（图8-8），再缓慢结扎。

镇痛

镇痛是通过多种技术和止痛药结合实现的，止痛药作用于疼痛通路的不同部位，也称为平衡镇痛或多模式镇痛。

这些病患可以使用的止痛药包括阿片类药物、NMDA受体拮抗剂（氯胺酮、美沙酮等）和抗炎药。对某些病患使用 α-2 肾上腺素能激动剂和局部镇痛剂可能有用，这些药品可以一次大剂量给予或在手术过程中连续输注，如使用缓释贴片或局部给药技术。

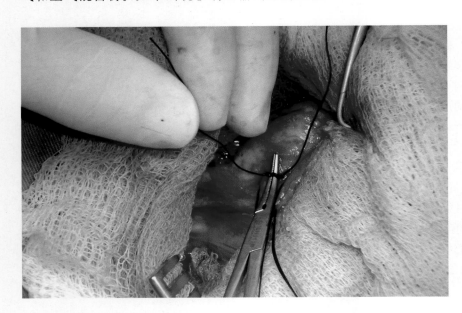

图8-8　动脉导管未闭的结扎可能引发明显的心动过缓，这种情况下应放松结扎。为了方便，结扎线可以绑在止血钳头端，如果出现Branham征，可打开钳子松开结扎线；一旦心率恢复正常，再将线结逐渐扎紧。在无心动过缓的情况下，取下钳子，扎紧线结。

在这些病患中，围手术期的疼痛管理采取局部区域镇痛尤为重要。

- 肋间神经阻滞（图8-9）：当胸腔开放时，从胸壁内部应用更有效，因为麻醉药物应注射在肋骨后缘，靠近椎间孔，在肋间肌和胸膜壁层之间。

进行胸腔切开术的肋间及前后两个肋间隙的肋间神经都应被阻滞，因为这些肋间隙可能都有上述神经分布。通常使用利多卡因或布比卡因，或两者的混合物。

> 布比卡因局部麻醉的作用持续6～8h。

- 硬膜外镇痛：具有对双侧半胸提供镇痛的优点，其效果可能持续到术后，可以通过放置硬膜外导管并延长。这种情况下使用的药物是利多卡因或布比卡因，然而使用其他药物如α-2肾上腺素能激动剂或氯胺酮可能也有帮助，特别是在术后使用。
- 布比卡因胸膜腔灌洗：把麻醉剂加入到胸腔引流液中，关闭胸腔后使用，可以作为术后镇痛的一部分。

病患通气

开胸手术意味着手术团队应该准备好对病患实施可控的换气，通过定期挤压呼吸回路储气囊可以简单进行通气，但是理想情况下应配备机械呼吸机（图8-10）。

图8-9　肋间神经阻滞：浸润开胸部位的肋间隙及前后两个肋间隙。

呼吸机能提供手术全程所需的精确气体量，且气体量和气道压力适应于病患的体格与病况。病患的规律呼吸有利于外科医生的手术操作。

> 在这些病患中，建议使用非极性肌松剂如潘库溴铵（每30～60min，0.05～0.1mg/kg，IV）或阿曲库铵（每20～40min，0.2～0.5mg/kg，IV）。

如果计划使用间歇性正压通气（IPPV），应根据某些参数设置呼吸机。某些呼吸机的所有参数都可以独立设置，有些呼吸机只能调整几个参数，而其余参数仍需要进行监控（图8-11）。

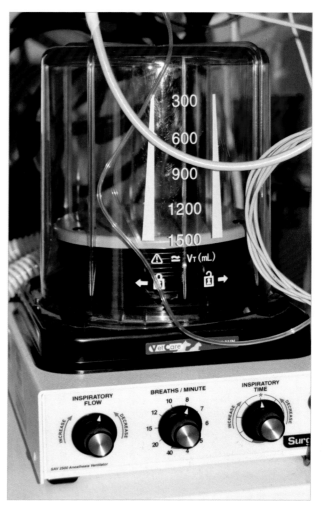

图8-10　为伴侣动物设计的机械式呼吸机。

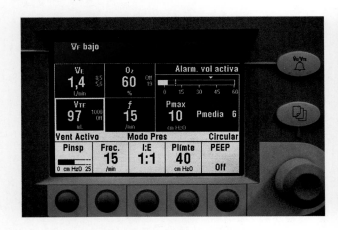

图 8-11　数字自动呼吸机上可控制的参数。

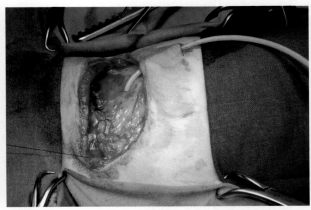

图 8-12　放置胸腔引流管，以便从术后气胸中抽出空气。

麻醉师应管理的呼吸机参数：

■ 潮气量：体重（kg）乘以 10 ～ 15 之间的数字，表示每次呼吸交换的空气量（mL）。

■ 每分呼吸量：潮气量乘以病患呼吸频率得出的结果，后者为每分钟 15 ～ 25 次。此数值表示每分钟交换的气体量。

■ 最大或峰值压力：是理论上能达到的气道压力，尽管肺中的实际压力低得多，应该在 7 ～ 20mmHg 之间。

■ 中途稳定压：是吸气和呼气中暂停期的压力，此时气体分布于整个肺部，因此该压力略低于峰值压力。

■ 顺应性：指肺的弹性程度，顺应性越大意味着弹性越大。

■ 吸气与呼气之比（I：E）：通常呼气时间比吸气时间长，为 1：2、1：3、1：4。通过减少吸气时间，胸腔内产生正压的时间可以缩短，从而对心血管系统的影响减少。同样，较长的呼气时间可以使心脏适当的充盈和排空。

■ 呼气末正压（PEEP）：是呼气末保持呼吸道和肺泡开放的技术，通过维持 2 ～ 10cmH$_2$O 的正压，以避免肺泡塌陷。

■ 有些病例需要使用肌肉松弛剂，以利于换气和手术所以病患不会出现突然的呼吸运动。阿曲库铵（0.2 ～ 0.5mg / kg）是应用最广泛的化合物，静脉内给药后立即起效，持续约 30min。

术后

为避免并发症，必须在手术结束时将气胸程度降至最低，这需要麻醉师和医生之间的密切配合：外科医生在缝合关闭胸腔的最后一针时，麻醉师要为肺充气。

在某些情况下，术后留置胸腔引流管很有用，有利于消除气胸残留和防止胸腔积液（图 8-12），也有利于术后使用局部麻醉药。

在此阶段，继续对病患进行全面监护非常重要。除心肺功能外，还应评估疼痛程度，因为这可能会限制呼吸运动，从而导致缺氧。还应监测体温，因为体温过低和体温过高均可能导致缺氧。

必须避免病患过度紧张，可使用温和的镇静剂。

手术后立即在手术室使用面罩继续给氧，之后可以使用鼻导管，如果病患较小，可以使用氧仓。

如果病患没有开始自主呼吸，应检查下列因素并及时纠正：

■ 低碳酸血症导致的过度通气。

■ 低温。

■ 持续的肌松状态（没有代谢或逆转）。

胸腔引流

临床常见度					
技术难度					

对于无肺部或胸膜疾病的病患，在施行择期胸外科手术如动脉导管结扎术后，可以在关闭胸壁时通过肺扩张排出胸膜腔中的空气。但是对患有胸膜疾病或慢性肺萎陷的动物，应缓慢地扩张肺以防止肺水肿。最好利用胸膜腔引流管，不少于24h进行间歇性抽气。

在胸腔中放置引流管最常用于抽取积聚在胸膜腔中的空气或液体，但也用于脓胸时对胸膜腔进行灌洗。

然而，放置胸腔引流管也有潜在的致命并发症，因此胸部手术后放置引流管不应视为常规步骤。如果使用，需要严格的兽医监测。

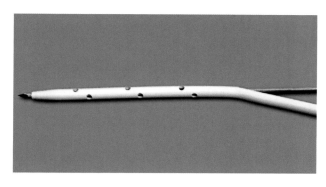

图8-13　胸腔引流装置：导管应该多孔，以防因孔少而造成阻塞。

 胸腔引流管应尽早移除，以避免严重的并发症。

术前

首先，应拍摄胸部X线片以识别任何结节、肿物或粘连，放置引流管时应避免有这些情况。

胸内液体样本应送检，进行细胞学检查、微生物学检查和生化分析。

胸腔引流管应当在全身麻醉后放置，对存在呼吸功能障碍的病例，应在诱导麻醉前先行胸骨旁胸腔穿刺抽吸胸腔积液。

麻醉前先用面罩给病患吸氧5～10min。

放置引流管前，应当准备好手术需要的所有材料：

- 胸腔引流管。
- 将引流管与注射器、收集系统和其他导管连接的连接头（接插器）。
- 各种规格的注射器。
- 三通阀。
- 样本收集试管。
- 外科基础手术包（手术刀、镊子、止血钳、持针钳、缝合线、无菌纱布，等等）。

引流

胸腔引流有几种选择：

- 胸腔引流套装：包括腔内探针或粗套管针，以方便在胸膜腔内放置引流管（图8-13、图8-14）。
- 用钳子放置的弗利（Foley）导管或强制饲管（图8-15）。

 套管穿刺针的尖端非常锋利，插入胸腔时必须小心，勿伤及肺。

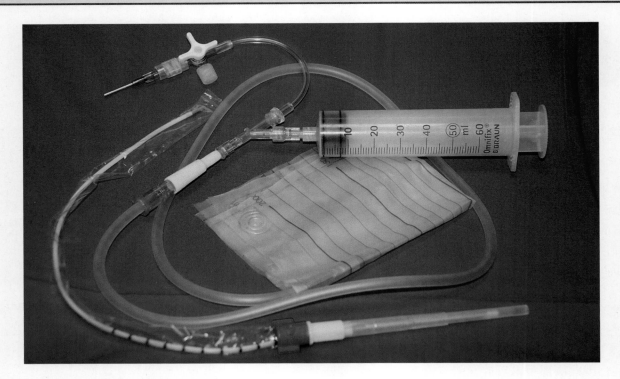

图8-14　带有胸腔积液收集袋的引流装置。

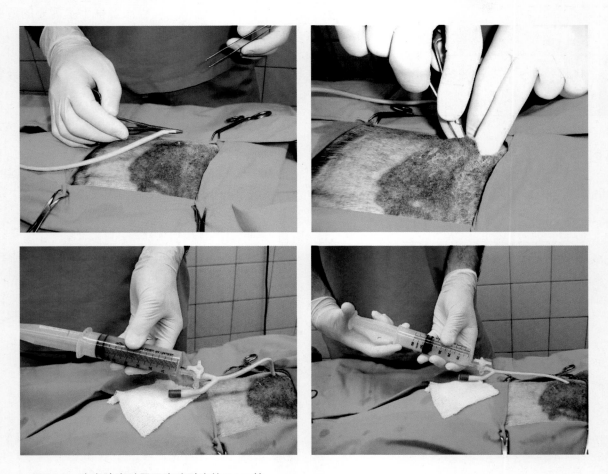

图8-15　治疗脓胸时用于胸腔引流的Foley管。

使用商品化引流套装的手术步骤

病患在镇静状态下，采用局部麻醉，可以放置胸腔引流管。但是在全身麻醉下放置引流管，同时进行充分的监测，操作会更容易。

- 如同其他外科手术一样，术区需要准备、清洁和消毒（图8-16）。
- 在定位第7、8肋间为引流管插入位置后，在距胸腔入路大约两个肋间隙的背后侧，做一个约1cm的皮肤小切口（图8-17）。

> 通过气管插管和手控通气，对病患进行全身麻醉可以消除操作应激，并供给适当的氧气。

> 不能给呼吸窘迫的病患行气管插管，首先应行胸腔穿刺和吸氧稳定病患。

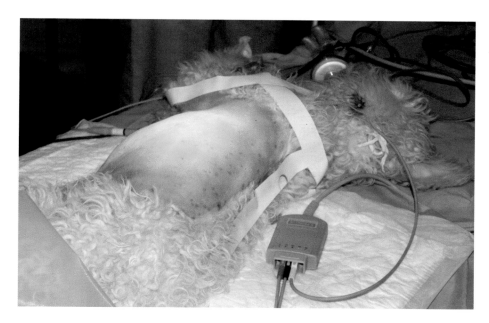

图8-16　对全身麻醉下的病患按标准方式进行术前准备。

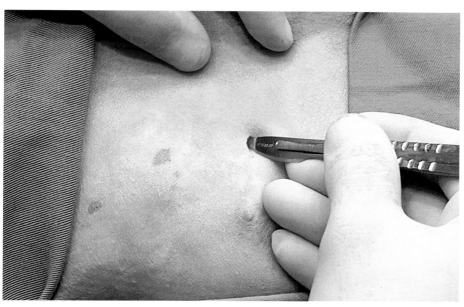

> 造皮下隧道可以降低胸腔与外界直接相通的风险。

图8-17　在第9～11肋间做皮肤切口，大约在胸骨至脊柱连线的2/3处。

■ 将皮肤向前腹侧方向推移，然后将导管或套管针放在第7或第8肋间的中心（图8-18）。
■ 套管针或穿刺针经肋骨前缘滑进并刺入胸膜腔，然后保持垂直（图8-19）。

> ✳ 当插入穿刺针或套管针时，手指应立刻停下以防造成肺损伤。

■ 将惯用手的中指靠在套管针上伸直，当套管针穿透胸壁时起到止损作用或者用非惯用手握住引流管的尖端，与引流管尖端的距离略大于胸壁的厚度（图8-19、图8-20）。
■ 用抓持引流管的惯用手稳固地推动套管针末端，或最好刺一个小口穿透胸壁，然后将引流管插入胸膜腔。

由于套管针比穿刺针更容易穿透胸壁，因此可以逐渐导入，而无须做小刺口。

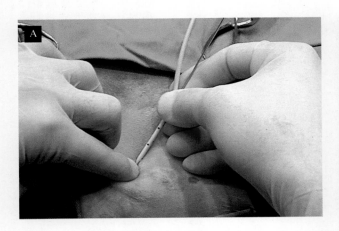

图8-18A　向前腹侧方向插入引流管和穿刺针。

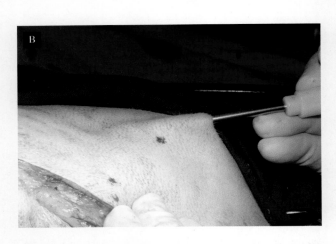

图8-18B　如前所述造一个皮下隧道，将含导管的套管针向前滑动并刺入。

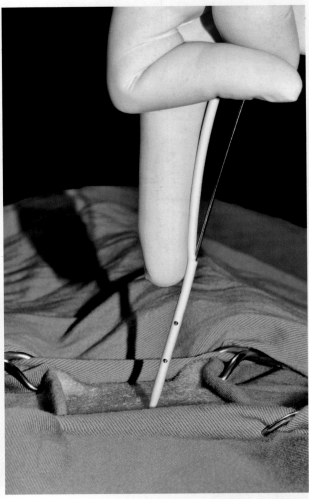

图8-19　将引流管引入胸腔后，将抓持管子的中指伸直，阻止引流管尖端插入太深造成肺意外损伤。

■ 滑动引流管进入胸腔约1cm深度，保持管子原位不动，退出穿刺针或套管针的针套（图8-20）。

> 如果引流管不能轻易推进，意味着它不在胸膜腔内。

■ 在引流管定位过程时，用钳子夹住管口或把管子折叠为两段，直至连接好外部装置。

■ 将引流管与胸壁平行向前推进，直至管子尖端到达第二根肋骨。

■ 引流管一旦放置到位，使皮肤复位，便形成一个皮下隧道。

■ 把注射器与引流管连接，使用三通阀比较理想，抽吸胸腔积液或空气（图8-21）。引流器套装中配有阀门可以完成抽吸（图8-22、图8-23）。

■ 缓慢抽空胸腔积液，直至注射器活塞处只有2～3mL的负压空气。

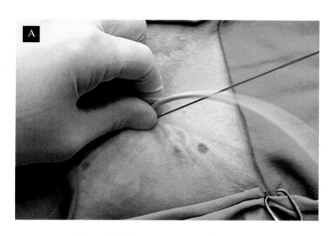
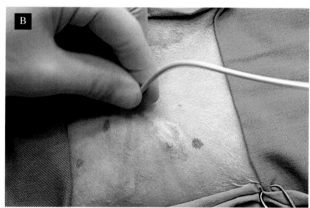

图8-20 插入引流管后要稳住，以防退出穿刺针时引流管从胸腔内滑出。

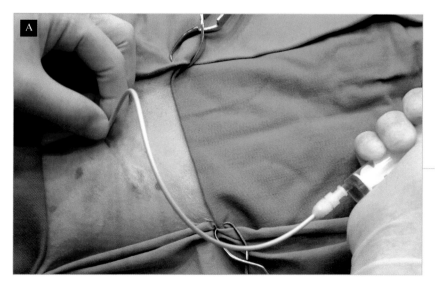
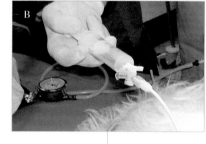

图8-21 放好管子后用注射器抽吸，也可以用三通阀完成这一过程。

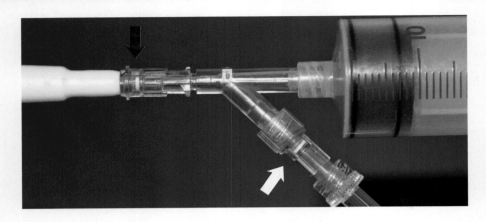

图8-22　胸腔引流器的阀门：使用注射器抽吸时，临近阀门（白色箭头）打开；推注时较远的阀门（灰色箭头）打开，使抽吸液进入收集袋。

A.把注射器接到一个阀门开口（白色或黄色箭头），这个选择对于简化技术很重要。	
B.最佳选择是连接白色箭头所示开口，直接与排液口相对，另一个开口关闭。	
C.排除抽吸物只需沿逆时针方向旋转阀门90°（如右图所示），那么推动活塞时，便可在封闭胸腔引流管时清空内容物。	
D.如果选择黄色箭头所示开口，则抽吸过程与前面所述类似。	
E.在排出抽吸物时，则旋钮置于如右图所示位置。	
F.三通阀穿通如右图所示位置，此时胸腔与大气连通，这是不可取的。	

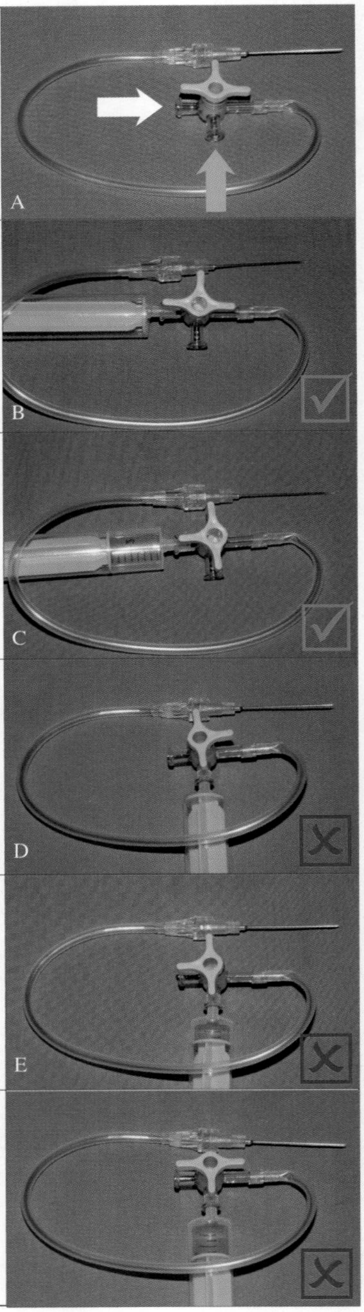

图8-23　胸腔引流时正确使用三通阀的技巧。

■ 拍X线片检查引流管，确定
其正确位置在胸腔腹侧（图
8-24）。

气胸病例可以使用Heimlich 阀门。这个装置是单向阀门，可
以在病患呼气的时候排出空气，在吸气的时候阻止空气进入
（标有A的这一面连接到病患）。这个装置只能用于体重大于
15kg的病例（图8-25）。

即使导管位置正确，如果抽不
出液体，可能引流管尖端过于
靠前。将引流管轻轻退回，确
保管孔部分在胸腔内。

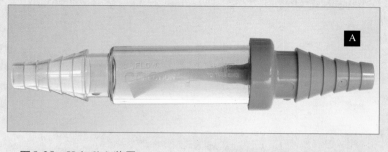

图8-25　Heimlich 装置。

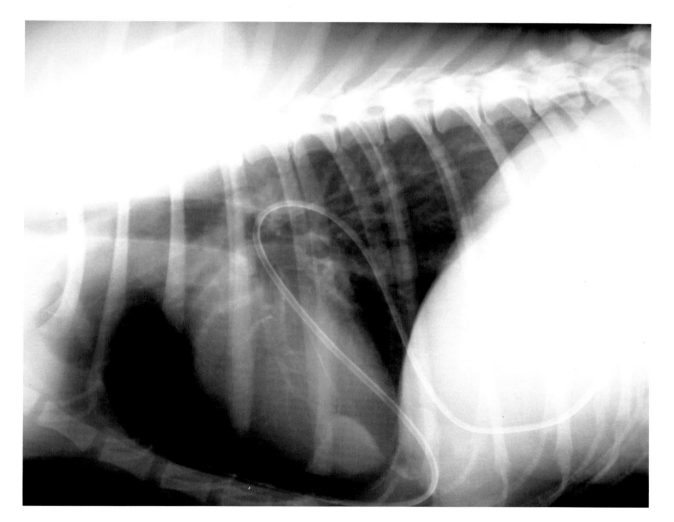

图8-24　引流管应该定位于胸腔腹侧，但不要向前超过第二个肋间隙，因为液体从尾侧积聚在此处。

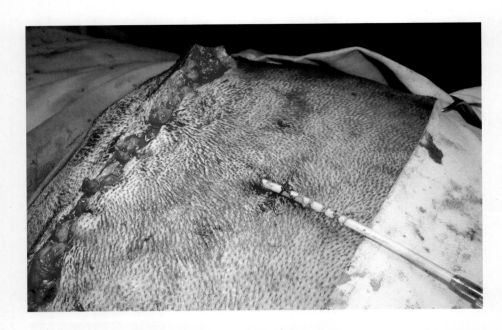

■ 用中国指套法（或罗马鞋结）将引流管固定并缝合到皮肤上（图8-26）。

图8-26　将引流管用中国指套法固定到皮肤上。

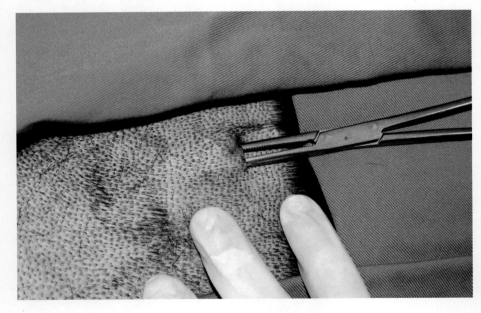

图8-27　术野准备，做一个长度为2～3个肋间长的皮下隧道。

使用引流管的外科操作过程

　　使用硅胶或红色橡胶Foley引流管或鼻胃管。

■ 如果胸腔渗出液黏稠，可以开更多孔以提高疗效。折叠试管后用剪刀剪孔。

■ 术野准备，用手术刀在第9～11肋间做皮肤切口。

■ 朝着第7或8肋间钝性分离做皮下隧道（图8-27）。

新做的孔大小不能超过管子直径的1/3。

皮下隧道应该狭窄才有效果，即当引流管被抽出时可防止与外界相通。

- 用钳子（如Kelly钳）夹住管子的末端（图8-28）。
- 将钳子穿过皮下隧道，当到达所选定的肋间隙时，保持钳子与肋骨垂直的角度，以短的刺入动作插入胸腔（图8-29至图8-33）。

为限制钳子进入胸腔，如图8-29所示，另一只手放在距钳尖一定距离的位置。

> 钳子应该果断刺透肋间肌。中指放在钳子上以阻止其进入太深造成肺损伤。

图8-28　手持Kelly钳刺入胸腔。如果钳子的尖部没有超出引流管，引流管尖部就会折叠，这样将使引流管无法进入胸腔。

图8-29　为了防止引流管进入太深，放置引流管时应抓紧钳子远端。

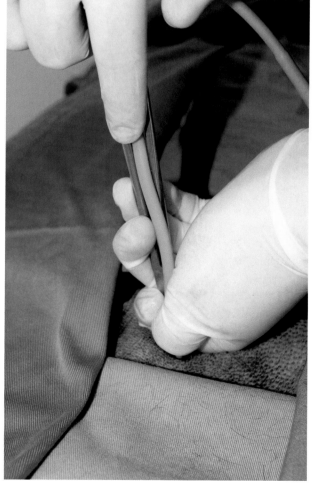

图8-30　当穿透肋间肌时，不操作引流管的手要控制钳子进入胸腔的深度。

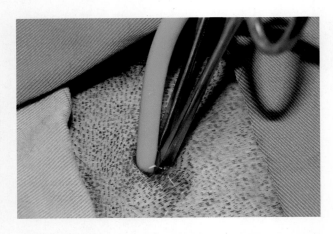

图8-31　打开钳口，将引流管进一步推进胸腔。为避免管子滑出，在取出钳子时要用手指固定好管子。

当移出钳子的时候，应将管子固定在胸壁上以防止其滑出。

■ 用中国指套法（或罗马鞋结）将引流管缝合固定到皮肤上（图8-33）。

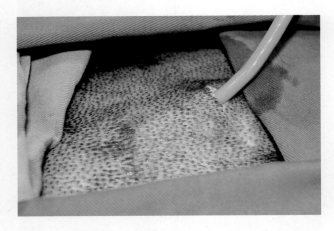

图8-32　当移出钳子时，复位皮肤，形成一个皮下通道。

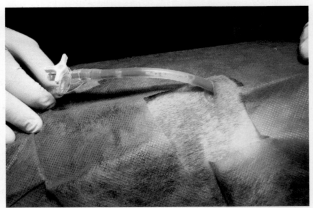

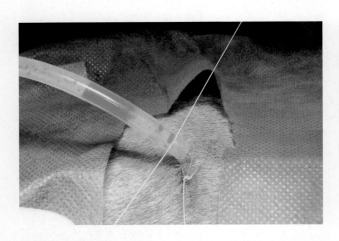

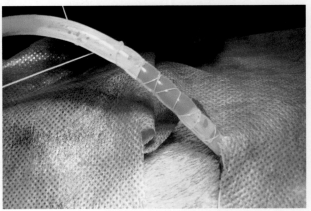

图8-33　用中国指套法（或罗马鞋结）将管子缝合固定到皮肤上，防止其滑出。

术后

建议拍X线片检查引流管的位置，并检查引流是否有效（图8-34）。

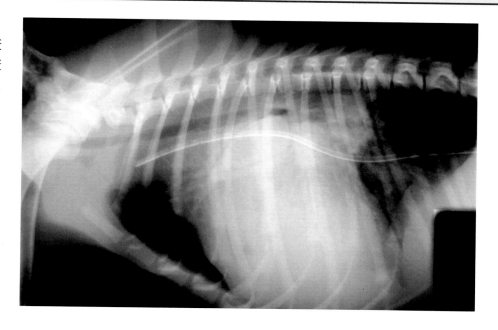

图8-34 这个病例的胸腔引流管位置非常不好：它应该位于胸腔腹侧以移除聚积在胸腔内的积液。

应在胸腔引流管的入口放置敷料，并包扎胸部以减少污染和引流管拉出的风险（图8-35）。

在大多数情况下，间隔引流胸腔就足够了；每1～4h用注射器抽吸一次胸腔内容物。这些病患应受到持续监护，直至移除引流管。每天应检查呼吸、体温和引流管是否正常，并清洁插入点。

> 每天至少检查一次连接，并更换敷料和绷带。

对于脓胸或其他黏稠的渗出液，应使用10～15mL/kg微温的乳酸林格氏液灌洗胸膜腔，每天1～4次；液体应缓慢注入15min以上，放置30min，然后吸出。

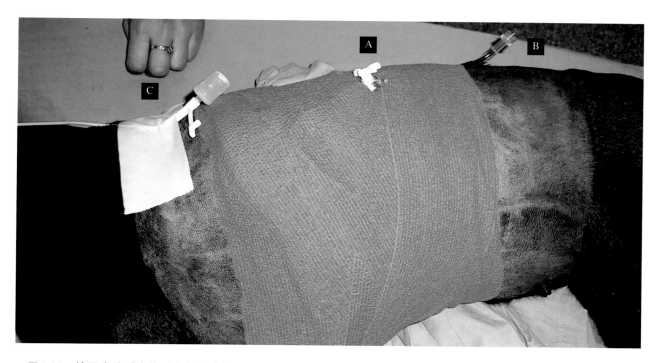

图8-35 放置胸腔引流管后应包扎胸部，防止导管被拔出，降低继发感染的风险。用绷带固定导管并保护插入部位，仅露出三通阀(A)，以允许定期抽吸并连接到收集袋(B)。当不抽吸时，用另一块绷带(另一种颜色)保护这些部位。这个病患放置了一个鼻管以改善氧合，也连到背部(C)。

胸腔抽吸可能会有疼痛，应该在镇痛状态下进行。抽吸后，可取10mL布比卡因用盐水稀释注入胸腔内（每6h，0.25 ~ 1mg/kg）。

✳ 猫胸腔注入利多卡因可能会引起心功能异常。

移出引流管之前，应该拍片检查胸腔内残留的空气或液体是否极少，是否可以被胸膜吸收。

为了取下导管，剪开中国指套缝合线，一只手放在皮下通道上，另一只手迅速将引流管拉出（图8-36）。再次将胸部包扎，观察是否有呼吸困难的迹象。

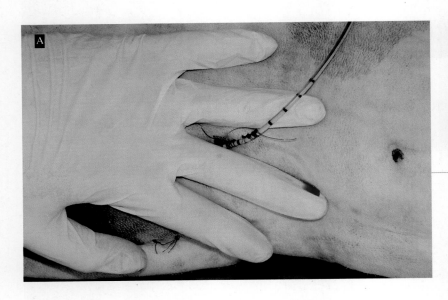

图8-36 为了取下导管，剪开中国指套缝合线，一只手放在皮下通道上，另一只手迅速将引流管拉出，如此可以降低外界空气进入胸腔的风险。

并发症

此技术最常见的并发症是：

■ 皮下隧道过大，连接错误或错误的中国指套法操作，导致引流管周围泄漏。
■ 由于管壁塌陷、凝块或碎屑堵塞，或由于插入管过长，导致胸腔内的管扭结而造成阻塞。
■ 由于肺实质损伤、闭合的引流系统开放、连接不良、管子插入不充分而使部分开孔区留在胸膜腔外或不正确的皮下通道内导致气胸，临床症状包括呼吸困难和严重的疲劳无力。
■ 由于细菌通过导管插入点或引流管进入胸腔而引起感染，这种情况会出现咳嗽和发热。

✳ 引流管放置时间越长，感染的风险就越高。

应采取所有可能的预防措施，将此类并发症的风险降至最低。如果引流管堵塞，应用生理盐水灌洗以尝试解决问题。如果是气胸，应增加抽吸次数。此外，如果在任何一种情况下都无法解决问题，则应放置新的引流管。

胸腔穿刺

技术难度 ▮▯▯▯▯

　　胸腔穿刺术是从胸膜腔抽出空气或液体，以改善肺部扩张并恢复正常的胸腔功能。

> 胸腔穿刺是移除胸腔内空气或液体的最简单、最快的方法。

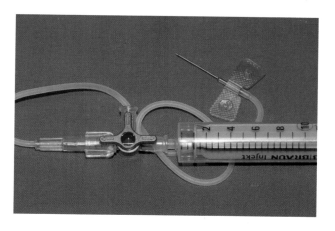

图8-37　胸腔穿刺术所需材料：（蝴蝶）针或静脉内导管、三通阀和注射器。请注意，注射器连接到三通阀的正确端口。

　　胸腔穿刺术使用21 ～ 23G蝶形针通过三通阀连接到注射器，或通过三通阀连接到静脉导管延长管和注射器上（图8-37、图8-38）。

　　基于临床检查和背腹位X线片选择穿刺针插入部位（图8-39）。

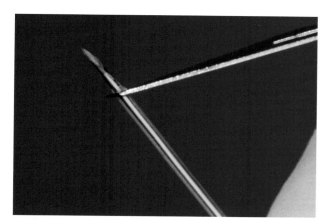

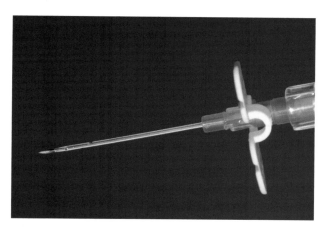

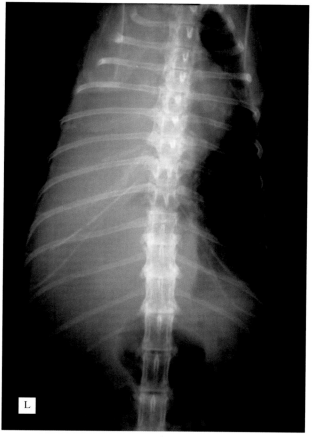

图8-38　静脉导管比针头创伤小，但在皮肤很厚的病患中会扭结，并且对胸腔抽吸时可能弯曲。在这种情况下，应使用11号手术刀片做一个小的皮肤切口。

图8-39　该病患胸部背腹位X线片显示：左半胸密度增加，与体液积聚相吻合，胸腔穿刺术应在左侧进行。

> ✳ 对这些病患行腹背位拍摄胸片，可能会明显降低肺活量。

通常，胸腔穿刺术的位置选择不是很重要，因为犬和猫的纵隔薄且可渗透。但是，慢性胸腔病变可能由于纵隔增厚，导致单侧积液。

病患应以尽可能舒适的姿势保定以保证最佳的呼吸功能，大多数病例都选择胸卧位。

胸腔穿刺选择在第 6～9 肋间、肋骨和肋软骨交界处。术部剃毛消毒，从肋骨的前缘入针并微倾斜（约 45°），针尖斜面朝向肺部，如图 8-40 所示，直到没有进一步的阻力。

应该小心地操作三通阀，防止空气进入胸膜腔。

将其连接到三通阀、连接管和注射器（图 8-41、图 8-42），抽吸就可以开始。

液体的抽吸应小心操作，获得的样本储存于能够做血细胞计数的抗凝管内及做生化用的试管内（图 8-42）。

清除胸腔内容物，直至恢复胸腔负压或抽吸无可见液体为止。

胸腔穿刺之后，拍摄 X 线片以确认抽吸是否成功，找出可能被胸腔积液和肺部塌陷所掩盖的潜在原因。

这项技术可能的并发症包括肺出血和肺损伤，但如果谨慎和精确地进行手术，则风险很小。

如果胸腔抽吸成功后，呼吸困难依然存在，应考虑是否存在相关的肺部疾病，如肺水肿、肺炎、肿瘤或肺挫伤。

图 8-40　针尖的斜面应该朝向胸腔内部，以防止针尖进入肺实质。

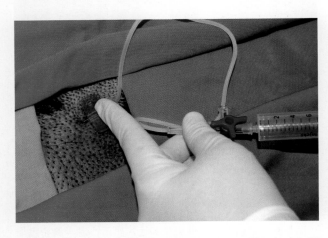

图 8-41　正在对这个病患进行气胸抽吸，使用穿过左侧第 7 肋间的蝶形针。

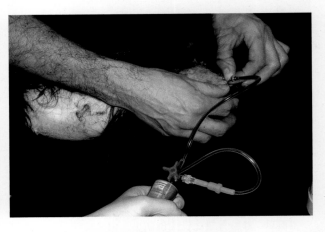

图 8-42　外伤造成血胸病例的胸腔穿刺术。

引流管的放置

临床常见度	■	■	■	■	■
技术难度	■				

　　引流管的放置在胸外科手术中是一个很常见的操作。但是管道撕裂或滑出也会引起严重的并发症。

　　将引流管固定到皮肤上的技术有很多。可以使用氰基丙烯酸盐粘合剂或各种缝合技术。

　　本节介绍可能用到的方法。

蝶形针或阀门安装

　　用一条宽带子在引流管周围做出"蝴蝶翅膀"，然后缝合到皮肤上。

- 将宽带子从中间折叠变成其长度的一半（图8-43A）。
- 把管子放在宽带子的正中央，带子的两端粘在一起做成两个蝴蝶翅膀（图8-43B）。
- 用非吸收线以简单结节缝合法把两个翅膀缝到皮肤上（图8-44）。

> 此项技术适合于较细的光滑管子，因为这种方法不会导致对管子的压迫。

图8-43A　将带子折叠起来做成"蝴蝶翅膀"。

图8-43B　把管子放在宽带子的正中央，带子的两端粘在一起做成两个"蝴蝶翅膀"。

优点

- 这是一个快速的方法，适用于细小薄壁管的固定，这些薄壁管容易被环绕管子的其他缝合技术造成阻塞。

> 这些带子的质量要好，能够牢牢地粘在管子上。

图8-44　把两个"翅膀"缝到皮肤上，两边分别打结固定管子。

缺点

- 如果带子湿了或是粘贴不好，管子会滑脱。
- 带子变脏的时候可能会成为污染源。

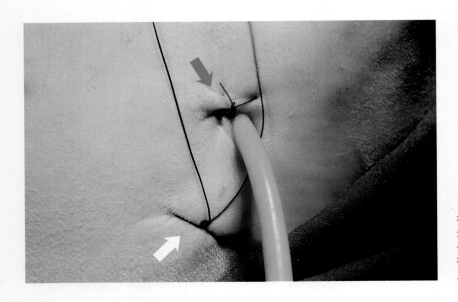

图8-45　为了防止空气进入，应行皮肤缝合将导管周围的间隙降至最小（蓝色箭头）。固定导管的第一条缝线应宽且稳定，如果皮肤非常松弛，则将其固定在筋膜或肋骨膜上（白色箭头）。

中国指套法或罗马鞋结缝合

固定引流管最常用的缝合方法是中国指套法和罗马鞋结。对于壁薄和半刚性管子这是最理想的方法。

- 在皮肤上先打一个单节，使皮肤与管子之间的空隙降到最小（图8-45蓝色箭头）。
- 将管子压到皮肤上以决定管子最终的固定方向。
- 打一个单节，距离管子的皮肤出口1～2cm（图8-45白色箭头）。
- 第一针缝合要宽，围住大约1cm的皮肤。打结时不要在皮肤上拉得太紧。确保线头两端留长，以便中国指套法就能够舒适地打结（图8-46）。
- 将管子放回原位，用缝线将其环绕，打一个方结或外科结将其系紧，使管子被固定而又不被扯裂（图8-46）。
- 将缝线的两端绕过导管，距离前一个结4～8mm，再打一个结（图8-47、图8-48）。如果这些结打得太紧，会降低中国指套法的效果。

> 多股缝合材料的摩擦系数比单丝缝合材料的摩擦系数高，安全性好。

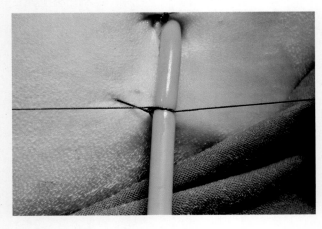

图8-46　管子上的第一个结应该以直角打结，并且应该在有张力的情况下打结，但不能堵塞或损坏管子。

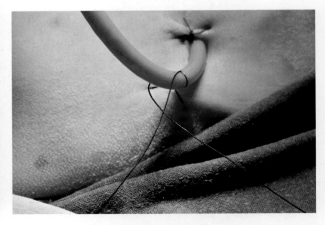

图8-47　线的游离端从管子后面穿过，在前方打结。

- 重复以上打结方法至少4次。
- 最后一个结应该垂直于管子并非常牢固，以防止其他结滑向皮肤（图8-49）。如果发生这种情况，引流管可能会滑出。
- 最后，再次用一个简单的缝合将导管附着在皮肤上（图8-50）。

> 单丝和多股缝合材料都可以使用，但后者有更高的摩擦系数；如果该项技术是由经验不足的外科医生实施，后者更安全。

优点
- 该项技术对于防止引流管滑出非常有效。
- 它可以在清洁皮肤时保持引流管稳定，减少继发感染的风险。

缺点

　　对于皮肤松弛且具移动性的动物，皮肤缝合可能会从起初缝合的位置移位几厘米，导致引流管滑出，可能引起致命的并发症。为了防止这个问题，缝合线应该缝合到深层肌肉甚至是缝到骨膜上。

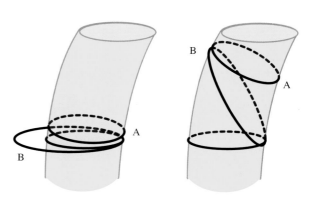

图8-49　如果最后一个结（A）松弛，则斜向翻转（B）的缝线就会滑落，中国指套法便会失效。

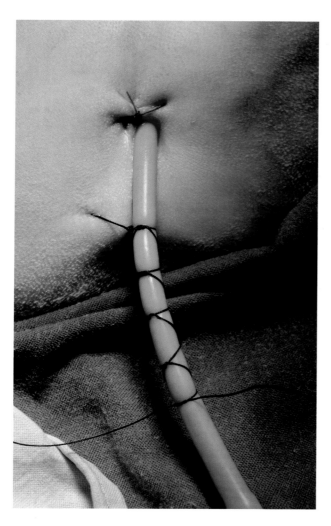

图8-48　采用中国指套法打结。这个病例使用2/0丝线，每个结相距几毫米，能抵抗牵引力，且管子不会滑出。

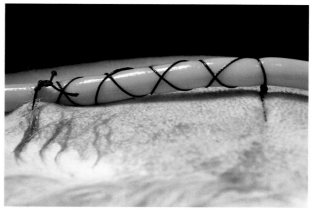

图8-50　为了更加安全，把中国指套法的最后一个结简单缝合在皮肤上。

双套结

　　可能替代中国指套法的是水手结[1]，又叫双套结。

　　双套结适用于海上将绳子[2]安全地绑到管状物体上，在外科上也应用于固定引流管。

　　技术要点：

- 打结的位置应该让外科医生感觉舒服。
- 线要包绕整个管子（图8-51A）。
- 从第一圈的线上跨过去再次绕过管子一周（图8-51B）。
- 最后，游离端穿过之前的线圈（图8-51C）。

> 固定引流管是一项简单的技术，但必须准确而安全地进行以确保发挥功能，防止住院期间出现严重的并发症。

　　或者，为使此结有更大的抗张强度，缝线游离端可在第一个线圈下穿过（图8-52）。

- 结滑到靠近皮肤的位置。为了固定双套结，在上面打两个简单的结（图8-53）。
- 将管子和结以宽的接触面固定在皮肤上，放置在距离胸腔入口不到1cm的地方。

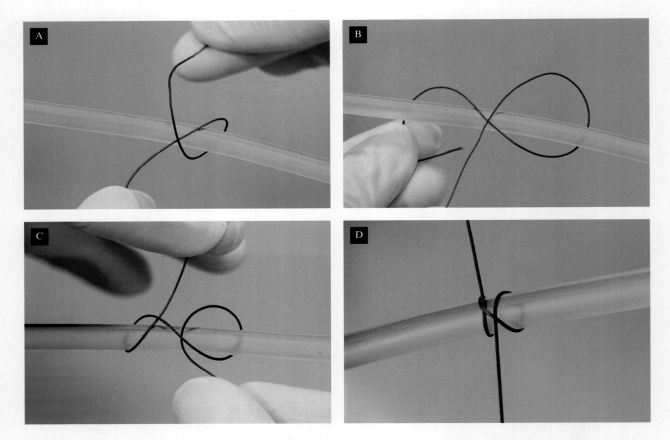

图8-51　用双套结固定引流管：用线缠绕引流管，绕上去到右边（A）；跨过第一个线圈到左边再次缠绕管子（B）；游离端在第二个线圈下穿过（C）；把结滑到合适的位置，然后将线的两端拉紧固定在管子上（D）。

1　以"咬尾蛇"的形式打结。
2　船上使用的绳子。

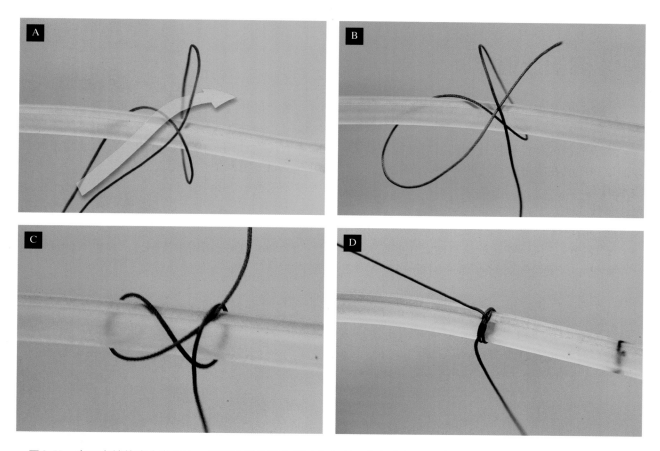

图8-52　在双套结的这个变化中，第二圈把线绕在管子上之后，游离端在第一个线圈（A）下方通过。通过这样操作，线被固定得更牢固，牵引力越强，结则越紧（B、C和D）。

图8-53　为了使双套结更安全，可打两个额外的单结。

移除引流管

　　移除引流管时，剪开围绕管子的第一个结，不要剪断闭合引流出口处的伤口缝线。

　　取出引流管前，钳夹引流管，以防内容物在移除过程中流出。

　　取出管子后，出口部位应清洗消毒，并在其上放置软敷料保护；每天重复伤口护理，直至皮肤伤口愈合。

胸部放射学

X线摄影是识别各种胸内和胸外结构疾病的关键诊断技术。

本节的目的是简要概述胸部放射学检查技术，并描述和说明在本书中讨论的各种胸部疾病。

技术因素
射线参数

胸片需要高千伏和低毫安设置，这有两个原因：

- 较高的电压（千伏）值将使对比度最大化。
- 低的毫安值可以减少曝光时间，避免劣质

胶片。在拍胸片时，应考虑病患的呼吸运动，因为它们会造成影像学细节的丢失（图8-54）。

选择适当的放射参数是正确解读胸片的关键。过度曝光的图像可能导致病理诊断不足，如不透射线的肺部病变（图8-55）；而曝光不足的图像可能导致过度诊断，因为它可能会人为地增强肺部的不透明（图8-56）。

投射和摆位

胸部常规X线检查至少需要两张以直角拍摄的X线片。

其中一张应该是侧位（L），病患右侧或左侧卧位。

> 病患呼吸对图像质量的负面影响可以通过尽可能短的曝光时间改善。

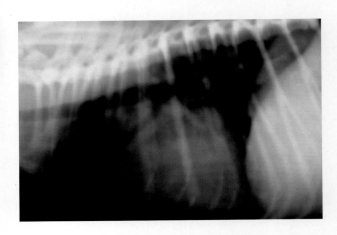

图8-54　由于病患在照射过程中移动而导致胸部结构细节或清晰度丧失。

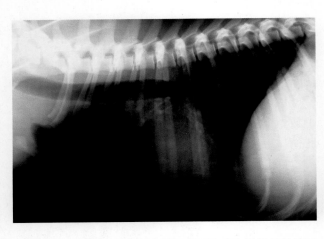

图8-55　注意由于胶片过度曝光而造成软组织的射线不透性丧失。

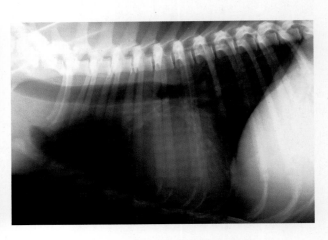

图8-56　曝光不足会增强胸部的射线不透性。

在拍片过程中，左和右指的是病患躺着的那一侧，而不是X线进入身体的那一侧。

除了侧位投射外，还需要一张正位X线片。可以采用背腹位（DV）或腹背位（VD）视图。

> 放射投照是指X线穿过病患的进入点和出口点。

无论投照什么，都应包括整个胸部（从胸部入口到肺的最后背部），并且在最大吸气时拍摄。在吸气过程中，肺部影像的对比度达到最大，可提供最佳的胸片。

> 胸片应在最大吸气时拍摄。

胸膜腔

胸膜腔是肺胸膜（沿肺实质线排列）与胸膜壁层（分为覆盖胸壁内侧的肋胸膜、覆盖横膈的膈胸膜、覆盖纵隔边界的纵隔胸膜）之间的间隙。肺的叶间隙也构成了胸膜腔的一部分。

正常情况下，胸膜腔内只有少量的液体（润滑液），在胸片上是看不见的。然而，胸膜腔可能会受到过多液体（胸腔积液）或空气积聚（气胸）的影响。气体或液体的放射学特征取决于它们在胸膜腔的数量（越多就越容易看到）和病患相对于X射线束的位置（切向射线将增加液体或空气的可见度）。

> 胸膜腔内气体或液体的放射影像取决于数量及病患相对于X射线束的位置。

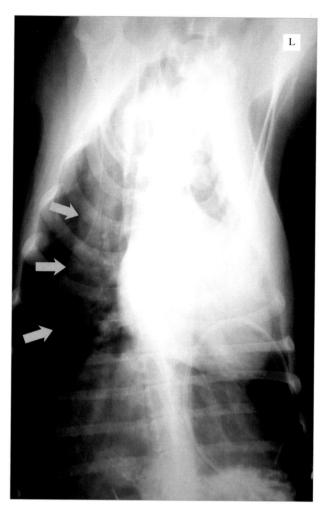

图8-57　单侧张力性气胸患犬胸部腹背位影像：肺从胸壁缩回，由于塌陷而增加了放射不透明性。肺和胸壁之间的空间是射线可透的。由于右侧胸膜腔压力增加，心脏轮廓明显向左侧偏移。

气胸

胸膜腔内存在空气称为气胸。造成动物气胸的原因多种多样，如创伤、肺破裂或食管破裂、胸壁撕裂、纵隔气肿或肺肿块空洞破裂。

与气胸有关的放射征象有：

- 肺胸膜的表面从壁胸膜表面退缩，胸壁与肺之间的间隙是可透射线的，如图8-57所示。

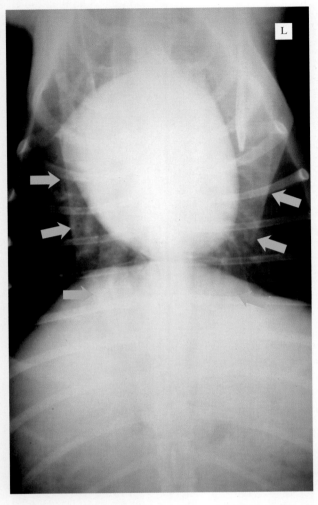

图 8-58 犬胸部腹背位 X 线片，可以看到人为因素引起的皮肤皱褶。这些人为因素可能会被误认为是气胸。

读片时应谨慎，因为可能存在类似于气胸存在的假象，如皮肤皱褶（图 8-58）。

■ 肺轮廓没有延伸到胸壁（图 8-57）。
■ 肺萎陷的影像密度增加（图 8-57）。
■ 心脏背侧移位（侧位拍片可见）（图 8-59）。

胸腔积液

胸腔积液为胸膜腔内出现液体。

如果主射线不以切线方向穿过液面，少量胸水在标准侧位片、腹背位/背腹位片上可能不会被注意。为了确保积液和 X 线束间的切向投射，可以采取胸侧位或腹背位水平光束拍摄。如果有游离的胸膜液，它会重力性下沉，这样 X 线就会切向穿过液 - 气界面。

小动物胸腔积液的病因多种多样，如充血性心衰、肿瘤、脓胸、乳糜胸、肺炎、低蛋白血症、凝血功能障碍、创伤、膈肌破裂、纵隔炎等。虽然胸腔积液的病因多种多样，但其放射学表现总是相同，因为液体的分布及透明度与病因无关。

X 线片不能显示胸腔积液的性质。

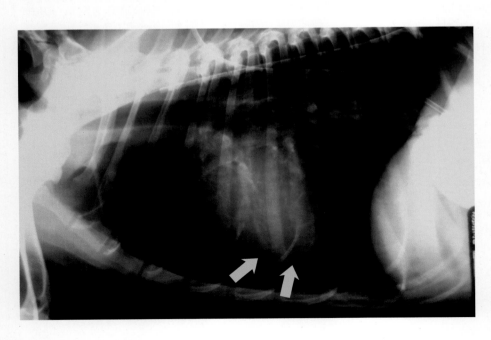

图 8-59 气胸患犬的侧位 X 线片。箭头表示心脏向背侧移位。

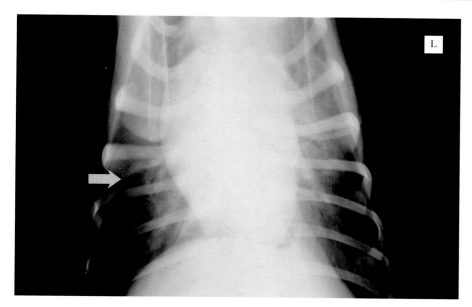

与胸膜腔游离液体相关的放射学征象有：

- 小叶裂隙增宽；肺叶软组织密度增大（图8-60）。

图8-60 胸膜腔积液患犬的腹背位片：可见大量叶间裂隙。

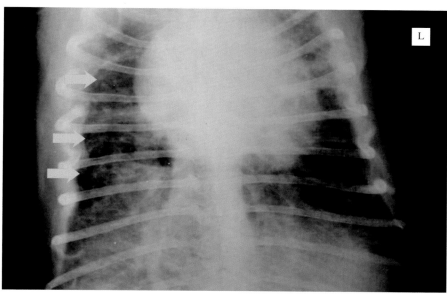

- 肺胸膜面已离开胸壁而缩回，肺和胸壁之间的液体呈现软组织密度（图8-61）。

图8-61 胸腔中出现支气管和液体影像的患犬腹背位片：两侧半胸的肺叶因液体密度（箭头）与胸壁分离。

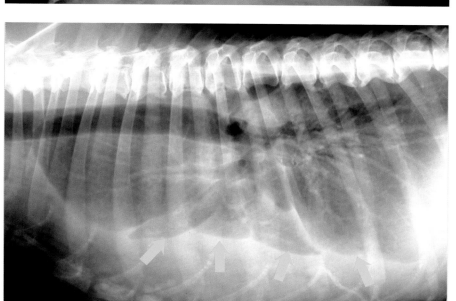

- 胸骨以上软组织密度增加（侧位片）；这种密度通常有扇形边缘（图8-62）。
- 肋膈角（腹背位）呈圆形轮廓。
- 心脏能见度降低。
- 膈轮廓不清。

图8-62 犬胸膜腔积液的侧位片：可见叶间裂隙。液体使心脏轮廓和横膈无法观察到。此外，胸骨背侧密度增大，呈扇形边缘。

肺

X线片是评估肺部疾病的一种极好的诊断工具。这是由于肺中有（射线可透的）空气，这与一边的胸内软组织和胸骨外结构以及不透射线的肺部分病变形成了很好的对比。在最大吸气时拍摄X线片，可以获得高质量的诊断图像。

> 肺内充气良好对肺部疾病的放射学诊断至关重要。

侧位投射会导致肺下部的部分空气损失，从而增加射线不透性，降低与不透明肺病变的对比。因此，对肺上部的影像学评估是最可靠的。如果怀疑是单侧肺损伤，建议采取左、右侧位投射，以及相应的正位垂直投射。

> 为了对肺部进行完整的放射学评估，需要三个投射（右侧、左侧和腹背位/背腹位）。

本节仅描述两种肺部疾病的放射学表现：肺结节和肺叶扭转，手术方法在其他章节已经讨论过。

肺结节

胸片上可看到直径超过5mm的肺结节。如果大于3cm，称为肿物。

肺结节最常见的病因包括原发性肺肿瘤、肺的转移性瘤、肉芽肿、血肿、囊肿和脓肿。

这些病变的放射学外观非常相似；结节结构可以是单发的或多发的，并有软组织或钙化影像（图8-63至图8-65）。

> 肺结节可为单发或多发结节结构，伴软组织或钙化影像。

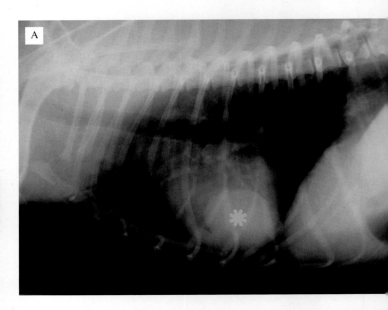

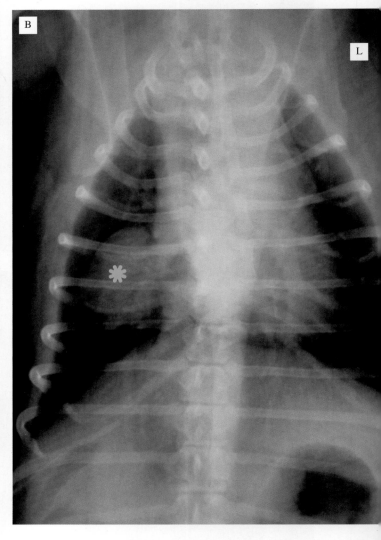

图8-63 犬的侧位（A）和腹背位（B）X线片：单发肺结节伴软组织影像（星号）。尸检显示为原发性肺癌。

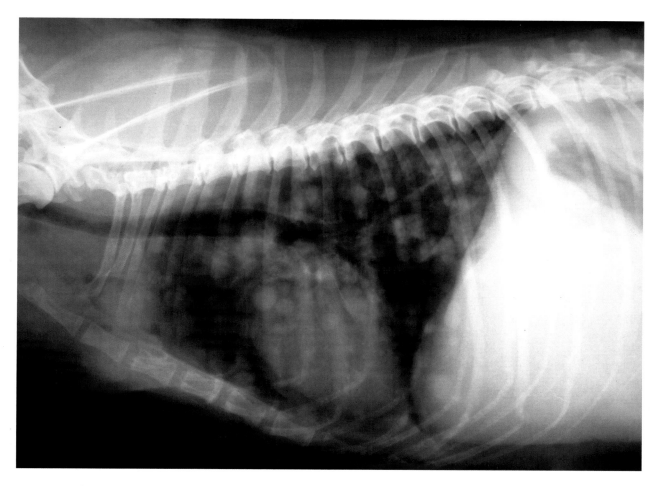

图8-64　肺内多发结节的犬侧位X线片：肿瘤肺内转移的特征。

　　犬最常见的单发结节和肿块是原发性肺肿瘤。其他孤立性病变如脓肿通常伴有其他放射学征象，如肺实变、肺不张和胸腔积液。

　　最常见的多发结节是肿瘤的肺内转移，而引起这种特征的其他疾病，如真菌性肺炎或肉芽肿病是罕见的。

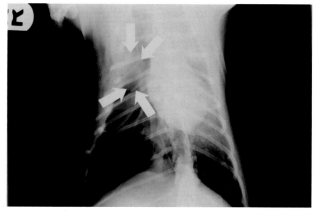

图8-65　"高空坠落"猫的腹背位片：胸廓右侧可见皮下气肿，并有几根肋骨断裂（见左图，白色箭头）；黄色箭头为呈软组织密度的单个结节结构，与血肿相对应。

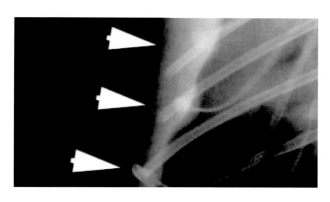

肺叶扭转

虽然在文献中有大量的描述，但肺叶扭转在犬类十分罕见。然而，如果发生这种情况，通常需要迅速的外科干预。

与此病理相关的放射学征象包括胸膜腔积液（单侧或双侧）、肺叶不张或实变、肺叶移位、支气管移位和/或塌陷、气管背侧移位、纵隔移位、纵隔气肿和气胸。还描述了受影响肺叶典型的水泡型肺气肿（图8-66）。

虽然扭转可能影响任何肺叶，但右肺中叶似乎最常见。

> 水泡型肺气肿是肺扭转的典型表现。

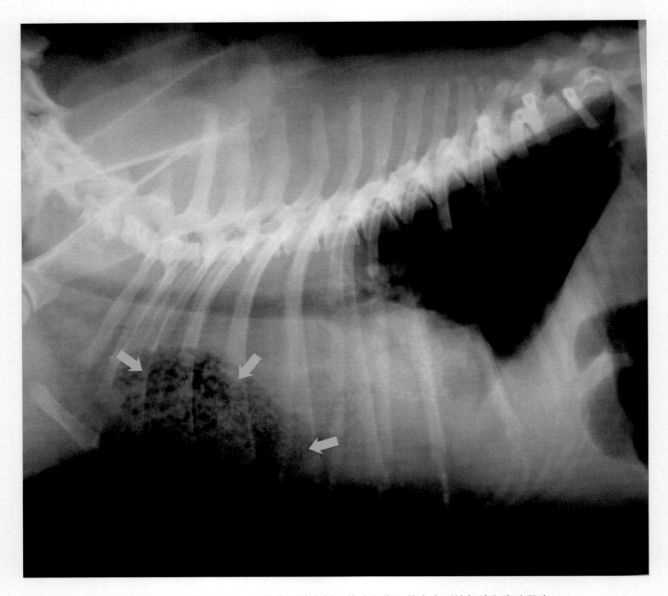

图8-66　左肺前叶扭转患犬的侧位胸片：注意胸腔前腹侧（箭头所指）的水泡型肺气肿和胸腔积液。

食管

　　胸部食管的常规X线检查要求标准侧位。背腹位和腹背位投影提供的信息很少，因为叠加在脊柱上，所以有时推荐斜投影显示食管。

　　胸部食管在气管背侧，在平片上不可见。这是因为它的轮廓无法从周围组织（纵隔背侧、筋膜和结缔组织）中剥离出来，而这些组织具有相同的射线不透性。

　　一般来说，如果在食管内可见空气，则提示食管发生了改变。然而，有时在正常的食管中也能看到少量吞咽的空气，少量空气最常见的部位是紧邻前食管括约肌的尾侧、胸腔入口和心基背侧（图8-67）。

　　如果X线片提示食管疾病，可能需要进行食管造影，包括口服阳性造影剂（液体钡）。在使用钡剂时，必须非常小心，以免吸入，这可能导致吸入性肺炎（图8-68）。

　　怀疑食管穿孔时，可用含碘的水溶液造影，因为这些溶液对体腔的毒性较低。然而，由于其覆盖黏膜的能力有限，因此不能常规使用。

> 如果怀疑食管穿孔，应避免使用钡剂，而应使用碘制剂造影。

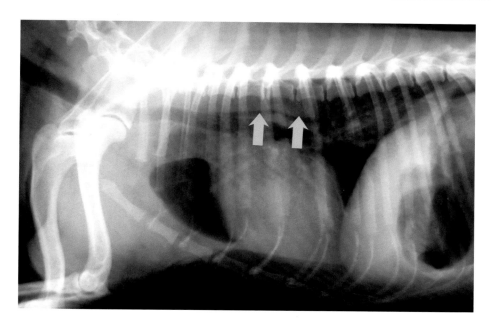

图8-67　侧位胸片：箭头指示食管腔内有少量吞入的空气。

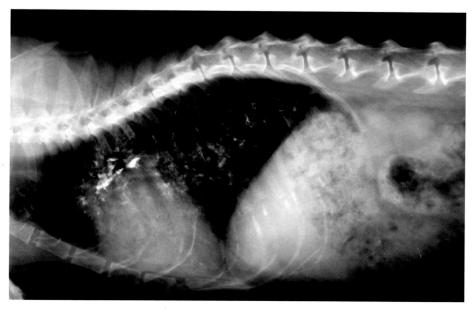

图8-68　侧位胸片：有吸入的钡剂。

食管造影需要下列操作：

- 用保护纸或毛巾覆盖动物，防止造影剂污染动物皮毛，从而造成人为影像（图8-69、图8-70）。
- 用注射器给动物口服阳性造影剂悬浮液（5～20mL），或将少量罐装食品与造影剂混合，让动物食用。

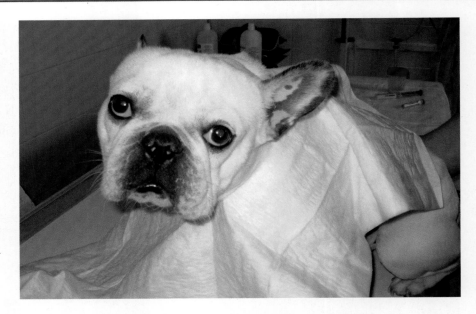

图8-69　在使用造影剂之前用围裙覆盖动物有助于防止人为影像。

> ✳ 如果用钡剂进行食管造影，应缓慢投服以避免吸入。

- 使用造影剂后（时间为零），应立即拍摄侧位X线片，如果没有食管病变，造影剂会到达胃区。

> 在使用阳性造影剂之前，病患应戴上围裙以防止放射性污染。

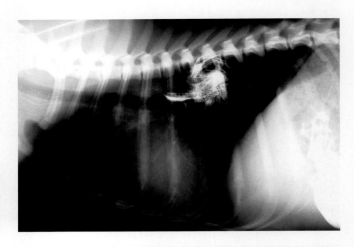

图8-70　显示阳性造影剂的侧位胸片。这个病例是人为干扰，因为造影剂污染了病犬的被毛。

巨食管

巨食管是食管局部或食管全段的异常扩张。

它可能是先天的，也可能是后天的。巨食管最常见的先天性原因是血管环的异常，其中持久性右主动脉弓最为常见。其他不太常见的血管异常有双主动脉弓和异常的右锁骨下动脉。

巨食管的后天性原因包括食管狭窄（如异物、食管外周肿物）、神经肌肉疾病、内分泌紊乱、胃肠道改变（幽门狭窄、食管炎、胃扩张或扭转）、有机磷或铅中毒。

以下是在侧位平片上，食管腔被空气扩张时的巨食管放射学征象（图8-71、图8-72）：

- 在胸前段食管水平面，食管腔与颈长肌相对。
- 食管腹侧壁位于气管背侧，导致食管腹侧壁与气管背侧壁视觉融合，形成气管条纹征。有时可在气管腹侧发现食管侧腹壁。
- 胸后段食管为软组织密度的一对薄条带，在膈裂孔处呈V形汇聚。
- 气管腹侧移位。

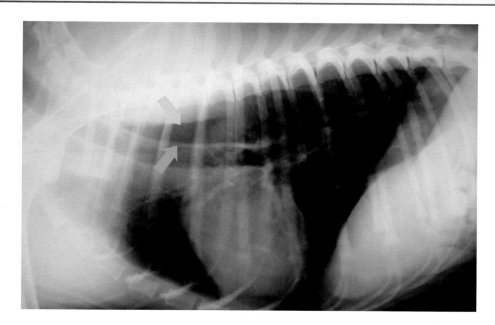

气管条纹的存在提示有巨食管。

图8-71 犬胸部侧位片：注意食管腔在颈长肌上的投影（黄色箭头）。食管腹侧壁与气管背侧壁的"融合"形成了气管条纹征（蓝色箭头）。

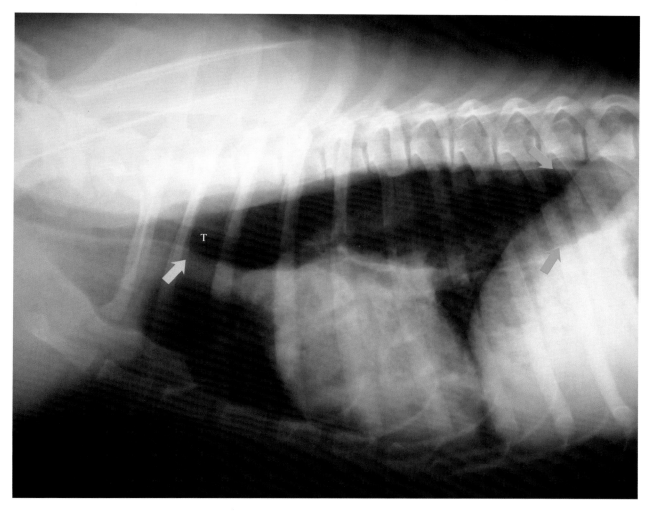

图8-72 胸部侧位片：食管腹侧壁在气管（T）腹侧（黄色箭头），蓝色箭头表示胸后段食管壁在横膈裂孔处呈V形。汇聚。

虽然在X线平片上诊断巨食管相对容易，但食管造影阳性可以确诊，并提供有关病变程度的信息（图8-73）。

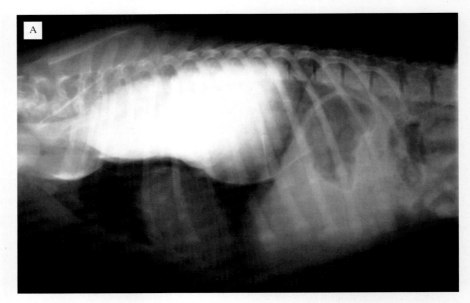

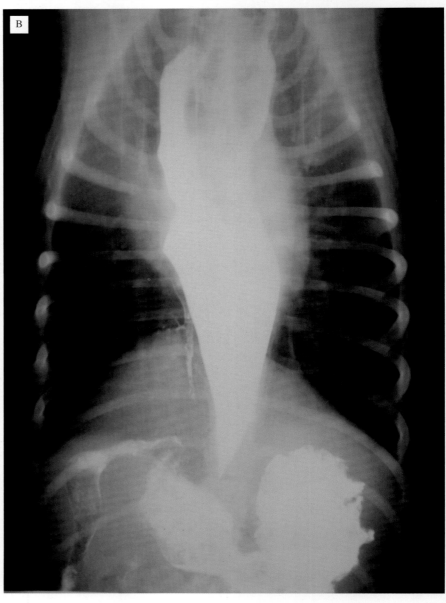

图8-73 德国牧羊犬幼犬的特发性巨食管侧位（A）和腹背位（B）X线造影阳性影像。

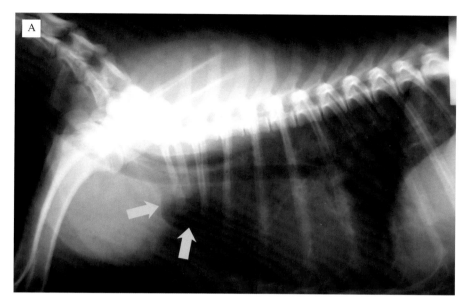

持久性右主动脉弓

如果第四右主动脉弓在出生后仍然存在，就会在食管周围形成血管环，造成自食管背侧至心基处对食管的压迫。

食管在这个水平处变窄，导致狭窄前方的食管扩张，可能包含空气、液体或食物。

用 X 线平片诊断这种病例可能有困难，对这种病例可以进行食管造影（图 8-74），阳性通常可以确诊。

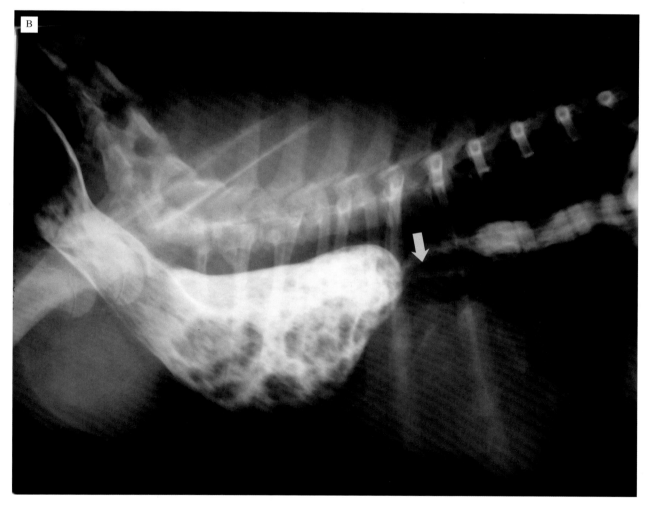

图 8-74　胸腔侧位片。A.箭头所示为气管腹侧与食管相对应的透光轮廓；B.食管造影阳性显示持久性右主动脉弓，导致食管狭窄处前部严重扩张（箭头）。

食管异物

犬的食管内异物有许多不同的类型，可能是不透射线的（如骨头、针）或可透射线的（如木头）。异物的常见位置是在胸廓入口、心基部和食管裂孔前侧。

X线平片通常显示不透射线的异物，而阳性造影片可以观察到可透射线的异物（图8-75至图8-77）。

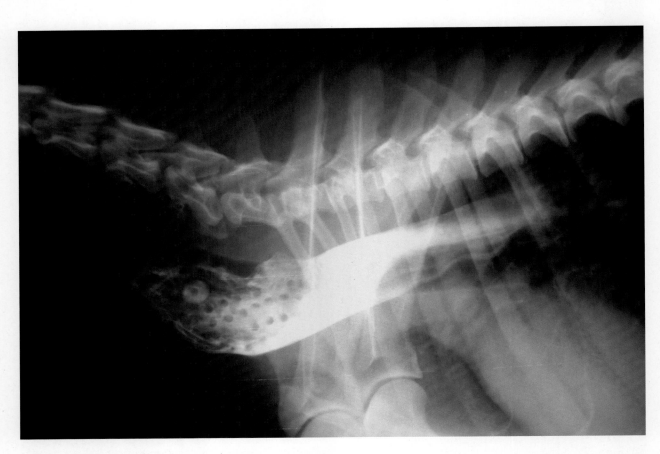

图8-75 食管造影阳性，显示有形状特殊的异物，原来是玩具。

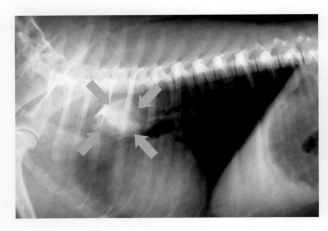

图8-76 位于心脏基部胸部食管处的不透射线异物（箭头）为骨头。

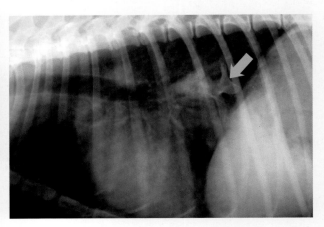

图8-77 位于食管裂孔前侧的不透射线异物为胸部食管内骨头。

食管裂孔异常：裂孔疝和胃-食管套叠

在许多病例中，X线平片对这些疾病的诊断是不确定的。然而，有时可能存在某些放射学征象，表明存在食管裂孔疝或胃-食管套叠，随后可通过食管造影或内镜确诊。

在食管裂孔疝的病例中，食管末端括约肌向前侧移位，有时可在胸腔内看到胃皱襞（图8-78）。

在胃-食管套叠中，胸腔后背侧可见一呈软组织或非均质密度的团块，与内陷胃区影像相对应，有时可见胃皱襞覆盖肿块。此外，在肿块的前侧常见扩张的食管（图8-79）。

> 食管裂孔的改变应通过造影和/或内窥镜检查来证实。

心血管系统

在本书中，得益于手术治疗的心血管疾病，几乎完全是先天性的。

这类疾病包括动脉导管未闭、肺动脉瓣狭窄和主动脉瓣狭窄。

> 对于心脏的检查，放射学检查不是一种非常敏感的方法，而超声心动图是首选的诊断方法。

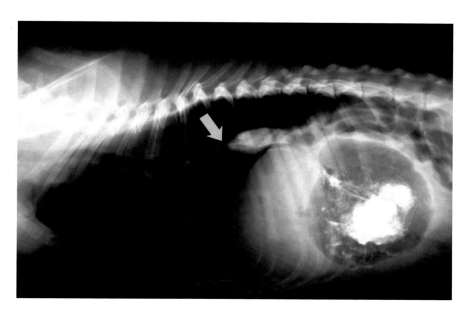

图8-78　食管裂孔疝患犬的胸腔侧位片：注意膈肌前方的食管末端括约肌（箭头所指）。

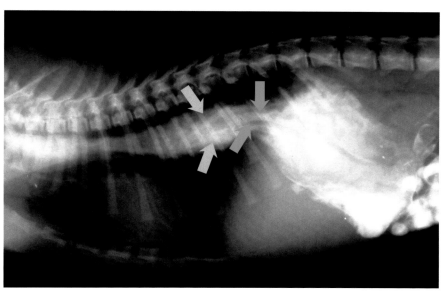

图8-79　食管造影阳性片：黄色箭头表示食管扩张。蓝色箭头表示食管内的胃皱襞。

侧位片的心脏放射学解剖

心脏轮廓占据中央纵隔的2/3，呈卵圆形，位于第4～6肋间隙之间。

犬的心脏大小取决于许多生理因素（心动周期、呼吸相、肥胖程度、品种）以及技术因素，如病患选择左或右侧卧位，这些因素都会影响其外观。

犬的品种对心脏形态是一个主要的影响因素。在侧位片上，宽胸犬的心脏轮廓与整个胸腔容积相比较大，心脏位于胸骨上，心基部明显向前侧倾斜。在深胸犬品种中，心脏相对于胸廓容积较小，并且有一个更垂直的心轴。中等胸型犬的心脏形态介于这两个极端品种之间。

有一个心脏轮廓的测量方法可以兼顾到每个不同的品种，称为"椎体心脏评分"或"Buchanan指数"。计算方法为：将心脏长轴和短轴的长度相加（长和宽），以心脏背侧的椎体数表示，从第4胸椎（T4）开始。正常指数在8.5～10.5椎单位之间（图8-80）。

> Buchanan指数是可以兼顾不同品种的心脏轮廓测量方法。

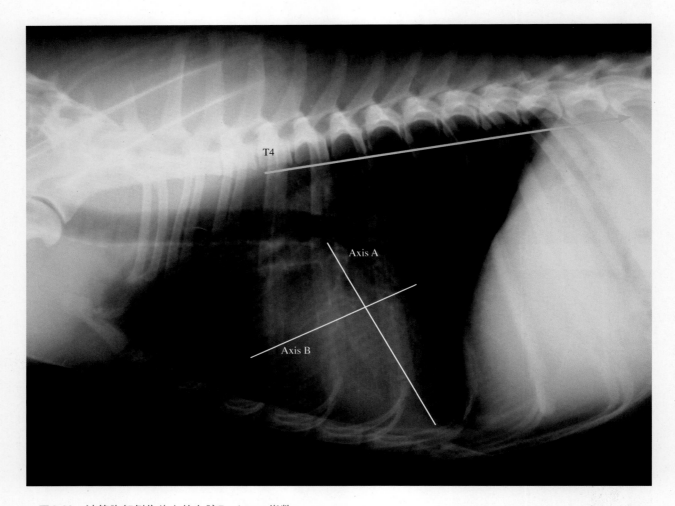

图8-80　计算胸部侧位片上的心脏Buchanan指数。

除了生理因素外，还有技术因素——心脏轮廓在不同侧卧位的X线成像不同。

右侧卧位心脏轮廓呈椭圆形，而左侧卧位心脏轮廓呈圆形，因此心尖可稍向胸骨背侧的位置移位。

心室的外部界限在X线片上是看不见的，因为它们具有相同的射线不透明性，不能相互区分，因此在放射学上只能推测腔室的大小和位置（图8-81）。

> 心室的轮廓是看不见的，只能推测。

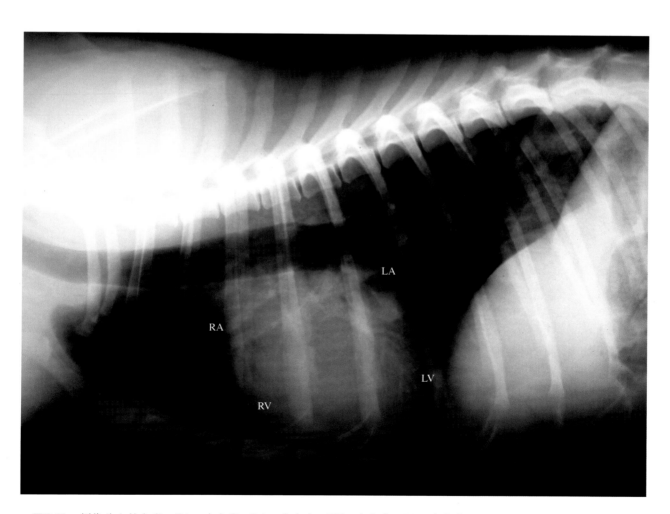

图8-81　侧位片上的心室。RA，右心房；LA，左心房；RV，右心室；LV，左心室。

背腹位/腹背位片的心脏放射学解剖

在腹背位/背腹位投照时，通过将心脏轮廓与钟面比较，可以推测心脏各结构的位置，如图8-82所示。

正如侧位投照一样，心脏的形状在背腹位/腹背位投照会受到生理或拍摄技术的影响。在腹背位（VD）片上，心脏轮廓会增大，然而在背腹位（DV）投照时，心脏看起来更倾向于椭圆形，心尖略向左半侧胸廓偏移，同时膈肌也有前移。

借助于时钟比喻，可以推测心脏腔室在腹背位/背腹位投照时的位置。

心腔的变化

左心房和右心房

左心房（LA）唯一可被放射学诊断的变化是扩张，表现为心脏后背侧边界增大（侧位投照），进而导致左主支气管向背侧移位（图8-83A）。在VD/DV投照位，LA的扩张引起左主支气管和右主支气管的间距增大。如果左心耳扩张，在时钟2：00—3：00位会有凸起，此处对应于左心房（图8-83B）。

像左心房一样，右心房唯一可被放射学诊断的变化也是扩张，同样也会导致侧位片上心脏轮廓的前侧凸起（图8-84A）。在VD/DV投照时，可以在时钟9：00—11：00位观察到凸出物（图8-84B）。

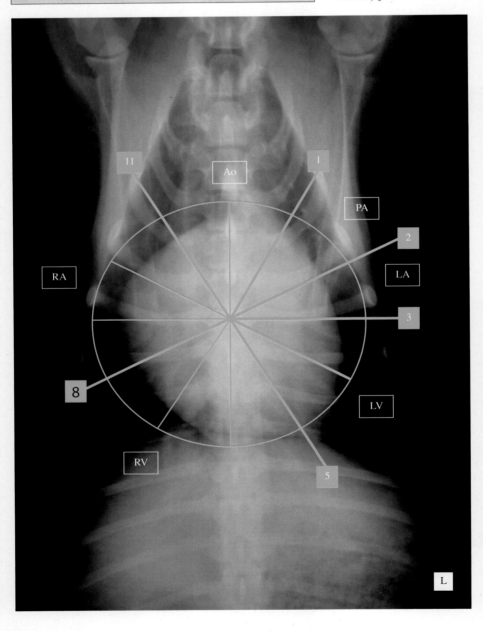

图8-82 按照时钟比喻，心脏的不同结构在胸部腹背位投照时的位置：LA，左心房；RA，右心房；LV，左心室；RV，右心室；Ao，主动脉；PA，肺动脉。

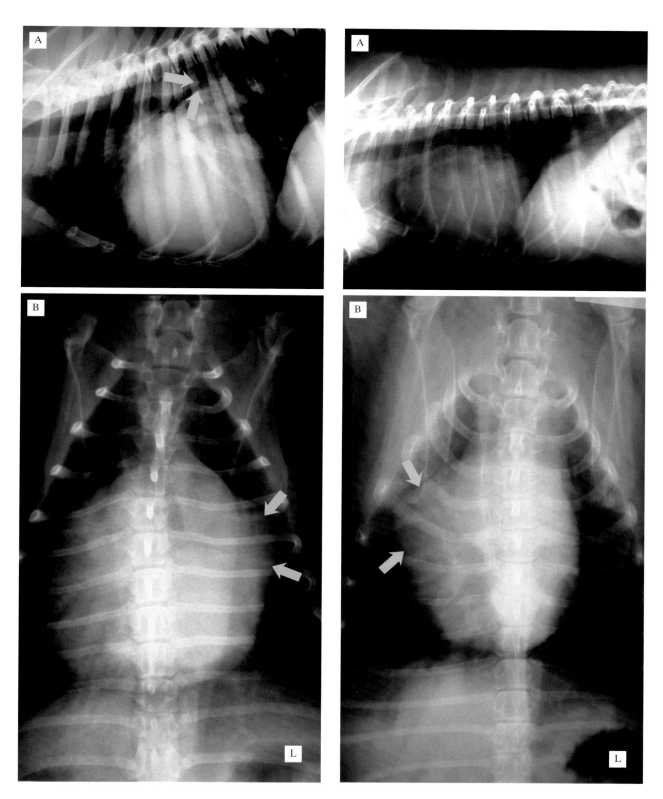

图 8-83 侧位和腹背位片显示左心房扩张的放射学征象。A.随着心脏后背侧边界增大，左主支气管向背侧移位（箭头所指）；B.在时钟 2：00—3：00 之间的凸出物（箭头所指）。

图 8-84 侧位和腹背位片显示右心房扩张的放射学征象。A.心脏轮廓向前侧凸起；B.在时钟 9：00—11：00 之间的凸出物（箭头所指）。

左心室和右心室

心室肥大在放射学上难以评估。

左心室（LV）壁厚，壁厚对心脏轮廓的影响很小。严重肥大时，心脏侧位投照可以观察到心脏轮廓的后背侧变大，VD/DV投照的左心室区域（时钟3：00—5：00）凸起，可以看到圆形的心尖（图8-85）。

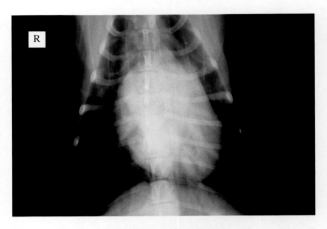

图8-85　由于左心室扩张，胸部腹背位投照显示圆形的心尖。

右心室肥大导致心脏与胸骨接触面积增加（侧位投照），并在时钟5：00—9：00之间隆起，从而产生右心呈倒D形的放射学图像（VD投照）（图8-86）。

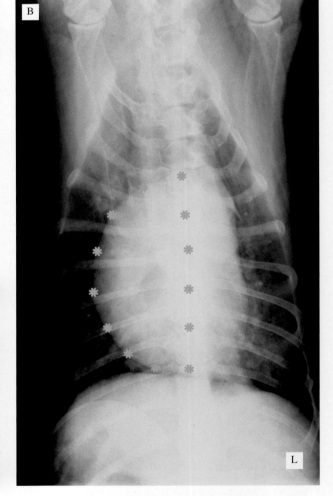

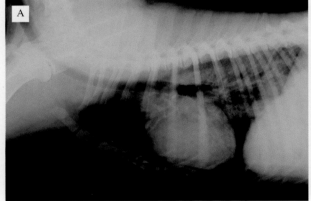

图8-86　侧位和腹背位片显示右心室扩张的放射学征象。A.心脏和胸骨之间的接触面积增加；B.在时钟5：00—9：00之间隆起，形成倒D形。

动脉导管未闭

　　在胎儿时期，动脉导管将血液从肺动脉经主动脉转移到全身循环。出生后，氧张力增加会抑制局部前列腺素，导致导管的功能性关闭，随后几周内发生解剖学上的关闭。

　　如果出生后导管没有关闭，血液可从主动脉分流到肺动脉，增加肺循环的血流和压力。

　　动脉导管未闭引起的循环障碍可导致一系列放射学征象（图8-87）：

- 降主动脉扩张。
- 肺动脉干扩张。
- 左心房扩张。
- 左心室增大。
- 肺动脉和肺静脉扩张。

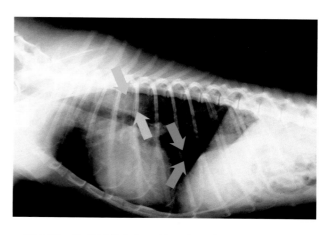

图8-87　胸腔侧位片显示的是降主动脉的扩张（黄色箭头）。注意降主动脉和后腔静脉的血管直径的差别。

肺动脉狭窄和主动脉狭窄

　　先天性肺动脉狭窄可能是由于肺动脉瓣畸形（这是最常见的原因），也可能是由瓣膜下或瓣膜上狭窄引起的。狭窄导致了右心室压力增加，导致右心室变大（倒D形）和肺动脉干扩张（图8-88）。

　　主动脉狭窄最常见的原因是左心室瓣下区出现狭窄，从而导致左心室压力升高。在放射学上，主动脉狭窄会导致主动脉弓、左心室和左心房的扩张（如果存在继发性二尖瓣功能障碍）（图8-89）。

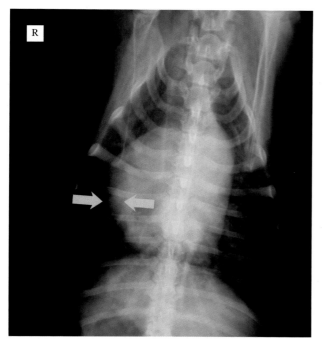

图8-88　患肺动脉狭窄的犬胸部腹背位片：显示右肺后叶处的肺动脉直径增加，心脏呈倒D形。

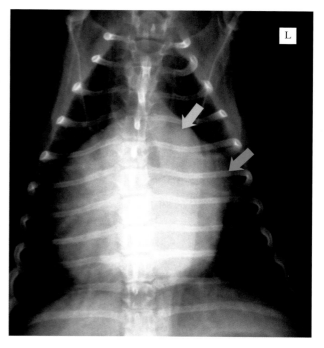

图8-89　患主动脉狭窄的犬胸部腹背位片：显示主动脉弓扩张（黄色箭头）和左心房扩张（蓝色箭头）。

气管

胸腔段气管的常规检查要求胸部侧位。将病患的头颈部摆直，不能有过度伸展或屈曲。强迫颈部伸展会造成胸腔入口处气管狭窄和受压的假象，而屈曲可导致胸段气管向背侧弯曲，提示前纵隔有肿物导致背侧移位。

> 气管检查的侧位片应该保持头颈伸直。屈曲或过度伸展可能导致人为假象。

胸部位于中线，因气管与脊柱叠加，很少有用腹背位投照。如果气管周围有肿物压迫而出现气管的侧方移位，这个投照可能很有意义。对短头吻犬种和肥胖动物而言，气管可能会轻微向前纵隔的右侧移位。

气管塌陷

气管塌陷时，伴随着呼吸运动会出现气管腔的动态变窄，其原因是气管刚性结构减弱。

颈段气管塌陷发生在吸气期（尤其注意胸腔入口处），而胸段气管塌陷发生在呼气期（主要在其前侧）。

> 吸气阶段的颈段气管塌陷，呼气阶段的胸段气管塌陷。

由于气管塌陷的动态特性，对其评估需要在吸气阶段和呼气阶段拍摄侧位片。除了侧位片，前背-后腹位的切向天际线投照可能有用，如图8-90所示。图8-91显示了正常气管和塌陷气管的天际线X线片。

图8-90 斜向的前背-后腹位（天际线）投照摆位，以获取胸腔入口处的气管X线片。

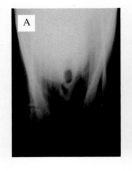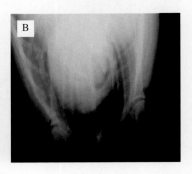

图8-91 采用天际线投照法获得的X线片。A.正常气管的切向投照；B.塌陷气管的切向投照。

横膈

　　横膈是胸腔和腹腔之间的肌肉腱性隔离。

　　根据犬种、年龄和肥胖程度，以及拍摄时的摆位，犬横膈放射影像的形状有很多变化。

　　在侧位投影中，横膈通常呈Y形，上支代表左右两根膈柱，下支代表腹侧横膈穹顶。

　　动物躺卧侧的膈柱向前突出（图8-92）。

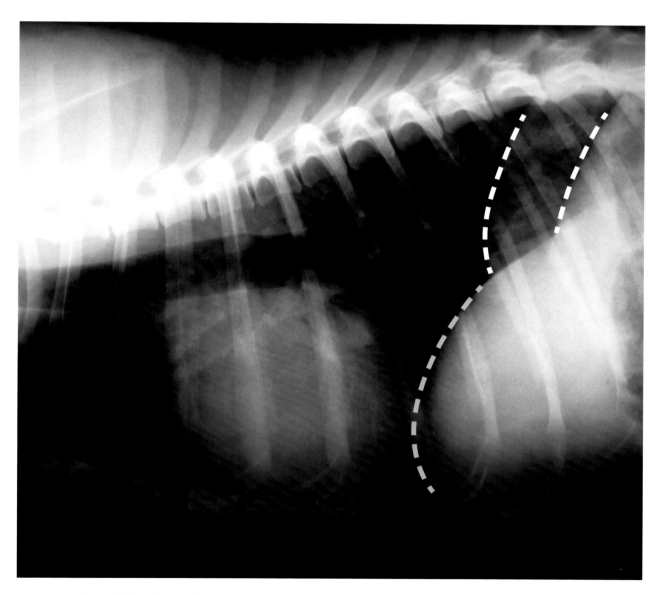

　　图8-92　胸部左侧位X线片。白色虚线表示左侧（大部分在前侧）和右侧膈柱的轮廓。黄色虚线表示腹侧的横膈穹顶。

在背腹位/腹背位投照中，影像取决于X线束的中心位置。横膈可以表现为一个或两个或三个独立的穹顶状结构（图8-93）。

在侧位片上，横膈呈Y形，而在腹背位/背腹位片，则可能表现为一个或两个或三个独立的穹顶状结构。

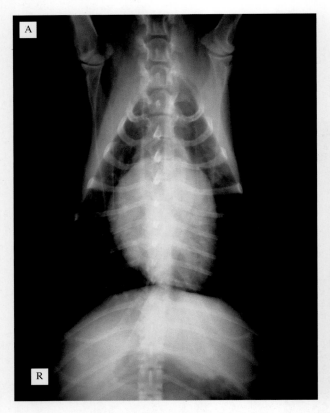

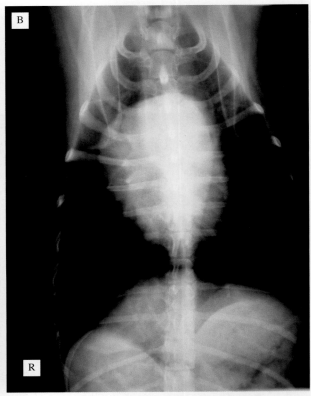

图8-93　腹背位投照显示的横膈影像可能因X线束的位置而异。A.横膈看起来像一个单一的穹顶状结构；B.横膈看起来像是三个独立的穹顶状结构。

横膈异常最常见的放射学征像包括其轮廓的全部或部分丧失，以及形状和位置的改变。

如果横膈与密度相近的组织（如软组织、液体）相邻，那么它的轮廓丧失（图8-94）。

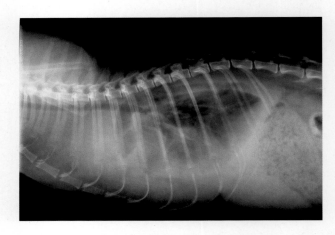

图8-94　侧位胸片显示胸腔积液。胸膜腔内的液体使横膈轮廓丧失。

横膈形状的变化最常出现在穹顶上。在许多情况下，这些是正常的，是由横膈和心脏之间的接触或病患的体位引起的（图8-95）。

横膈的位置发生明显改变，如明显的向前或向后移位，可提示胸腹腔异常。

膈疝

膈疝是腹腔脏器通过横膈进入胸腔。膈疝最常见的原因是创伤，虽然先天性腹膜心包疝和胸膜腹膜疝也可能引起。

放射学在膈疝的诊断中起着重要的作用。如果胸腔内的腹部结构清晰可见，普通X线片常能提供明确的诊断（图8-96、图8-97）。

然而，有时有必要进行放射造影（口服钡剂或腹膜腔造影）进行确诊（图8-98、图8-99）。

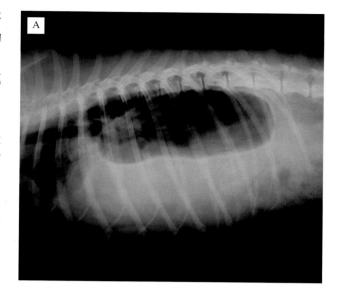

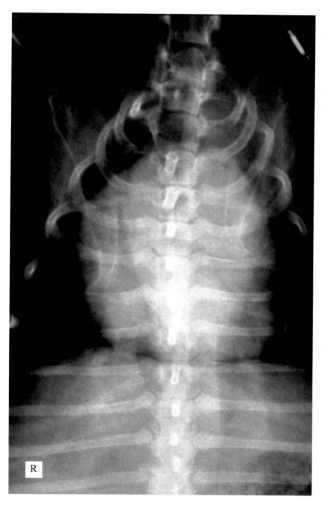

图8-95　胸部的腹背位片：由于和心脏接触，导致横膈失去了正常穹顶状结构。

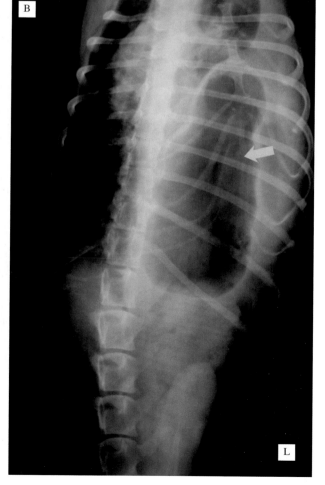

图8-96　膈疝患犬的胸部X线片：A.侧位片提示胃的轮廓向前移位；B.腹背位片提示胃完全移位进入胸腔（箭头）。

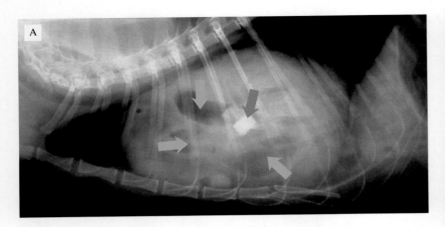

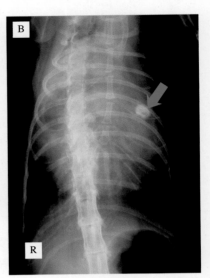

图8-97　先天性腹膜心包疝患猫的胸部侧位片（A）和腹背位（B）片。注意心包腔内充满气体的管状结构即肠袢（黄色箭头）。不透射线的结构（蓝色箭头）是一个糖纸，它引起小肠梗阻（疝是意外发现的）。

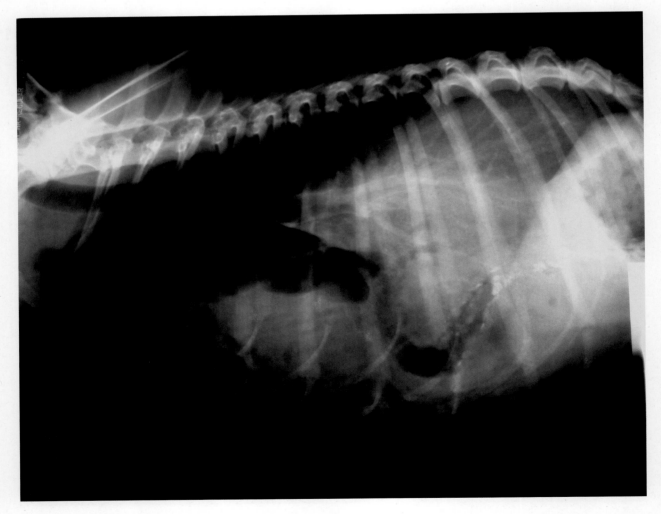

图8-98　胃肠道的阳性造影研究：注意穿过横膈到达胸腔的可透射线的肠袢。

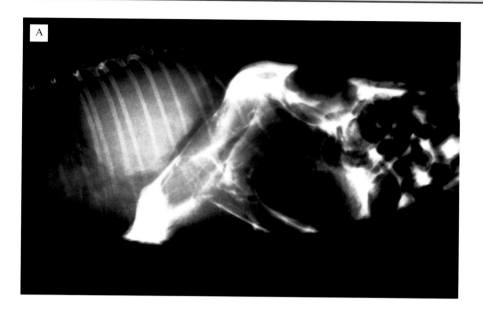

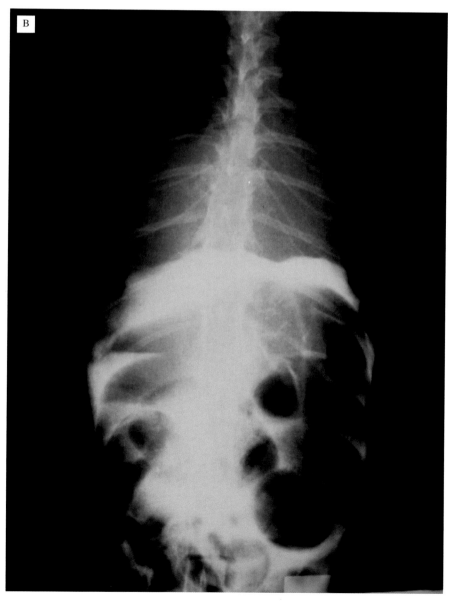

图8-99 腹膜腔阳性造影：侧位（A）和腹背位（B）投照显示横膈的正常轮廓。

胸部细胞学

诊断细胞学或细胞病理学可定义为对组织背景之外的孤立细胞或细胞群进行形态学研究。目的是至少获得一个初步的诊断，如果可能的话，也会是一个明确的病变诊断。

在兽医学中，细胞学诊断被普遍认为是一种非常有用的技术，它有许多优点：取样快速、简单，对动物没有风险，成本最低，获取结果的速度快。

细胞学的缺点主要是细胞学判续的困难和样品的质量，由于病料的大小有限和细胞结构完全丧失。

> 细胞学研究可能有助于指明诊疗方向和制订治疗方案，如建议外科手术或排除外科手术作为治疗选择。

采样技术

胸腔内的细胞学采样可通过如下方法：气管灌洗（经气管或气管内）、支气管或支气管肺泡灌洗（BAL）、经胸细针毛细管（FNC）采样、细针抽吸（FNA）、胸腔穿刺或心包穿刺。

细胞学采样需要用到的基础用品取决于使用的方法：

- 经气管灌洗：套管针。
- 气管内灌洗：能进入气管插管的导管。
- 支气管或支气管肺泡灌洗：理想的支气管镜。
- 细针抽吸仅需要一个20～25G的头皮针，如果病灶很深，则选择22～25G的脊髓穿刺针。
- 显微镜检查用的玻片、注射器和皮肤消毒药。

> 灌洗得到的样本具有很大的诊断意义，因为可以利用它们做细胞学和细菌培养。灌洗可以为呼吸道疾病的临床和/或影像学诊断提供证据。

气管灌洗的两种方法：经气管或气管内。大型犬常使用经气管灌洗法，而猫和小型犬常使用气管内灌洗法。

经气管灌洗（图8-100）的方法是对动物镇静后，在套管针入针处即环甲韧带或两个气管环之间行局部浸润麻醉。一旦穿过气管壁，使针头向下进入气管腔。并将导管穿过它，直至气管和支气管分叉处，大约第4肋间位置。然后抽出针芯，将套管连接到装有无菌生理盐水的注射器（0.1～0.2mL/kg）。前一半快速注射，诱导动物咳嗽，这样可以提高从气道内采集病料的效果，包括远端的气管。然后移除这个注射器，换一个抽吸，反复数次直至无液体吸出为止。将剩余的生理盐水重复上面的过程。

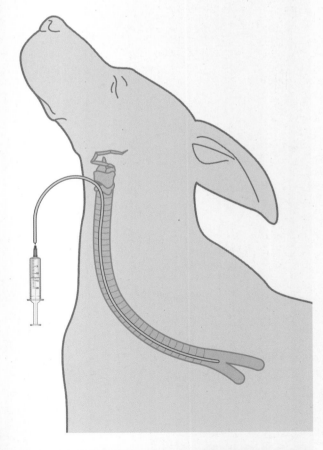

图8-100　经气管灌洗示意图：灌洗管通过环甲韧带或两个气管环之间引入。

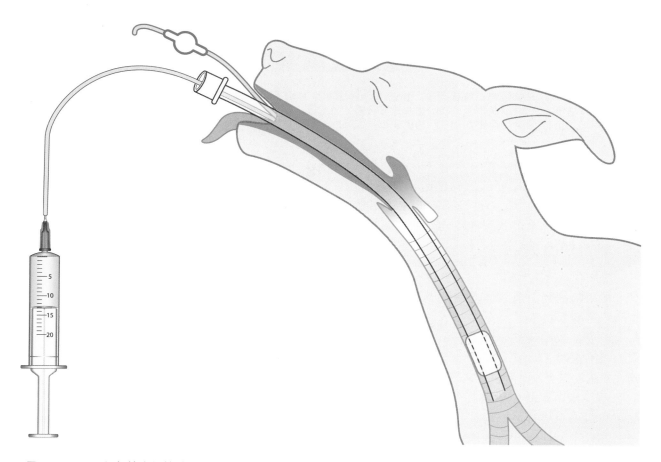

图8-101 图示经气管内插管进行气管灌洗的导管位置。

此项技术的并发症罕见，但包括皮下气肿、气管撕裂、出血、咳血和纵隔气肿等。优点是不需要行全身麻醉，而且样本的口咽污染很小。

另一方面，可以通过气管内插管进行气管内灌洗（图8-101）。要求全身麻醉，而且管子必须小心放置，以防止导管尖端在口咽处污染。灌洗管经插管进入气管和支气管的分叉处，如前所述的方法进行灌洗。灌洗管使用导尿管即可。

支气管肺泡灌洗（BAL）是从包括肺泡在内的小气道内获取样本。最好的方法是用柔软的内窥镜进行支气管检查，要选择型号合适的支气管镜。这种方法要求对动物全身麻醉，支气管镜通过气管内插管从气管进入主支气管，并从主支气管进入不同的肺叶。经支气管镜的活检通道注入无菌生理盐水。

BAL的主要并发症是短暂性缺氧，这也是为什么要在灌洗后给氧大概5～20min，并最好使用脉搏血氧仪进行监护。

在超声引导下，细针抽吸或毛细管采样可获得肺实质肿块、纵隔淋巴结、纵隔肿物甚至心脏肿物的样本。

图8-102　如果行细针活检，应首先清除超声耦合剂以防止样本污染（箭头），样本污染会使判读更加困难，正如此图所示。

图8-103　细胞学涂片的准备。将样本放在玻片上，取第二张玻片以直角放在第一张玻片的顶端。

图8-104　向一边一次性推动玻片，使样本均匀一致的散开。

❋　　　在做超声引导的细针抽吸采样之前，把皮肤上的耦合剂清理干净是非常重要的，因为耦合剂会混入到样本内，干扰细胞学诊断（图8-102）。

❋　　　心包穿刺应该把针连接到三通阀上，这样在排出内容物的时候不用拔针。

如果检测到游离液体或胸腔积液，也可以通过胸腔穿刺术取样。

放射学或超声引导可用于定位液体。一般来说，没有必要对病患镇静。如果积液分布广泛，则在靠近肋软骨交界处的第7～8肋间隙取样，即肋骨的前缘，以防止沿其后缘的血管受到损伤。如果只取一个样本，一根针和一个注射器就足够了，注意不要让空气进入胸腔。然而，如果需要几支注射器，一个连接三通阀的导管可以将气胸的风险降到最低。

❋　　　胸腔穿刺在肋间操作时应该沿着肋骨的前缘进针。

为了从心包中获得积液，应在动物镇静状态下进行心包穿刺，并在穿刺点对胸膜进行局部浸润麻醉。

在负压下将针缓慢小心地插入第4和第5肋骨之间，直至感觉到心包壁的阻力。一旦穿过心包壁，阻力消失，液体会很容易从心包中采集到。显然，为了安全起见，这个过程最好在超声引导下进行。

一旦获得细胞学样本，将其放在显微镜载玻片上。对于FNC采集的样本，在针上连接一个空注射器，通过推动活塞，将针内的样本排出到载玻片上。

在将组织切片放入福尔马林中进行组织学检查前固定，也可以小心地将一小块组织压在载玻片上并轻轻扭动，从而获得活组织样本的压印涂片。

利用压片技术实现FNC样本的扩散。将样本放置在显微镜载玻片上，另一个载玻片以垂直或平行位置放置在样本上，并向侧面移动，通过拖拽使样本分散（图8-103、图8-104）。样本的挤压和展开应在一次平稳运动中进行，不要中断或压力过大，以保证大多数与诊断相关的细胞或代表病变的细胞都聚集在涂片的中心。

对灌洗或穿刺得到的液体进行细胞学分析时，浓缩样本中的细胞是有帮助的。为此需要一个细胞离心机，但若没有，样本可以用低速离心机（1 000～1 500r/min）离心5min。

离心后，尽可能多地去除上清液，用巴斯德吸管吸出沉淀物并置于载玻片上，如上所述推片散开。

然后将涂片风干并染色。

兽医细胞学诊断最常用的参考染色液是罗曼诺夫斯基染色（姬姆萨染色、迈格林华姬姆萨染色、瑞氏染色、Diff-Quick™或快速染色）。

细胞学判读

无论样本的来源如何，三种主要类型的病变（炎症、增生和肿瘤）都有一些诊断性的一般细胞特征；下一部分进行简短的描述。

炎症的细胞学

炎症反应的特征是大量中性粒细胞、淋巴细胞、单核细胞、巨噬细胞、嗜酸性粒细胞或浆细胞。从细胞学的角度看，每种类型细胞的不同比例代表了不同类型的炎症。

- 化脓性炎症：85%以上的炎性细胞为中性粒细胞。
- 急性炎症：70%以上的炎性细胞为中性粒细胞（图8-105）。
- 亚急性炎症：30%～50%的炎性细胞为单核细胞、巨噬细胞和淋巴细胞（图8-106）。
- 慢性炎症：50%以上的炎症细胞为单核细胞和巨噬细胞（图8-107）。
- 肉芽肿性炎症：大量的上皮样细胞和巨细胞（图8-108）。
- 化脓性肉芽肿性炎症：具有上皮样细胞和巨细胞成分的化脓性炎症（图8-109）。

- 嗜酸性或过敏性炎症：嗜酸性粒细胞占炎性细胞的10%以上（图8-110）。

增生的细胞学

细胞学鉴定增生是不容易的，因为增生细胞几乎与正常细胞相同。

肿瘤的细胞学

肿瘤的细胞学评估应当回答以下问题：

- 这个病变真的是肿瘤吗？
- 如果是肿瘤，良性的还是恶性的？
- 肿瘤的来源是什么？

> 根据在样本中发现的细胞数量，可以确定炎症的类型。

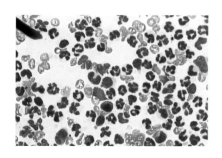

图8-105 炎症细胞群以明显的多型核中性粒细胞为主，这是急性炎症的典型细胞学表现。

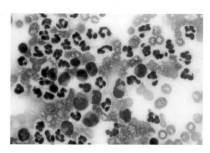

图8-106 亚急性炎症：细胞群由多型核的中性粒细胞和高比例单核的炎性细胞（单核细胞、淋巴细胞和巨噬细胞）组成。

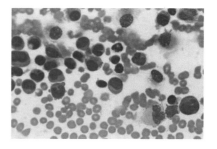

图8-107 慢性炎症：细胞群以淋巴细胞、单核细胞和少量巨噬细胞为主。

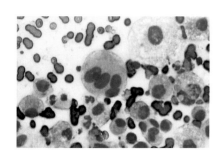

图8-108 肉芽肿性炎症：细胞学图片以巨噬细胞和多核巨细胞为主。

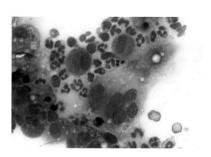

图8-109 化脓性肉芽肿：细胞学图片显示中性粒细胞、一些巨噬细胞和一个多核巨细胞。

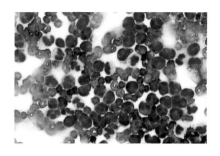

图8-110 嗜酸性或过敏性炎症：这张图片显示超过10%的细胞是嗜酸性粒细胞。

要确定病变是肿瘤性或其他（如炎性），通常有一些一般性指标，如细胞过多、炎性细胞缺乏或缺失以及细胞多形性。然而，回答第一个问题并不总是容易的，尤其是含有炎性细胞和处理过的组织细胞样本。这可能表明肿瘤伴有继发性炎症，但也可能提示炎症伴细胞发育不良。

为了确定肿块是否是恶性的，应该使用所谓的恶性标准，因为没有一个标志可以单独确定肿瘤是否恶性。评估基于表8-1所列的几个标准。恶性肿瘤的最佳指标是核改变，恶性肿瘤的间接标准是细胞特征最少。

良性是组织学诊断，而不是细胞学诊断。因此，应参考以下的诊断性分类：

- 细胞学阴性：未观察到恶性肿瘤的标准。
- 细胞学可疑：发现恶性肿瘤的标准少于3项。
- 细胞学阳性：样本中含有3项或3项以上恶性肿瘤标准。

肿瘤细胞学评估的最后一步是尝试确定肿瘤的确切类型，这是基于细胞群的伪结构特征以及细胞特征，如细胞质和细胞核的大小、形状和特征。

表8-1　恶性肿瘤的细胞学标准		
细胞群体的特征	多形性 无结构的细胞群体 大量/非典型有丝分裂 多细胞	
细胞特征	细胞核特征	细胞核变大 胞核与胞质比例增大 细胞内染色质增多 多核细胞 细胞核形态各异 核仁染色加深 核仁数量增多 核仁体积变大 核仁形态各异
	细胞质特征	胞质嗜碱性 胞质空泡化
间接特征	出血 坏死 胞吞现象增多	

从细胞学角度看，肿瘤基于其起源分为三类：上皮性肿瘤、结缔组织肿瘤和圆细胞肿瘤。

在下一节中，将介绍这些肿瘤的主要细胞学特征（表8-2）。

表8-2　三种基本肿瘤类型的细胞学特征			
特征	上皮性	结缔组织	圆形细胞
细胞化	高	低	高（组织细胞瘤除外）
细胞聚合	有	没有	没有
组织结构	有	没有	没有
细胞大小	大	中等大小	中等大小
细胞形态	圆形	纺锤形	圆形
细胞核形态	圆形	椭圆	圆形
胞质嗜碱性	有	没有	没有（淋巴瘤除外）
胞质颗粒	有时	有时	没有（肥大细胞瘤除外）

核改变是恶性肿瘤的主要诊断标准之一。

一旦对这些标准进行评估，问题应该是：

这些标准中的哪一项或有多少项需要提出，以确定恶性肿瘤的诊断？大多数作者认为至少应该有3项（最好包括核指标）。然而，对强烈炎症的反应过程中可能伴有明显的异常、异型性或细胞发育不良，而分化良好的恶性肿瘤可能仅出现少量细胞改变且少于3项恶性肿瘤的标准。因此，在没有炎症的情况下，呈现出恶性肿瘤特征的组织可被认为是恶性的，但呈现少量改变的样本不应被认为是良性的。

■ 上皮性肿瘤

上皮起源的肿瘤样本通常是高度细胞性的细胞聚集在一起。如果细胞起源于腺体，则这些细胞群可能呈腺泡状；如果细胞起源于表皮样细胞，则可能表现为更孤立或如同铺路状结构。上皮性肿瘤的细胞大而圆，边界清晰，细胞核也呈圆形（图8-111）。

■ 结缔组织瘤

　　结缔组织或间充质起源的肿瘤样本通常是稀疏的细胞，有孤立的细胞或小的非聚集细胞群。中等大小的细胞呈梭形或双极形，胞质边界不清。细胞核呈卵圆形。

■ 圆形细胞瘤

　　这些肿瘤的样本呈高度细胞性，圆形或略椭圆形的细胞通常是分散和独立的。这一类包括淋巴瘤、肥大细胞瘤（图8-112）、组织细胞瘤和传染性性病瘤（图8-113）。根据它们的细胞学外观，一些作者还将黑素瘤、浆细胞瘤甚至基底细胞瘤包括在这一组。

　　接下来将描述通过细胞学检查确定的胸部器官的主要病变。

食管

　　细胞学对食管病变的诊断不是特别有用，然而做内镜检查时刷取的上皮样本可以做细胞学检查。食管标本的正常细胞群由鳞状上皮细胞组成。尽管食管肿瘤很少见，但这种结构的肿瘤主要基于细胞学诊断。最常见的肿瘤是鳞状细胞癌和未分化癌。肉瘤（平滑肌肉瘤、纤维肉瘤、骨肉瘤）不太常见，也更难诊断。

纵隔

　　纵隔的主要病变是淋巴源（淋巴瘤）或胸腺源性肿瘤（胸腺瘤和胸腺淋巴瘤）。不太常见的是，异位甲状腺癌和主动脉体的化学感受器瘤也可能发生。这个区域的炎症病变很少见，但如果发生，细胞学图像与其他炎症相同。下一段介绍纵隔淋巴瘤和胸腺肿瘤，化学感受器瘤将在心脏肿瘤（主动脉体化学感受器瘤、心脏基底肿瘤）中讨论。

纵隔淋巴瘤

　　位于前纵隔，是最常见的纵隔肿瘤，尤其是在感染了猫白血病病毒的幼猫身上。犬的纵隔淋巴瘤罕见（5%的淋巴瘤），常与高钙血症有关（副肿瘤综合征）。

　　通过细针穿刺获得的肿块（淋巴结）细胞学检查显示，存在均质或单态的未成熟淋巴细胞群，即比红细胞大1.5～3倍，胞质嗜碱性，有时可见核仁（图8-114、图8-115）。它常与胸腔积液有关，在胸腔穿刺获得的液体中，可发现相同的淋巴细胞（图8-116），这将在后面讨论。

图8-111　多形性的圆形细胞聚集，细胞核圆形，呈明显的恶性肿瘤征象。

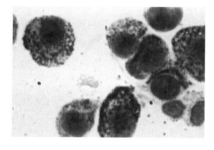

图8-112　肥大细胞瘤：胞质中有典型嗜碱性颗粒的肥大细胞。

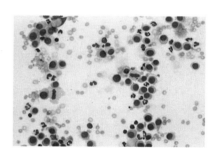

图8-113　传播性性病肿瘤：圆形细胞瘤，细胞核圆形，胞质丰富，稍嗜碱性，有些细胞内含有小液泡。

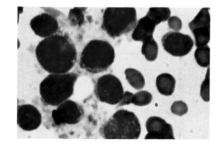

图8-114　纵隔淋巴瘤：匀质的淋巴细胞群，外观不成熟，通过FNA从一只犬的前纵隔肿块中获得。

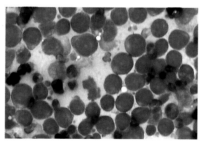

图8-115　犬的纵隔淋巴瘤：可见单一形态的淋巴母细胞群。

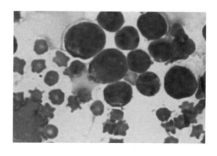

图8-116　猫的纵隔淋巴瘤：来自胸腔积液样本，均质的细胞群，全由淋巴母细胞组成。

胸腺肿瘤

这些肿瘤在前纵隔内形成肿块，其位置与纵隔淋巴瘤非常相似，应加以鉴别。

胸腺中有两种基本类型的细胞：淋巴细胞和网状上皮细胞，这两种细胞群都能导致肿瘤。

- 胸腺淋巴瘤：胸腺淋巴细胞的肿瘤。其细胞学外观与任何淋巴瘤相同，即细胞学样本由均质的淋巴母细胞群组成（图8-117）。
- 胸腺瘤：胸腺上皮细胞的肿瘤。细胞学特征是有几种类型的细胞，胸腺上皮细胞旁有小的淋巴细胞，可能类似于上皮样的巨噬细胞，甚至肥大细胞。

缺乏其他淋巴细胞类型有助于区分胸腺淋巴瘤和胸腺瘤。然而，从细胞学上很难区分胸腺淋巴瘤和纵隔淋巴瘤。

气道

从呼吸道（气管、支气管、细支气管）取样的主要指征是呼吸系统疾病的临床或放射学证据。如前所述，样本取自气管或支气管肺泡腔。这些技术可用于炎症过程的诊断，也可用于细菌学取样。

在灌洗样本的细胞学评价中，黏液的存在是一个恒定因素。黏液呈粉红色或蓝色的条状（图8-118），或呈扭曲的细丝或螺旋状，称为Curschmann螺旋（图8-119）。

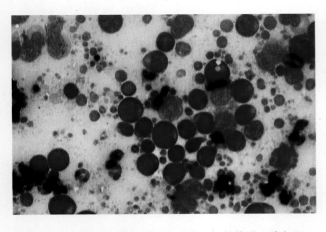

图8-117 胸腺淋巴瘤：细胞学外观与其他淋巴瘤相同。

> Curschmann螺旋的存在与慢性呼吸道疾病（特别是支气管或支气管阻塞）导致的黏液分泌过多有关。

关于样本的细胞数量，与支气管肺泡灌洗液相比，气管灌洗液样本的细胞数量较少（图8-120、图8-121）。

正常情况下，最丰富的细胞为肺泡巨噬细胞（70%～80%），胞质内常可见空泡和吞噬细胞碎片（图8-122）。

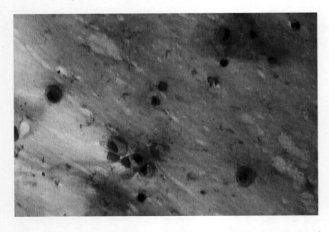

图8-118 支气管肺泡灌洗的样本：粉红色的背景物质是黏液，存在一些巨噬细胞。

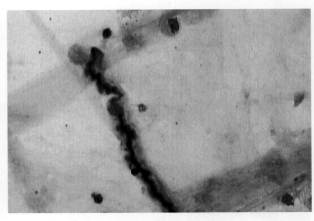

图8-119 Curschmann螺旋：支气管黏液的丝状结构。

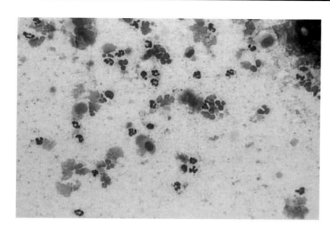

图8-120　气管灌洗样本显示细胞密度低且有中性粒细胞，其中许多是退化的，还有一些巨噬细胞。

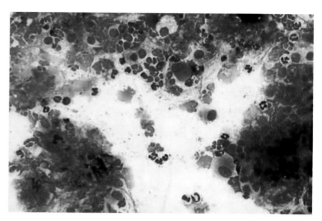

图8-121　支气管肺泡灌洗样本：可见黏液和大量细胞（保存较差），包括巨噬细胞、中性粒细胞（大量退化）和图中右侧的立方上皮细胞。

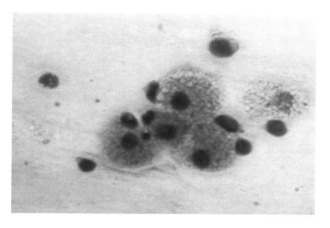

图8-122　肺泡巨噬细胞是经支气管肺泡灌洗获得的主要细胞。

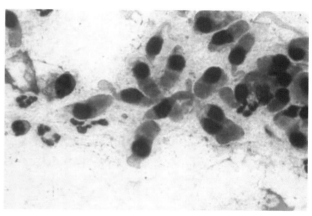

图8-123　支气管肺泡灌洗样本：可见柱状纤毛上皮细胞。

白细胞较少见：淋巴细胞（5%～14%）、中性粒细胞（少于5%～10%）、嗜酸性粒细胞（少于5%，虽然猫体内可能更多）和肥大细胞（1%～2%）。

也可见柱状纤毛上皮细胞（图8-123）和体积较小的小立方细胞。

支气管分泌黏液的杯状细胞不太常见。其大小与巨噬细胞相似，形态为圆形至柱状，胞质内含有嗜碱性黏蛋白颗粒。

有时可见浅表的鳞状细胞。它们的出现应该是灌洗导管通过气管内插管时口咽污染所致。这些鳞状细胞可能含有西蒙斯菌属细菌（图8-124），这一发现高度提示口咽污染。也可看到其他球菌或杆菌，如果在没有中性粒细胞的情况下出现这些，也表明口咽污染。

然而，也有可能存在口咽部病变，而中性粒细胞也是污染的一部分。

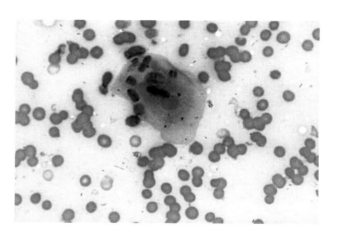

图8-124　如果发现浅表的鳞状细胞含有细菌（*Simonsiella spp.*），表明在插入灌洗导管中发生了口咽污染。

✳　　通过气管内插管进行气管或支气管灌洗应小心操作，因为口咽污染会显著改变细胞学的发现和培养结果。

气管支气管通路的炎症

如本章开头所述，炎症的主要细胞学表现也适用于气道灌洗获得的样本。

可以发现以下炎性改变：

- 急性/化脓性炎症：主要是中性粒细胞。在这些情况下，需要做全面的检查以尝试确定任何感染源（图8-125）。炎症的其他原因包括吸入烟雾、有毒物质或异物引起的刺激或者肿瘤快速生长造成的坏死。
- 慢性炎症：通常存在中性粒细胞和肺泡巨噬细胞的混合细胞群，可能与非感染性肺部疾病有关，如吸入性肺炎、肺叶扭转或继发于肿瘤疾病的坏死。巨噬细胞的比例会在炎症期间有所增加。
- 肉芽肿性炎症：以上皮样巨噬细胞和多核巨细胞为主，为真菌感染的特点。由于钡制剂的吸入，也可导致吸入性肺炎。

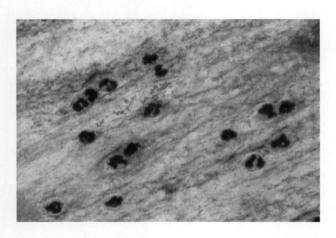

图8-125　气管灌洗样本：在黏液物质的粉红色背景中含有中性粒细胞和球菌。

- 过敏性或嗜酸性炎症：以黏液（Cruschmann螺旋）量和嗜酸性粒细胞数的增加以及肺泡巨噬细胞、中性粒细胞和肥大细胞的变化为特征。如果嗜酸性粒细胞占有核细胞总数的10%以上，应考虑过敏性反应，这主要与过敏性支气管炎/支气管肺炎、猫哮喘、肺或心脏的蠕虫病（幼虫或虫卵）有关。

肿瘤

呼吸道肿瘤非常罕见，只有肺部肿瘤影响支气管树时，才会在气管或支气管肺泡灌洗样本中发现肿瘤细胞。

这些病例最可能的情况就是原发性肺肿瘤，因为转移性肿瘤通常为间质性，而间质瘤的细胞不会在灌洗样本中收集到。

肺

经皮经胸超声引导的细针抽吸是获取肺肿瘤细胞学样本的最实用的技术。细胞学检查对于弥漫性肺部病变的诊断也是很有用的。然而，在这些病例中，获取病变的代表性样本可能更加困难。

肺细胞学的主要用途是肿瘤诊断。

炎症

与任何其他器官一样，肺部抽吸液中大量的白细胞（中性粒细胞、嗜酸性粒细胞或淋巴细胞）与炎症有关。请注意，肺部的细胞学样本经常被血液污染，如果病患的外周血液白细胞增多，就会导致样本中白细胞数明显增加。

炎症可能来自于任何感染因素，如细菌、真菌、病毒、寄生虫，或非感染因素，如由于吸入刺激性物质或异物而继发的坏死或与肿瘤相关的缺血性坏死。在细菌性肺炎和缺血性坏死中，炎症通常是急性的，甚至是脓性的，其特点是存在大量的中性粒细胞，占炎性细胞中的比例大于85%。

如果是由于吸入异物、真菌或原生动物引发的炎症，通常为肉芽肿性，以出现巨噬细胞（主要细胞）为特征。

出现比例较高的嗜酸性粒细胞（犬大于10%，猫大于20%），表明过敏或超敏反应，主要与寄生虫或吸入过敏原有关。

肿瘤

大多数的肺肿瘤是恶性肿瘤的转移，通常表现为侵袭所有肺叶的多结节性病变。原发性肺肿瘤通常是孤立的结节性病变。

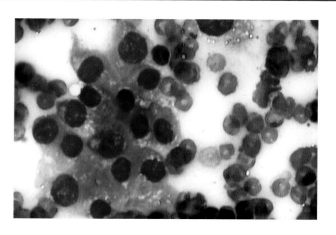

图 8-126　犬支气管肺泡癌：肺 FNA 显示一组非典型上皮细胞。

> 大多数肺肿瘤，无论是原发性还是转移性，都是癌。

- 原发性肺肿瘤：可能起源于任何呼吸道上皮。虽然通常起源于支气管（支气管源性）或支气管肺泡，然而细胞学无法进行区分。在这些病例中，细胞数量通常很高，细胞呈多形性，出现细胞大小不等、细胞核大小不等及巨大核（图8-126至图8-128）。

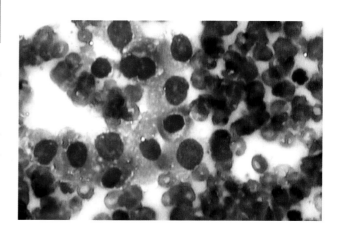

图8-127　犬支气管癌：肺 FNA，多形性上皮细胞群，核大小不等，深染、嗜碱性，胞质空泡化和一个双核细胞。

如果起源于腺体，细胞可能以腺泡形式出现，有些可能呈印戒状。

通常，特别是在晚期，肺肿瘤表现为含有恶性细胞的胸腔积液，如下所述。

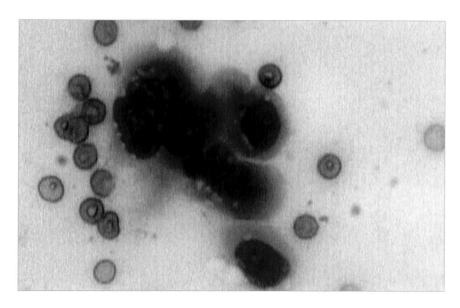

图8-128　母犬肺泡癌：肺 FNA，上皮细胞明显异形性（核大小不等，核质比增加，核不规则、深染、嗜碱性和胞质空泡化）。

■ 转移性肿瘤：与原发性肿瘤的特征非常相似，这通常有助于确定其来源（图8-129）。除了转移性癌（如乳腺、膀胱、前列腺、卵巢）外，还可以鉴别转移性肉瘤（如骨肉瘤、血管肉瘤、组织细胞肉瘤）和血液淋巴肿瘤（淋巴瘤）。

> 在实践中，细胞学很少用于转移性肿瘤的诊断，因为原发性肿瘤和提示转移的放射学影像通常足够了。

胸腔积液

胸腔积液样本的细胞学研究可能是非常有用的，尤其当液体是渗出液时（表8-3）。

积液中的主要细胞类型有：

■ 中性粒细胞：这些细胞在大多数积液中所占比例不同，当出现炎症和/或感染时，它们显然是主要细胞（图8-130）。有时，细菌是可以识别出来的。另一个例子是猫传染性腹膜炎（FIP），中性粒细胞是胸腔积液中的主要细胞，同时伴有大量巨噬细胞（化脓性肉芽肿性炎症）。由于液体中的高蛋白含量，这些样品可能出现带粉红色的沉淀物（图8-131）。

> 大多数胸腔积液中可见中性粒细胞。

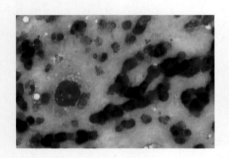

图8-129　犬肺转移性黏液肉瘤：肺FNA，在粉红色黏液样物质的背景下，有非典型的间充质细胞和数行典型的红细胞。

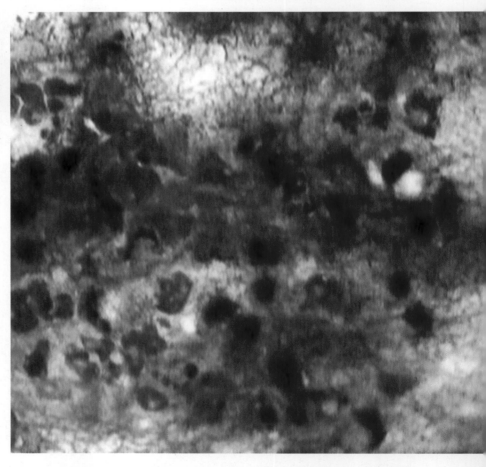

图8-130　脓胸猫的胸腔积液：显示保存不良的细胞结构，特别是高度退化的中性粒细胞，其中有些有与细菌相对应的嗜碱性结构。

■ 间皮细胞和巨噬细胞:间皮细胞覆盖在胸膜表面,在大多数积液中数量不等。这些细胞大而圆,成团或单个存在,细胞核大,常为双核,有时核仁明显。胞质有一定程度的嗜碱性,其边缘有小突起(图8-132)。在炎症病例中,间皮细胞的反应性变化非常常见且明显,甚至可见有丝分裂(图8-133)。

> ❋ 间皮细胞的异常应谨慎判读,不要被误认为是来自间皮瘤或癌的恶性肿瘤细胞。

■ 而且被激活的间皮细胞可以转化为吞噬细胞,因此很难区分它们是间皮细胞还是巨噬细胞,尽管它们的分化没有诊断意义。
■ 淋巴细胞:是乳糜胸和淋巴瘤相关积液中的主要细胞,主要区别在于淋巴细胞的成熟程度:乳糜胸的淋巴细胞小而成熟,而在淋巴瘤中,积液中的淋巴细胞通常为淋巴母细胞。胸腔积液在纵隔淋巴瘤中很常见,细胞学检查有助于诊断(图8-134)。
■ 嗜酸性粒细胞:在继发于心丝虫、过敏或超敏反应的渗出液中大量出现,甚至在系统性肥大细胞增多症中也可出现(图8-135)。

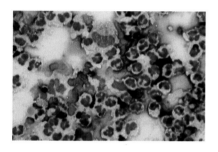

图8-131 FIP猫的胸腔积液:主要含中性粒细胞和一些巨噬细胞。

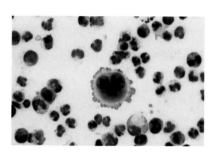

图8-132 胸腔积液:在图片中央可见一个巨大的反应性间皮细胞,有两个细胞核,核仁明显,胞质嗜碱性,周围有大量中性粒细胞和一些巨噬细胞。

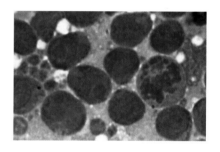

图8-133 胸腔积液:犬纵隔淋巴瘤,肿瘤样淋巴细胞,明显的核仁大小不一和胞质嗜碱性。注意有丝分裂和淋巴腺样力体。

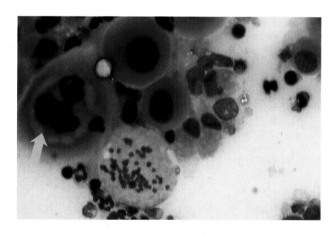

图8-134 胸腔积液:间皮细胞有明显的反应性变化,容易被误认为是恶性肿瘤。然而,它们是由与心脏病相关的持续性胸腔积液导致的胸膜反应引起的(死后诊断)。

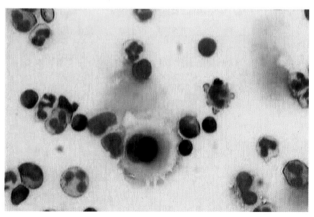

图8-135 寄生虫引起的犬胸腔积液:炎症细胞中含有明显的嗜酸性粒细胞(19%的细胞),中间是一个双核间皮细胞。

- 肥大细胞：可以通过细胞中的异染或紫色颗粒清楚地区分。在全身性肥大细胞增多症中，虽然胸腔积液在这些病例中很少见，但也可能出现含有肥大细胞的积液。
- 肿瘤细胞：可在肿瘤继发的渗出液中发现。胸膜腔内的肿瘤细胞可能起源于纵隔淋巴瘤，尤其是转移性肺癌和间皮瘤。诊断将取决于恶性肿瘤的特点和被识别的细胞类型（图8-136至图8-139）。

表8-3　根据液体特性进行的积液分类

积液的类型	颜色	蛋白总含量（g/L）	细胞数目（/L）	比重
漏出液	清澈/透明	<25	$<1 \times 10^9$	<1.017
改良的漏出液	浅绿色/玫红色、混浊	>25	$>1 \times 10^9$	1.017 ~ 1.025
渗出液	橙色/出血性、混浊	>30	$>5 \times 10^9$	>1.025

在这些病例中，相关的炎症可使诊断复杂化，因为细胞发育不良可以归因于炎症过程或肿瘤本身。对于间皮瘤尤其如此，归因于间皮细胞的"反应"能力。

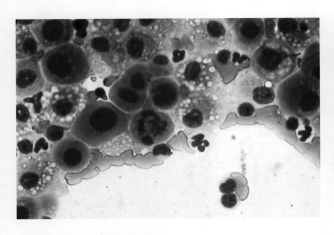

图8-136　犬肺泡癌的胸腔积液：细胞呈上皮样，异型性非常明显。

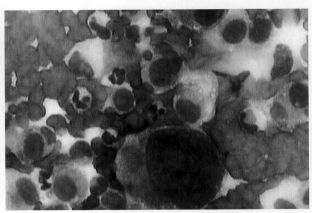

图8-137　犬乳腺癌发生肺转移的胸腔积液。

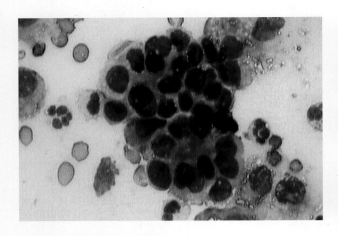

图8-138　猫支气管癌的胸腔积液：肿瘤上皮细胞。

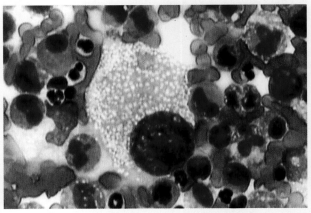

图8-139　胸腔积液：伴有大量具有癌样外观的非典型细胞，尸检确诊为间皮瘤。

心包积液

心包积液的一般特征和细胞学特征与其他积液相似，但也有少数例外。大多数情况下，心包积液是出血性的。在近一半的病例中，积液与肿瘤有关，其余的大部分可归类为特发性心包出血。其他不常见的心包积液的原因有心脏功能不全、感染、创伤、尿毒症、凝血病或心包炎（图8-140至图8-142）。反应性间皮细胞与潜在的肿瘤细胞常常无法区分。诊断上的另一个困难是，心房内的血管肉瘤是引起心包积液的最常见的肿瘤之一，它通常不会将细胞释放到积液中。

> 有些作者认为，用细胞学方法区分肿瘤源性的心包积液和特发性或其他非肿瘤源性的心包积液没有作用。

心脏

心脏的细胞学检查非常有限，仅限于对肿瘤的诊断。心脏肿瘤很罕见，最常见的是犬血管肉瘤，其次是犬主动脉体的化学感受器瘤（副神经节瘤或心基底瘤）和猫的淋巴瘤。

在多数病例中，由于肿瘤通常与心房和大血管相关，很难采样，所以细胞学和组织学诊断在死前无法进行。化学感受器瘤的细胞学图片通常有大量细胞，许多的裸核，染色质浓缩，核仁突出，胞质呈蓝色背景，是典型的"神经内分泌肿瘤"（图8-143）。

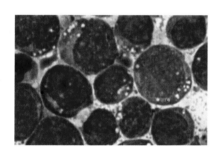

图8-140 心包积液：这些细胞由与淋巴瘤相关的淋巴母细胞组成。

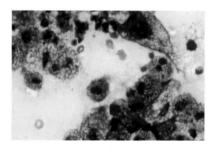

图8-141 心包积液：可见非典型细胞，其来源难以确定，有的具有上皮细胞的特征，有的具有间充质细胞的特征，最终诊断为心房血管肉瘤。

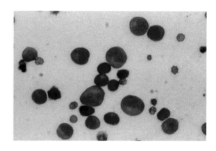

图8-142 心包积液：犬纤维性心包炎，可见单核细胞（淋巴细胞、单核细胞和巨噬细胞）。

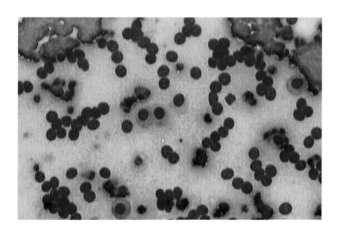

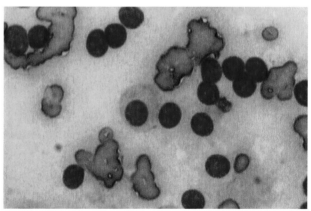

图8-143 犬的主动脉体化学感受器瘤：可见无明显异型性的神经内分泌细胞，在蓝灰色背景的胞质碎片上有大量裸露的细胞核。

胸腔内窥镜

食管镜

　　如放射学相关章节所述，放射学可对许多食管疾病（如巨食管、食管裂孔疝、食管受压）做出明确诊断。然而，食管镜检查通常是诊断黏膜改变（如食管炎）和管腔阻塞（如狭窄、异物、肿瘤）的更为精确的方法。除诊断外，食管镜也用于治疗，如取出异物或扩张食管腔。

内镜技术

　　对食管和整个消化道进行内镜检查，要求空腹，这意味着病患在内镜检查前必须禁食24h。麻醉后插管，动物左侧卧于台面上，安全地放置开口器。食管前括约肌位于喉背侧，通常是闭合的，显示其汇聚的黏膜皱褶（图8-144）。这个括约肌对内镜的通过有轻微阻力，但很容易通过充气和对内镜施加温和的压力来克服。

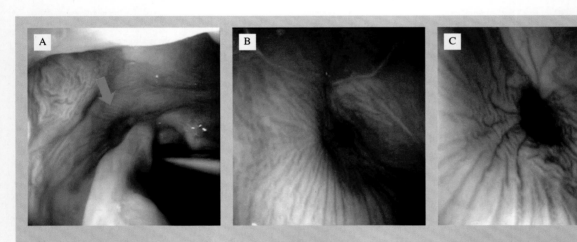

图8-144　A.食管前括约肌：箭头表示括约肌在喉的背侧。B.和C.不同程度的括约肌扩张，由推进内镜时而引起。

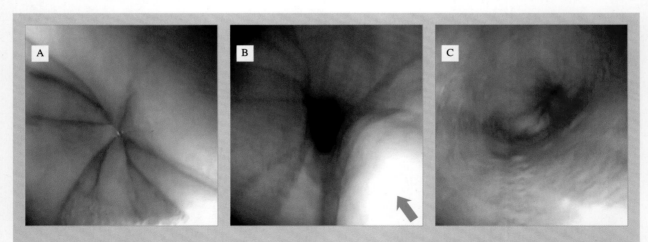

图8-145　颈部食管。A.食管在充气前塌陷；B.食管扩张，可见食管上的气管压痕（箭头）；C.胸部后段食管。注意关闭的贲门括约肌。

食管前括约肌后面是颈部食管，通常是塌陷的，需要空气注入至腔内清晰可见（图8-145）。沿颈部气管均可观察到因气管引起的圆形凹陷，它为外科医生定位不同的内镜图像位置提供参考。在颈部食管的末端，有一个与食管胸部入口相对应的轻微弯曲（食管中段狭窄）；一旦通过这个狭窄点，内镜便无任何困难地通过胸部食管，直至贲门括约肌。

正常食管的内镜图像

食管黏膜呈浅粉红色，有纵向的皱襞。正常食管的内镜检查应看到空腔（图8-144、图8-145）。食物、液体或胆汁的存在可能提示相应的病理过程。在食管远端，覆盖胃的上皮细胞的转变是突然的，颜色从食管的珍珠母色突然转变为胃黏膜的红色。

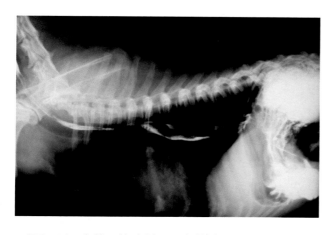

图8-146　食管阳性造影显示食管黏膜不规则，管腔中度扩张。这些放射学征象与食管炎一致。

食管炎

食管的炎症可能源于多种原因：摄入刺激性化学物质、热损伤、急性和持续性呕吐、异物阻塞或胃食管返流。食管炎很难用放射学进行诊断，因为平片通常是正常的。在严重的食管炎中，阳性造影可以显示食管黏膜不规则和不同程度的扩张，这是由于其运动功能低下引起的（图8-146）。

食管黏膜的内镜检查是诊断食管炎最敏感的方法。从宏观上看，可以观察到不规则的黏膜、红斑、出血、糜烂和溃疡，而使用其他诊断技术可能无法发现这些情况（图8-147）。

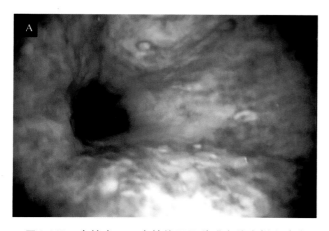 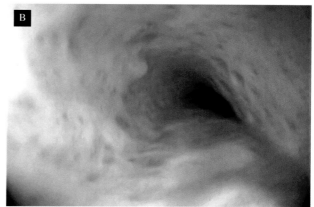

图8-147　食管炎：A.食管镜显示黏膜多处糜烂和溃疡；B.糜烂和食管纤维化。

食管梗阻

引起食管梗阻的各种原因：异物、食管外部受压、食管狭窄、血管环异常、肿瘤。

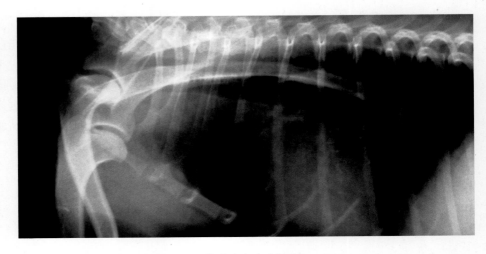

图8-148　胸部侧位X线片显示一块骨头卡在食管内。

食管异物

食管异物很常见，而且性质各不相同，犬最常见骨头。最常见的阻塞部位是胸腔入口、心基部和膈的食管裂孔。因为不透射线，X线平片通常足以诊断这些异物（图8-148）。食管镜检查通常可以取出异物，并且在异物取出后，同时提供食管黏膜的宏观图像（图8-149）。

从食管取出异物，特别是边缘锋利的骨头时，一个可能但不常见的并发症是穿孔（图8-150）。

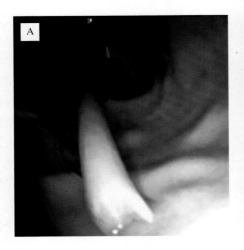
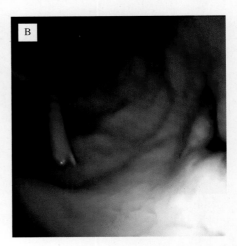

图8-149　A.X线检查发现的骨骼内镜图像；B.内镜检查可见骨头引起的溃疡，并将其取出。

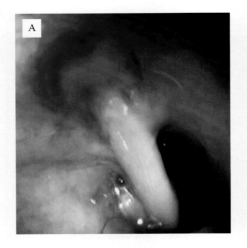
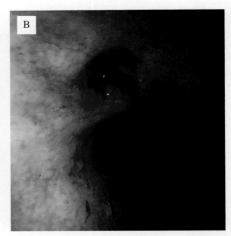

图8-150　食管穿孔：A.卡在食管里的骨头；B.取出骨头后，可见食管穿孔。

食管受压

食管外肿物压迫食管导致功能障碍，但不侵犯管腔。内镜下见管腔狭窄，未累及黏膜（图8-151）。

狭窄

食管狭窄通常是后天性的（手术、异物取出、腐蚀性物质、食管炎、创伤穿孔），可能发生在任何部位。严重的黏膜炎症会影响黏膜下层和肌层，导致食管纤维化和狭窄（图8-152）。

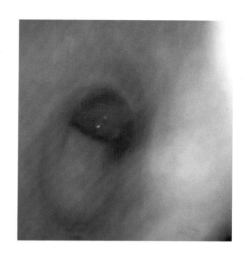

图8-151　腔外压迫胸部食管的内镜视图，未影响黏膜。补充了诊断性检查，证实是纵隔淋巴瘤。

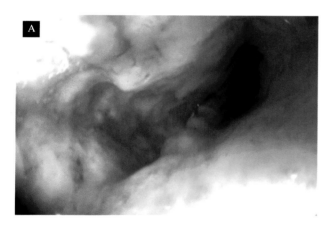
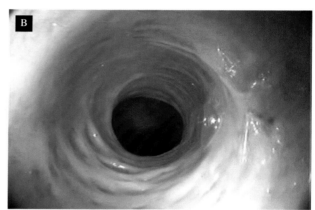

图8-152　这两例病患在手术中出现返流，并发展为食管狭窄和食管炎。

血管环异常

血管环异常是一种先天性缺陷，可导致胸部食管受夹。最常见的血管异常是持久性右主动脉弓，在这种异常中，食管被卡在右侧的主动脉、左侧的肺动脉干、背外侧的动脉韧带和腹侧的心基部之间，导致食管背侧至心基部的同心性狭窄，进而导致狭窄前部食管因空气、液体或食物积聚而扩张（图8-153）。

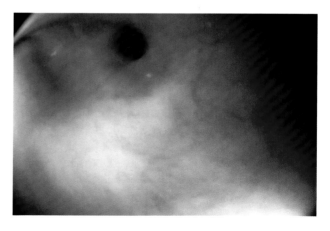

图8-153　持久性右主动脉弓：胸部食管同心性狭窄，食管前部充气膨胀。

肿瘤

犬食管的恶性肿瘤很罕见，但是包括了鳞状细胞癌、骨肉瘤、纤维肉瘤和未分化癌。良性肿瘤也很少见，常为平滑肌瘤。

食管X线检查可能正常，或显示食管腔内的软组织肿块（图8-154）。内镜活检可做出最终诊断（图8-155）。

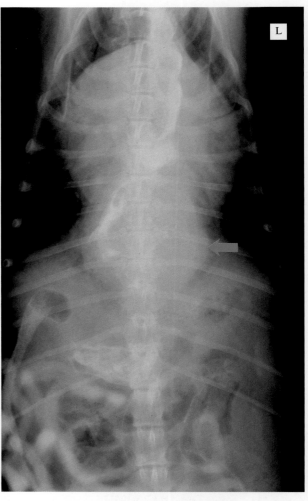

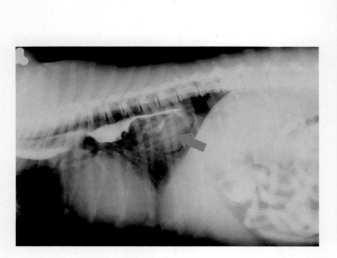

图8-154　食管钡剂造影：在侧位片上，胸后背侧有一个软组织密度的结构（蓝色箭头），未填充造影剂。X线片提示食管肿瘤（蓝色箭头）。

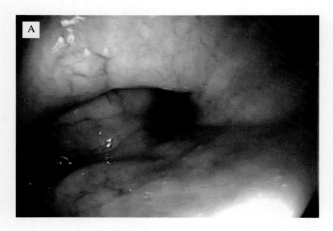
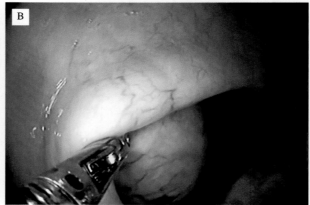

图8-155　对X线检查过的犬行食管镜检查：A.食管腔内的肿块；B.活检确诊为平滑肌瘤。

裂孔疝

　　虽然有时可通过X线检查诊断食管裂孔疝，但内镜检查对确诊和确定胃食管返流非常有用（图8-156）。将胃内的内镜向后弯曲观察，食管裂孔较正常宽，且不能紧贴在内镜周围（图8-157），而胃-食管括约肌移位至胸腔，即可通过内镜诊断为单纯的食管裂孔疝。

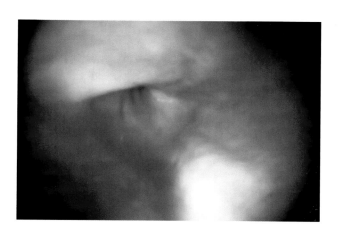

图8-156　胃-食管返流。

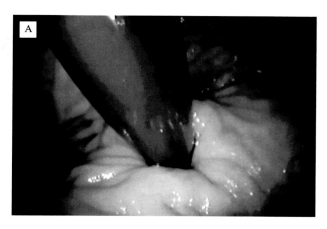
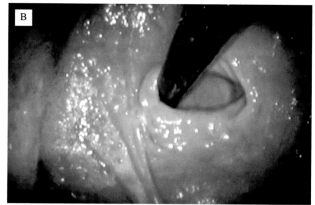

图8-157　内镜弯曲：A.健康犬食管括约肌紧贴内窥镜；B.贲门比正常宽得多，不能很好地环绕于内镜。此内镜图像高度提示裂孔疝。

胃食管套叠

　　虽然有时通过放射学检查可诊断胃食管套叠，但内镜检查可提供明确诊断。胃皱襞明显内陷，通过食管括约肌进入胸部食管尾端，如图8-158所示。

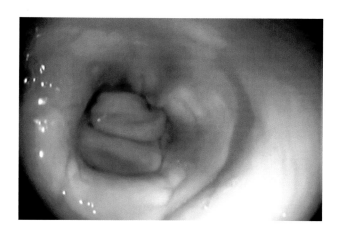

图8-158　胃食管套叠：可见胃皱襞内陷入胸部食管。

气管支气管镜

气管和支气管的内窥镜检查有助于诊断一些呼吸系统疾病，这些疾病有时难以用常规药物治愈。使用气管支气管镜，兽医可以进行支气管肺泡灌洗或活组织检查，或对气管塌陷做出明确诊断。

内镜技术

气管支气管镜检查需要全身麻醉。应选择型号合适的气管内插管，使内镜能够通过，同时使麻醉剂的流动不受限制（图8-159）。

在内镜检查前10min，应给动物100％的纯氧，并将其胸卧位保定。

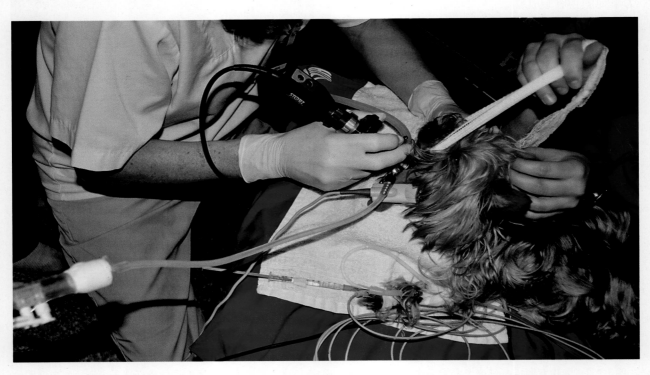

图8-159　对患有严重气管病变的动物行气管支气管镜检查：对这个病例通过内镜工作通道给氧并维持麻醉。

正常气管的内镜图像

内镜检查气管应首先评估其颜色、血管形成、硬度和大小，以及背侧黏膜的位置和活动情况。

正常的气管不应含有任何液体或黏液，颜色应为亮粉色，黏膜下血管为细密网状，气管环清晰可见。背侧黏膜紧绷，不应突出于气管腔内（图8-160）。在气管底部能发现隆突，并形成支气管树（图8-161）。支气管树的检查应包括7个主支气管：右前支气管、右中支气管、右后支气管、左前支气管前部、左前支气管后部、副叶支气管和左后支气管。

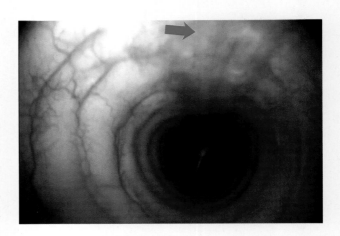

图8-160　正常的气管：颜色为亮粉色，可见黏膜下层血管和气管环。箭头所指背膜是不应突出于气管腔内的。

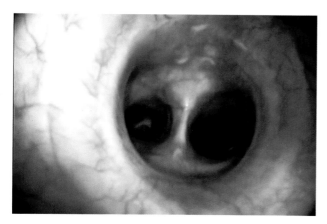

图8-161　气管隆突和支气管分叉。

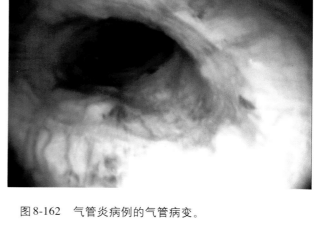

图8-162　气管炎病例的气管病变。

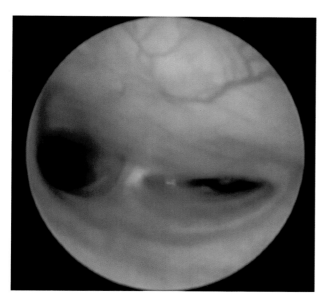

图8-163　胸部气管塌陷，累及左支气管。

气管炎

在有炎症的情况下，气管外观会发生相当大的变化，如图8-162所示。

气管塌陷

气管塌陷包括气管腔的动态塌陷，与呼吸期有关；是气管刚性结构薄弱的结果。

它可能影响颈部或胸部气管，也可能同时影响两者。

尽管气管塌陷的诊断有各种放射学技术，如在放射学一章中所述，但内镜检查可能有助于获得确诊和评估气管腔缩小的程度（图8-163、图8-164）。

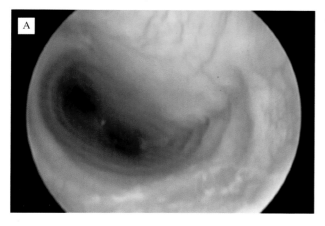

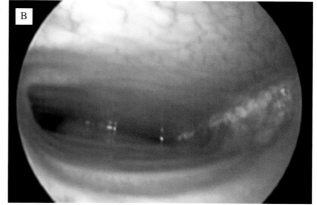

图8-164　颈部气管塌陷：A.背膜突出于气管腔内，使管径缩小50%（Ⅱ级塌陷）；B.气管腔完全阻塞（Ⅳ级塌陷）。

微创手术

临床常见度	■				
技术难度	■	■	■	■	

在过去的25年里，微创手术的发展彻底改变了人类医学。如今，有许多微创技术可以替代传统手术。这种微创治疗方法正被用于兽医外科，并越来越普遍，用于小动物病患的微创外科技术也在逐渐增多。

手术入路是身体的自然腔道或体壁的小切口。

与传统手术相比，这些技术减少了术后并发症和疼痛，并有了更好的美容效果。

这种治疗方法包括介入放射学和腹腔镜／胸腔镜检查。

目前，介入放射学的治疗指征（图8-165）包括：

- 肿瘤栓塞。
- 门体静脉分流阻塞。
- 动脉导管未闭封堵。
- 瓣膜成形术治疗肺动脉狭窄。
- 起搏器放置。
- 心包穿刺和心包积液引流。

> 兽医外科医生能够为病患提供与人类医学微创手术相同的效果。

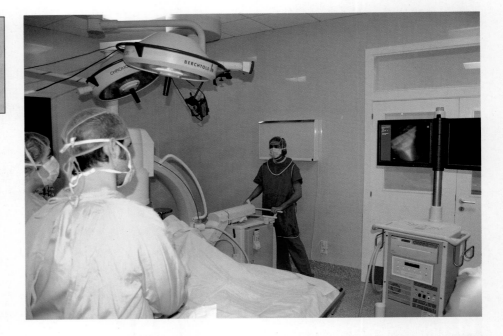

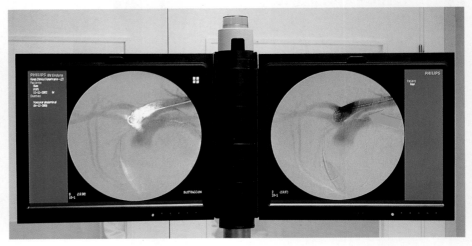

图8-165 动脉导管未闭的病患：正在进行动脉造影以测量准备封堵的导管（黄色箭头）。

目前胸腔镜手术的应用（图8-166）包括：

- 胸腔检查。
- 肺组织活检和肺叶部分切除。
- 动脉导管未闭的封堵。
- 持久性右主动脉弓的韧带结扎和切除。
- 心包切开术治疗心包填塞。
- 乳糜胸的胸导管闭塞。
- ......

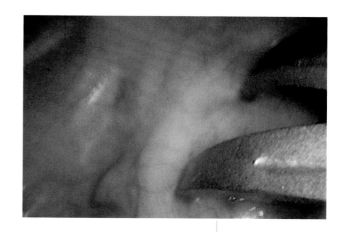

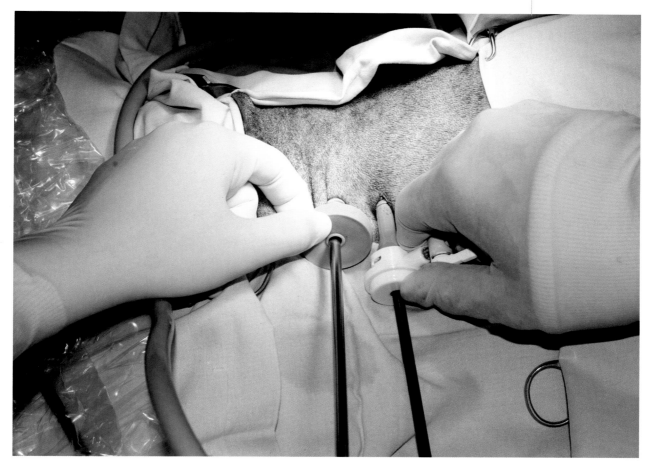

图8-166 对持久性右主动脉弓造成食管梗阻的病患行胸腔镜手术。内镜图像显示在对横跨食管的动脉韧带进行分离。

影像引导的微创手术

临床常见度	■	□	□	□	□
技术难度	■	■	■	■	□

影像引导下的微创手术总是依赖于诊断性影像；外科医生需要同时接受微创技术和放射成像的培训。

在胸部，这些技术有助于减少与传统手术相关的并发症，以及降低死亡率。它们可用于非血管手术，如气管塌陷修复术，也可用于血管手术，如肺动脉或主动脉狭窄的瓣膜成形术；与开放手术相关的风险、疤痕、麻醉持续时间、术后疼痛及恢复时间，均有所减少。

> 影像引导的微创手术使无法实施标准开放手术治疗的病例有了治疗的可能。

为了提供这些治疗，外科医生需要接受专业培训，并具有与其他合格外科医生合作的丰富经验。还需要专门的设施、设备和器械，所以初期投入很大。

设施和辐射防护

介入放射学意味着使用荧光透视技术（图8-167）检查身体内部结构，执行其他技术无法进行的诊断程序和治疗。

手术过程中的辐射防护原则是：

- 尽量远离辐射源。
- 尽量减少暴露时间。
- 使用防护装备，如铅围裙、铅眼镜、铅手套和保护甲状腺的铅围脖。

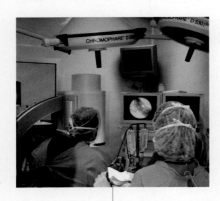
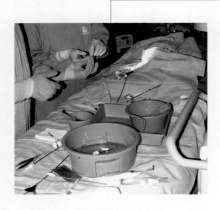
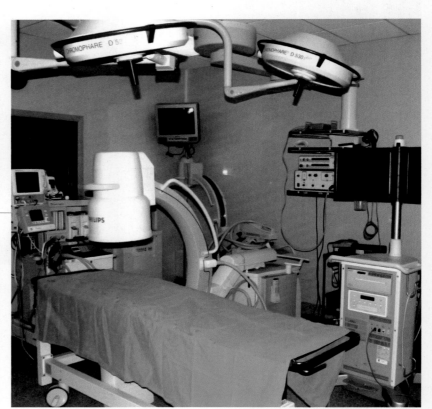

图8-167　在透视设备引导下的微创手术应在特殊设施中进行，并应符合每种设备的辐射防护标准。

此外，必须定期对X线设备进行性能测试，并且每月对工作人员的辐射剂量计进行检查。

为了将辐射剂量控制在最大可容许的暴露水平内，有3个不同级别的控制：X线设备的设计和制造、设施的设计和区域分类，以及操作中的辐射防护。这意味着需要特殊的设施，必须有含铅的墙壁、门窗及所有X线设备应符合国际辐射防护委员会（ICRP）的规定。

材料和器械

有各种各样的介入材料和器械供外科医生使用。

造影剂

介入放射学的造影剂是含碘的有机化合物，如碘海醇和碘普罗胺（图8-168）。

它们的有效性是由于它们能够使其所填充的空间不被射线穿透，这取决于碘原子在体内所保持的浓度。在介入放射学中，它们被注射到血管中，可以是手动操作，也可以通过注射泵控制总容量和流量。

这些物质具有高渗性（是血浆渗透压的5～6倍），可能在局部或全身水平产生不良反应。

导管和血管导丝

导管和血管导丝是一种能在血管中移动的器械，并能对所到达的组织进行识别、诊断和治疗。

导丝是一种细丝，有助于导管的插入、定位和更换（图8-169）。远端通常是柔软的直形或J形头，以避免在通过血管时造成损伤。导丝一般有两组：

- 亲水性导丝。
- 聚四氟乙烯涂层导丝。

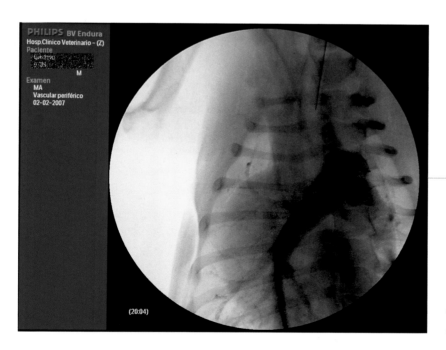

图8-168　造影剂用于观察血管和内部结构至关重要，通过它们，可以引入不同的材料如导丝、导管和支架。

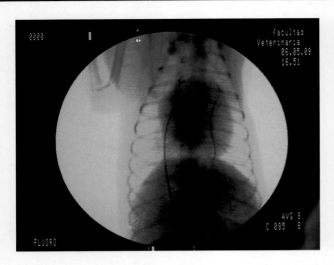

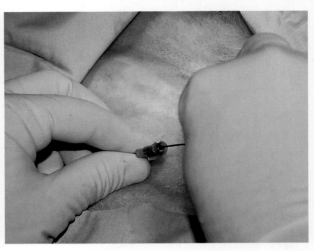

图 8-169 导丝可以在血管中移动，是更换所用各种导管时的支撑物。

在这两组导丝中，取决于它们需要到达的不同解剖位置，在直径、长度和头端上存在差异。

导管作为直径较小的带孔的空心管，用于将造影剂填充血管和腔体，并引导用于此类手术的其他装置。

栓塞和封堵材料

影像引导下的微创手术之一是血管栓塞，以阻止内出血、隔离或孤立肿瘤和闭合血管畸形，这些是其他方法无法做到的。

栓塞的材料多种多样，包括弹簧圈、聚乙烯醇颗粒、明胶海绵材料、醇类、液体橡胶、Amplatzer 封堵器（图 8-170、图 8-171）。

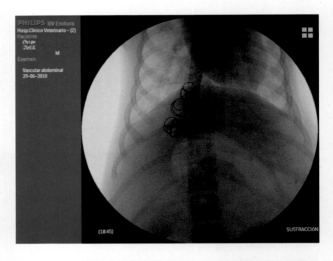

图 8-170 用数个弹簧圈进行肝内分流闭塞的术中图像。

图 8-171 为阻断前列腺肿瘤的动脉血供，制备栓塞颗粒。

图8-172　对一只6月龄的混种犬使用球囊导管扩张肺动脉狭窄。

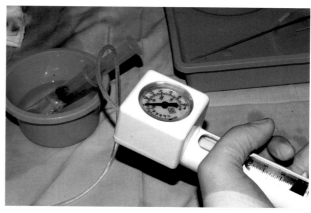

图7-173　使球囊导管中的平均压力达到10bar的充盈泵；其压力能高达20bar（拖拉机轮胎的压力为2.5bar）。

球囊导管

这是由导管和远端带一个小充气球囊组成的器械，其功能是扩张狭窄的血管，如主动脉或肺动脉狭窄，或位于尿道或胃肠道的非血管性狭窄（图8-172）。

球囊使用一个充盈泵来控制球囊施加的径向压力（图8-173）。所有球囊导管都具有一个工作压力和一个额定破裂压力。

支架

支架是管状的金属网状器械，可能有药物涂层。最近，可生物降解的支架已经成为可能。支架可以打开阻塞、狭窄或闭塞的管腔，它们的应用不限于血管，还可用于气管、消化道或尿路阻塞（图8-174）。

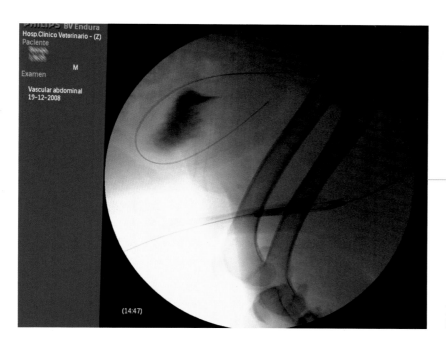

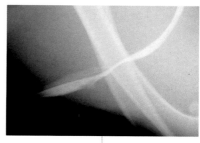

图8-174　在阴茎骨前的尿道放置支架，以缓解该区域狭窄引起的排尿困难。

影像引导的微创手术的基本技术

血管通路的基本技术是塞尔丁格技术（经皮血管穿刺插管技术）。

这个技术是将一根柔性导丝穿过针头，并使用同一根导丝交换不同的导管。

操作过程：

■ 超声定位血管。

■ 使用22G套管针行血管插管，当血液开始流出时，抽出针芯，套管留在血管内。

■ 将浸在肝素血清中的导丝轻轻穿过套管，并推入几厘米；然后退出套管，导丝留在血管内（图8-175）。

■ 血管鞘以轻微的旋转运动滑过导丝。为方便其通过皮肤，用11号手术刀片在皮肤上划一个小切口（图8-176、图8-177）。

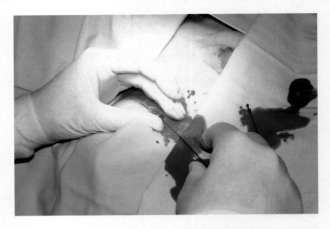

图8-175 在这个病例中，股静脉中放置了静脉导管；在套管中插入一根亲水性导丝。

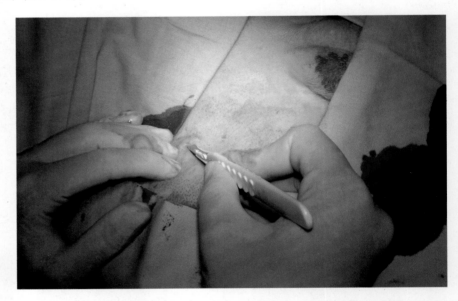

图8-176 为方便血管鞘通过，在皮肤上划一个小切口，注意不要切断导管或导丝。

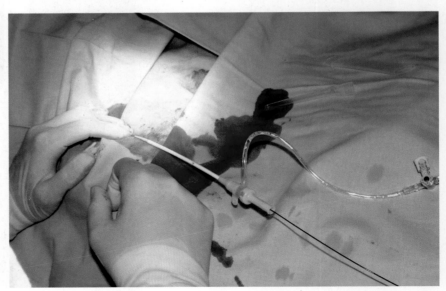

图8-177 血管鞘滑过导丝；通过血管鞘，可以更换导丝和导管。

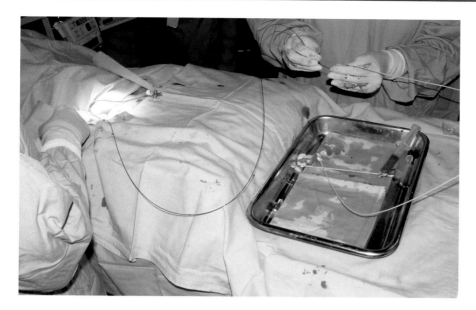

通过这种方式创建了一个血管通路。导管、导丝、支架和球囊经该通路而被引入（图8-178）。

图8-178 该图显示了如何将导丝的尖端引入诊断导管腔内。

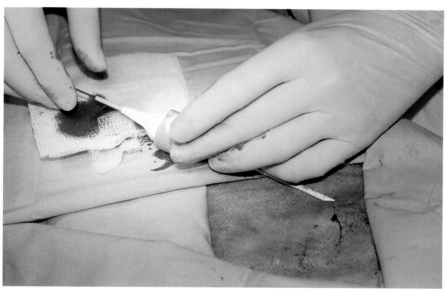

随后，使用血管闭合技术闭合伤口。如果使用的器伴直径不是很大，只需在该处施加压力几分钟，再用绷带加压包扎 3 ~ 4d（图8-179、图8-180）。

图8-179 血管闭合技术确保血管穿刺口止血。使用这些器件的后遗症很小。

影像引导微创手术的其他可能应用有：
- 植入式静脉通道。这些装置有一个插入中央静脉的导管和一个植入皮下组织的注射口。贮液器允许持续重复给药（尤其对化疗病患）而不损伤周围血管。
- 心包积液引流。复发性心包积液的外科治疗方法是开放性心包切除术。微创手术的解决方案是对经导管放入心包内的球囊充气，这是在全身麻醉下进行的，导管从剑突下区域插入。

图8-180 如果未使用血管闭合技术，应对该区域加压包扎 3 ~ 4d。

胸腔镜

临床常见度	■			
技术难度	■	■	■	

胸腔镜是内窥镜手术或内窥镜手术家族的一部分；它由通向胸腔的内镜构成，可以进行某些疾病的诊断或治疗（图8-181）。

胸腔镜手术会使人想到其他技术，如腹腔镜或关节镜。然而，有些因素是胸廓及其结构特有的。

在胸腔镜检查中，没必要通过注入液体或空气来创造工作空间。如果有可能，选择对一侧肺进行插管，当空气进入胸膜腔时，"问题侧"的肺会塌陷，这将在肋骨和胸膜脏层之间创造一个工作空间，从而消除了扩张该区域的需要。

通过充气可以帮助或加速肺塌陷，但是外科医生应该意识到这可能产生问题。

如果充气压力过高，可能会产生与张力性气胸相同的问题，临床症状为心输出量减少和对侧肺受压。因此，除极少数例外，不建议使用气体来创建工作空间。如果使用，气体的流入速度不应超过1 L/min，压力不应超过5mmHg，因为更高的压力会引起上述症状。

在使用胸腔镜治疗中需要考虑的另一方面是单极电凝的使用。如果使用透热装置的单极电凝模式，高频电流（510kHz）会从活性电极流过组织到病患身下的接触板。

凝血效果只在活性电极上产生，但可能产生低频（50～60kHz）杂散电流。心肌对30～110kHz的电流特别敏感，而这些杂散电流在这个范围内。在这个频率范围内，仅10mA的电流就可能引起心律改变。30W以上的能量发生器超过了这个电流。

> ✳ 单极电凝可引起心室纤颤甚至停搏。

> 在胸腔镜手术中，建议使用电凝、超声或激光来控制出血。

此外，在行腹腔镜手术时，外科医生自一个均匀的表面插入套管针以创建腹腔入路。但在胸腔镜操作时，肋骨将是一个问题。如果内窥镜或仪器必须在与肋骨垂直的方向移动，它们的范围就会严重受限，所以它们的放置应当尽量缩短所需的轨迹。

当动物准备手术时，应该像开胸术那样准备；如果出现任何问题，手术可以迅速转变为传统方法。

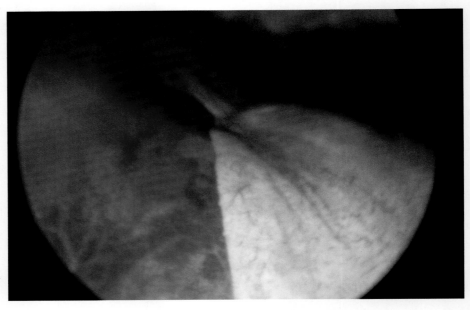

图8-181 该病例可见左肺前叶有病变而肺中叶无。

虽然有些动物有两个独立的胸膜腔，但在纵隔中发现连接两边的小孔并不罕见。这就是为什么建议给动物做气管插管和使用间歇正压机械通气。虽然不是必须的，但建议使用双腔气管内插管，用于选择性一侧支气管内插管。当外科医生进入胸膜腔时，使对侧支气管游离，以便肺萎陷。

> 非病变一侧肺的选择性支气管内插管，对于肺大泡或肺脓肿的移除、肺叶的切除或针对某一个气道梗阻所做的永久解决方案都至关重要。

> 在微创手术中，可能发生的血流动力学改变与开胸术相同，这更多地取决于外科医生的技术和技巧，而不是胸腔镜的入路或胸部创口的大小和位置。

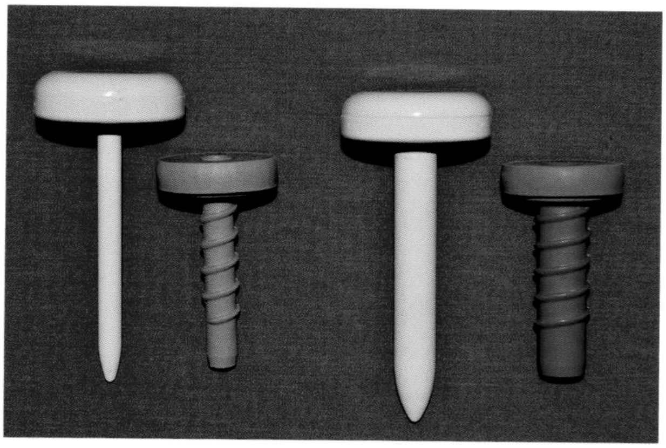

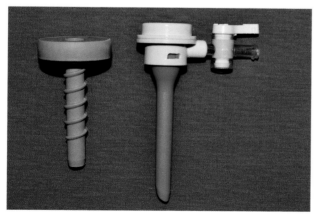

图8-182　带有钝头的特殊胸腔镜套管针，可使套管针穿过肋间肌而不损伤肋骨后缘血管。

图8-183　腹腔镜套管针有一个三通接头，可以连接进气管和顶部的阀门，以免在更换手术或光学器件时漏气。

在胸腔镜操作中，可以预料到动脉压和心输出量的改变。这些改变更多取决于动物的体位和手术的熟练程度，而不是胸腔镜技术本身。向胸腔内注入二氧化碳以创造工作空间，可能会减少心输出量并导致对侧肺受压，也可能由于直接刺激心肌而引起早搏和心律失常。

胸腔镜检查不应引起氧饱和度或心电图波形的任何变化。

手术通路和闭合技术
工作空间的制造

一旦制订好手术计划，并且选定了胸膜腔入口位置，就必须插入作为入口的套管针。

套管针有两种不同类型：

- 胸腔镜专用套管针：直的塑料或金属套管。用于不同的器械有几个直径（5mm、10mm、12mm），其尖端是钝的（图8-182）。
- 腹腔镜套管针：塑料套管末端装有阀门，以避免漏气。它们也有几种直径（5mm、10mm、12mm、15mm）。可能有一个连接二氧化碳气体的接头（图8-183）。套管针尖端可以是钝的（非切割套管针），也可以是锋利的，能够分离不同肌肉层（切割套管针）。有些套管针允许光学器件在可视控制下进入体腔（光纤套管针）。它们可能带一个能切割肌肉层的刀片（锋利套管针），或有一个特殊的设计，可以用力推入（钝性套管针）。

如果手术需要气体注入，最好使用腹腔镜套管针，因为可以创建一个密闭空间，所注入的气体不会泄漏。

手术通路技术

（1）做一个与套管针直径相对应的皮肤切口，切口不能太大，否则气体会泄露；也不能太小，否则套管针不能顺利通过。当套管针上的压力增加，皮肤突然松弛，套管针失去控制，这可能会损伤胸腔内的结构。在插入套管针时，要记得沿肋骨后缘行走的肋间血管，因此最好将套管针放置于肋骨前缘。

（2）皮肤切开后，用蚊式止血钳分离各层组织，直至接触到胸膜壁层。胸膜穿孔时会听到一种特征性声音（图8-184）。

（3）插入一个钝头套管针，如果不行，插入一个无刃套管针。除非没有保护套缩回的风险，否则不建议使用带刃套管针（图8-185）。

（4）插入光学器件并观察该区域以确保没有任何结构受伤（图8-186、图8-187）。

（5）在胸腔内侧目视引导下，对其他套管针重复该步骤。

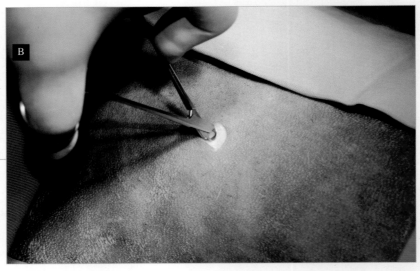

图8-184　A.将套管针轴的直径标记到皮肤上以得到一个最合适的皮肤切口。B.用手术刀切开皮肤后，将钝头钳穿透肋间肌直至进入胸膜腔。

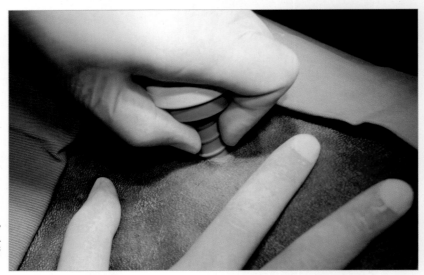

图8-185　插入套管针及其钝性封孔器：以顺时针方向旋转套管针使其进入胸壁，插针时须绷紧皮肤以防其将套管针缠绕。

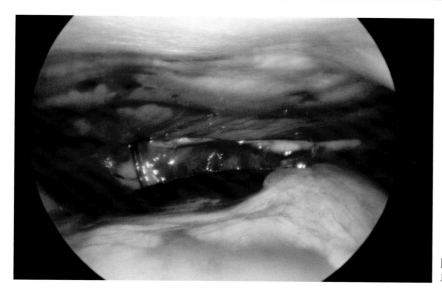

图8-186 对胸腔中央区域的检查：图片显示背部区域，底部有一条椎体血管、两侧肺叶不张，腹侧是心包。

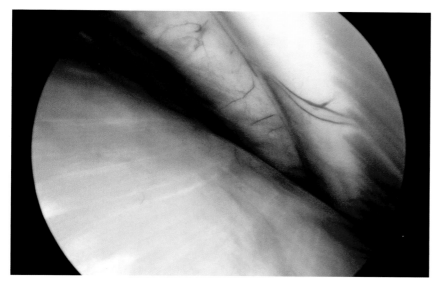

图8-187 胸腔检查：图片显示横膈穹顶的左侧、肋骨和肋间内肌。

可视系统

- 冷光源：由卤素灯、氙气灯或LED灯组成，带有灯泡冷却系统和将光线投射到冷光电缆的系统。

> 氙气灯泡的寿命较短，约为500h，不允许反复的开/关。

- 冷光电缆：是一个独立的光纤束，将冷光从冷光源传输到光学系统。"冷光"是指距离光缆尖端10cm处没有热量。然而，光学系统的尖端及其与冷光电缆的连接都可能过热，导致灼伤。

- 光学系统：
  - 内窥镜：硬镜或软镜，前端角度为0°、30°、45°、90°甚至120°。胸腔镜手术建议使用30°内窥镜。内窥镜可能有一个工作通道。内窥镜的直径范围为2.7～10mm。胸腔镜检查时，建议使用5mm内窥镜（图8-188）。
  - 摄像机：安装在目镜光学系统上的微型摄像机。该微型摄像机可配置1～3个电荷耦合器件（CCD），一个CCD意味着一个感受器接受所有的颜色信息，而三个CCD则意味着每种颜色都有一个感受器（红色、绿色和蓝色）。目前，已经有了用于捕捉高清图像（高达1080像素）的相机。

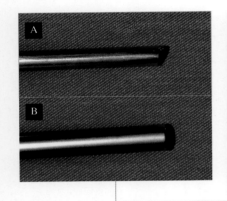

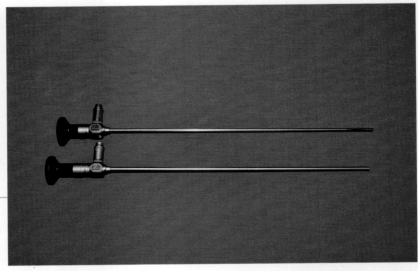

图8-188　5mm硬性内窥镜：30°（A）或直视（B）。

胸腔内最适合使用30°视野的内窥镜，因为不压迫肋骨便可观察到光学系统邻近的结构。

- 显示器：模拟或数字，考虑到相机的视频输出，模拟信号通常以5 : 4的格式发出，而高清信号则是以16 : 9格式。
- 存储器。

器械

　　胸腔镜手术的器械范围与传统手术类似，多种多样，几乎所有的开胸手术器械都经过了改装。然而，基础器械应该包括（图8-189至图8-192）：
- 分离器。
- 剪刀。
- 抓钳。
- 分离钳。
- 止血器械。
- U形钉。

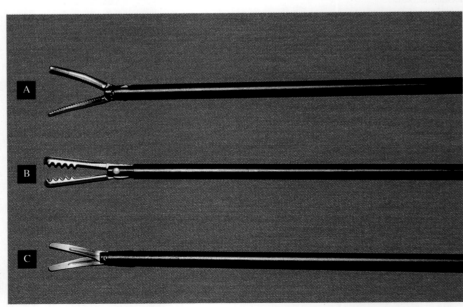

图8-189　开胸手术器械：A.分离钳；B.Babcock抓钳；C.双极剪。

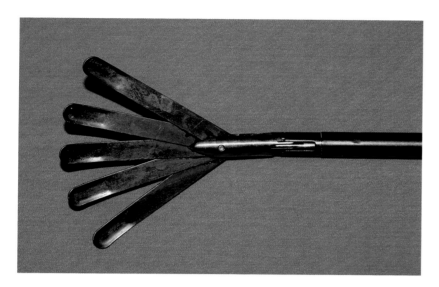

值得特别提及的是双极电凝镊和使用蒸汽脉冲的组织密封剂（LigaSure 或等离子型仪器）。

图8-190 这种扇形分离器是用仪器顶端的一个螺丝展开的。

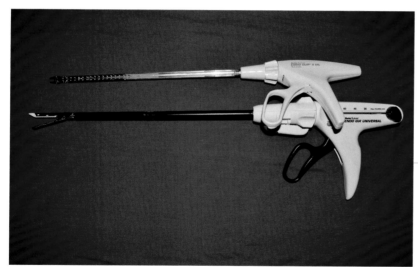

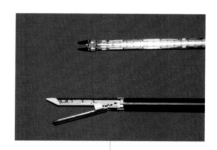

图8-191 右图是一个止血缝合器，下面是一个内窥镜手术缝合器。

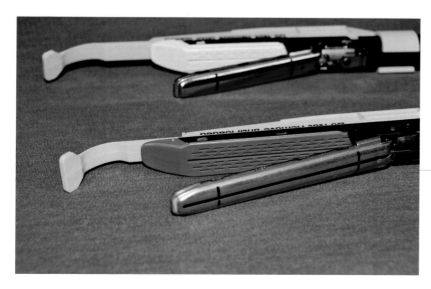

图8-192 内镜手术缝合器可以根据需要缝合的组织厚度，发射不同类型的缝合针。有些缝合器带着一个Roticulator™系统，可以使器械尖端倾斜（成角），更容易抓住组织。

适应证和应用

人类外科手术中的多种技术已经被用于胸腔镜手术。

尽管兽医外科手术采用的技术较少，但只要外科医生对拟行手术的区域有充分了解，从传统手术转换到锁孔手术并不困难。

- 胸腔背侧入路：套管针应放置在从胸壁腹侧到背侧连线的2/3处，一旦肺移位到腹侧区域，就有了足够的空间，而通过确切的肋间隙进入胸腔就不那么重要了，因为有一定的活动自由。在这个区域，可以看到胸内血管、持久性右主动脉弓、食管、胸导管和气管（图8-193、图8-194）。

- 胸腔腹中部入路。在这种情况下，手术器械的入口在手术区域后面的一个肋间，而光学系统的入口位于更后面的一个肋间。可以接近心脏创建心包窗口，观察全肺、行全肺或部分肺叶切除、脓肿引流、活检或大疱切除。在胸膜腔内可行胸膜固定术（图8-195至图8-197）。

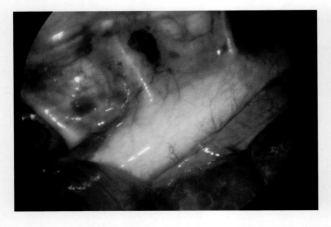

图8-193　胸背侧的图像和解剖：注意后侧的主动脉及其脊椎分支。这张图片来自尸体上的教学实践。

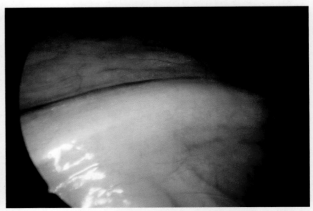

图8-194　内镜手术使在高倍镜下观察解剖结构成为可能，这是膈神经的细节图像。

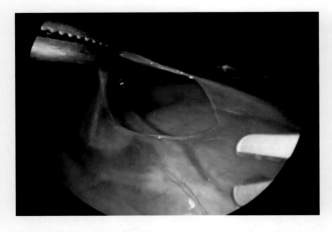

图8-195　这张图片显示心包切除术，是在一具尸体上进行的训练。

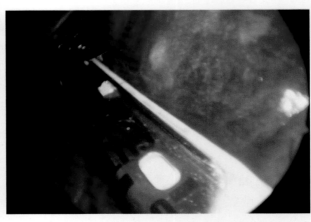

图8-196　内镜缝合器在部分肺叶切除中的应用。这张图片来自尸体上的教学实践。

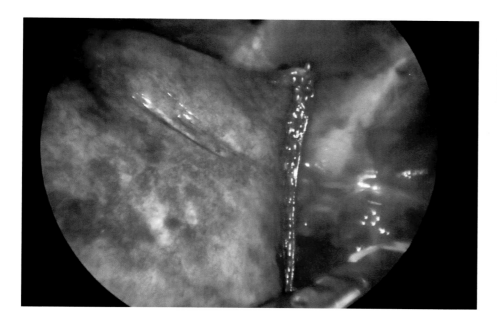

图 8-197　用手术缝合器缝合肺部的最后外观。该缝合器做了两排机械缝合，每排放置 3 个钉，并在中间切断组织。这张图片来自尸体上的教学实践。

主要并发症

胸腔镜手术可能引起的多数并发症与传统手术相似。

胸腔镜手术中可能出现的特有并发症：

- 张力性气胸：有两个主要原因。
  - 胸腔内充入的气体过多。
  - 如果用自主呼吸代替机械通气，并放置腹腔镜套管针，则每次动物吸气时，环境空气都将通过套管针尾部进入。如果动物呼气时三通阀一直关闭，空气就会被困住而无法通过阀门排出。这样，胸腔内的压力就会随着每次吸气而升高。
- 肋间血管损伤：如果套管针置于肋骨后缘就会出现这种情况，可能会发生持续的出血，并最终导致血胸。从肋骨前缘进入胸腔就很容易避免这种情况。
- 肺实质切伤或穿孔：如果进入胸腔太猛，就会发生这种情况。如果小心地且事先分离开包括胸膜在内的所有组织，就很容易避免。

- 主要血管切伤或穿孔：这可能发生于长套管针突然插入或在血管周围剥离时。这是一种紧急情况，需要立即转换为开放手术。
- 突然再扩张继发的肺水肿：如果已经塌陷的肺重新充氧，随之而来就会释放自由基及发生炎症细胞的浸润，可能导致单侧肺急性水肿。因此，再次扩张后的最初几个小时内应对病患进行监测。
- 食管狭窄或穿孔：这是由于组织分离技术不好或使用电灼仪器造成的。由于胸背侧含有丰富的脂肪组织，在这个部位操作时应特别小心。
- 室颤和停搏：可能是由于在靠近心肌处使用了单极电外科设备，应尽可能避免这种情况，或用双极设备代替。
- 乳糜胸：这是由于切断了胸导管。在手术中很难识别，因为病患一直在禁食，胸导管通常是空的。如果被切开，应结扎以防止形成乳糜胸。

开胸术

临床常见度	
技术难度	

开胸术是指对胸壁进行外科手术，以创建一个通向胸内的通道。可以在肋间隙（侧壁开胸术或肋间开胸术）或经胸骨（中线开胸术或胸骨切开术）实施。

开胸术可能是计划好的，也可能是紧急情况。如果是后者，应首先使病患的情况稳定，可给病患供氧和/或在手术期间放置胸腔引流管（图8-198）。

胸腔穿刺术或放置引流管所用的材料应始终备在手边，任何一位小动物兽医都应该掌握这些技术。

概述

病患的临床检查应特别注意心肺功能、黏膜颜色、毛细血管再充盈时间、心脏和肺部听诊以及脉率和类型。

胸腔内的病变可能有损呼吸功能，导致低氧血症。这些病患在麻醉前，应该先用鼻导管或面罩吸氧。

对有严重胸腔积液的病患，应该在拍X线片或实施手术前先做胸腔引流。

当打开胸腔时，应采用不超过20cmH$_2$O的压力进行间断正压通气，正确通气可防止发生缺氧、呼吸性酸中毒和肺泡不张。

关于预防性抗生素，推荐使用头孢唑林（20 mg/kg，IV）。关于胸腔入路，根据目标器官及其病变，可采取胸侧壁切口或中线切口。关键是选择正确的一侧及其肋间隙，以获得手术目标所需的足够术野（表8-4）。

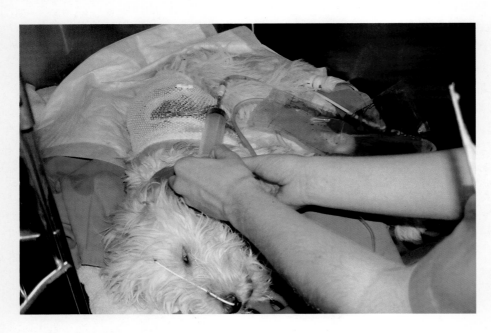

图8-198 入住ICU的有严重胸部外伤的病患。给病患注射了镇静剂，通过鼻导管给氧，并进行胸腔引流。

接下来的章节描述了病患的准备以及胸腔侧壁入路和中线入路（图8-199、图8-200）。

图8-199 行中线开胸术时胸骨切口的最后一步：使用Farabeuf牵开器有助于用摆锯切开胸骨。

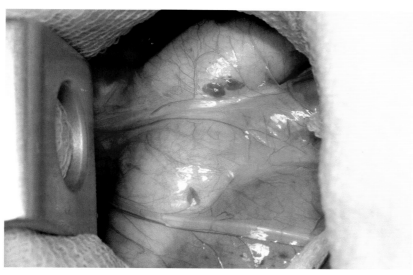

图8-200 开胸术：经第4肋间行胸侧壁切开接近心基部。这个病患为动脉导管未闭，需要分离和结扎。

表8-4 手术入路部位的建议，取决于器官或手术目的		
开胸术	肋间	目的
右侧或左侧	第4、5肋间	心脏
	第4～6肋间	肺叶切除
右侧	第4肋间	前腔静脉
	第6、7肋间	后腔静脉
	第4、5肋间	近心基的食管
左侧	第4肋间	动脉导管未闭
		持久性右主动脉弓
	第3、4肋间	食管前段
	第9肋间	食管后段
中线		开胸探查

术后

病患应在重症监护病房住院，每4～6h排空一次液体和空气。

术后疼痛的控制方案：

■ 美沙酮：每4h，0.2～0.4mg/kg，IV，IM。
■ 布托菲诺：每2～4h，0.2～0.4mg/kg，IV，IM。
■ 布比诺菲：每6h，0.005～0.02mg/kg，IV，IM。
■ 芬太尼皮肤贴片：犬50～75μg，猫25μg。

应该使用布比卡因（2mg/kg）行胸膜浸润麻醉。病患要保持良好的氧合状态，因此有必要检查呼吸频率和深度。

> 阿片类镇痛剂可能会抑制呼吸。

为了减少术后疼痛和改善自主呼吸，可以在关闭胸腔时将布比卡因注入到胸膜之间，或阻滞胸腔切口两侧肋间隙的肋间神经（图8-201）。

> 使用布比卡因（总量2mg/kg）局部镇痛能改善病患的呼吸。

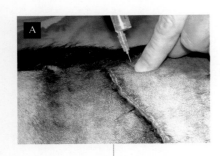
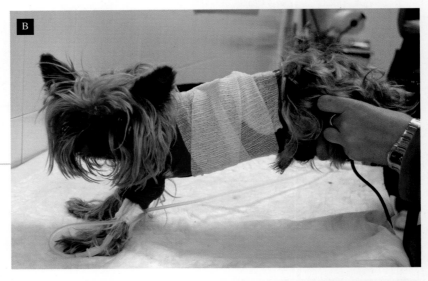

图8-201　A.使用布比卡因在胸腔入路两侧肋间行椎旁浸润麻醉；B.在中线开胸术后，布比卡因通过引流管注入，病患如照片所示体位，药液向胸膜腔前部分布。

为了改善病患的氧合状态，建议通过鼻导管给氧（图8-202）。

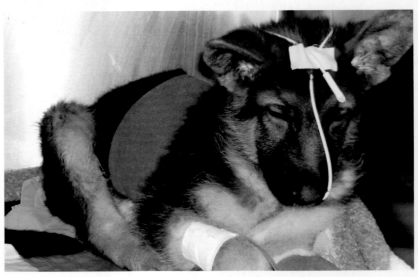

图8-202　开胸手术后的恢复：由于病患换气不足，术后立即放置鼻导管给氧。

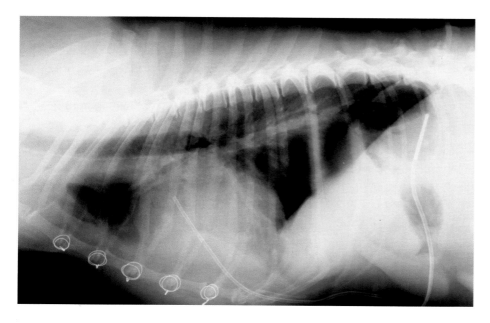

当不再有空气被抽出，或当抽出的液体每天不超过1～2mL/kg时，应移除胸腔引流管（图8-203）。

图8-203　一例48h前接受中线开胸术的病患X线影像。因为没有气胸，可抽出的胸腔积液不超过2mL，将移除胸腔引流管。

可能的并发症

以下为胸部手术后可能的并发症，外科医生应该清楚并要避免：

气胸

开胸术后胸膜间有空气残留是正常的，很少是问题根源；因为正常情况下胸膜在24～48h内会吸收空气。

然而，如果在肺或呼吸道手术后，气胸持续时间过长，可能会出现严重的问题。这些病患的引流管连接到连续抽吸系统，等待胸膜炎症反应以封闭漏气。

也可以尝试对患部行胸膜固定术，这是通过把自体血液（6mL/kg）灌注到胸膜腔完成的。如果这些方法不能解决问题，则应重新打开胸腔缝合缺损。

血胸

在心血管或肿瘤手术后，常会抽出带血的内容物，特别是冲洗胸腔的液体没有完全抽出时，通常是这样。

如果所抽出液体的血细胞比容与血液相似，并且有大量的血液，则应当加快输液速度，可能需要输血。

如果术后记录的失血量在最初的3～4h内超过2mL/（kg·h），应重新开胸以控制出血。

> ***** 血胸可能是严重的术后并发症。因此，术中做好止血，采取一切预防措施，不得损伤胸壁血管。这些血管出血可能会与血胸的起源混淆。

乳糜胸

由于手术技术不佳或手术操作接近主动脉，引起胸导管破裂继发乳糜胸。可能的处理方法有：

- 温和的持续引流和低脂饮食。
- 芦丁：每8h，15mg/kg，PO（清除胸膜液中的蛋白质，促进其吸收）。
- 用稀释的盐酸四环素进行胸膜固定术（效果不佳，应在全身麻醉下进行）。
- 外科治疗：胸导管结扎、胸腹膜引流……

心律不齐

> ✳ 在胸外科手术中，特别在对心脏进行操作时，可能会发生心律失常。

主要原因通常是电解质失衡（低钾血症和低镁血症）、直接手术操作、心血管手术中靠近心脏操作造成的心脏移位以及缺血引起的改变。其他原因是麻醉不足、疼痛、低血容量、低体温和药物，特别是麻醉药。

最常见的心电图改变是室性早搏和室性心动过速，伴有或不伴有血流动力学损害（图8-204）。

标准的治疗方法是一次性注射利多卡因（2～4mg/kg），然后连续输注50～100μg/(kg·min)。如果心律失常持续，可使用胺碘酮（2～5mg/kg）；如果病患仍然没有反应，使用普鲁卡因胺（3～6mg/kg，IV）。某些病例，可以使用β受体阻断剂（普萘洛尔、艾司洛尔）。

如果问题是严重的心动过缓（图8-205，通常是由麻醉药或迷走神经过度刺激造成的，虽然低血氧、低体温和高血钾也可能是原因），治疗以阿托品（0.02～0.04mg/kg，IV）为基础。

面对心电活动完全失去协调性的室颤时，应使用除颤器。如果胸腔是打开的，直接在心脏上操作，在低压下更有效。

对于室上性心动过速，可以使用地尔硫䓬（0.25mg/kg，IV）。

有时必须用碳酸氢钙纠正代谢性酸中毒，用葡萄糖酸钙或胰岛素纠正持续性高钾血症。

为了发现这些心律失常和并发症，病患应在术后24～48h内进行监测。

肺重新扩张引起的水肿

慢性肺萎陷病患在肺萎陷消除后，可能出现由于肺再扩张引起的水肿。病因尚不清楚，但术后数小时，病患出现呼吸困难和呼吸急促，病情迅速恶化，多数情况下可致命。

这种情况很难进行预防和治疗。对于这些病患，建议关闭肺塌陷侧的胸腔，一点一点地从胸腔抽出空气，使肺的再扩张缓慢而渐进；同时还应全身给予糖皮质激素（甲基泼尼松龙）。

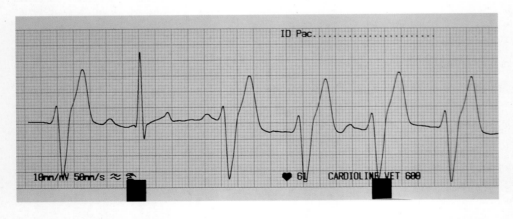

图8-204 心脏操作引起室性期前收缩（早搏）。

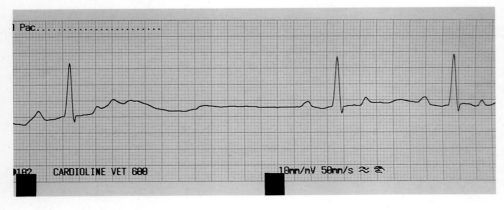

图8-205 迷走神经受刺激引起的心动过缓。

侧壁开胸术

临床常见度	■	■	■	□
技术难度	■	■	□	□

病患侧卧位，对进入胸腔的准确肋间隙进行标记（图8-206）。

> 选择进入胸腔的肋间隙非常重要，因为术野很小，一或两个肋间隙的选择错误可能会使手术过程复杂化。

> 为了选择正确的开胸位置，从最后一根肋骨开始计算肋间隙：12、11、10。

> 在肥胖的动物中，确定肋间隙比较困难。慢慢来，确保选择准确。

> ✱ 在行开胸手术前，应阻滞入路部位及两边的肋间神经。

在选定的肋间，将皮肤、皮下组织和肌肉从椎体切到接近胸骨的位置（图8-206）。

> ✱ 在此技术中，使用双极电凝控制出血是非常重要的（图8-207）；这是为了避免与术后出血混淆（如胸内起源的血胸）。

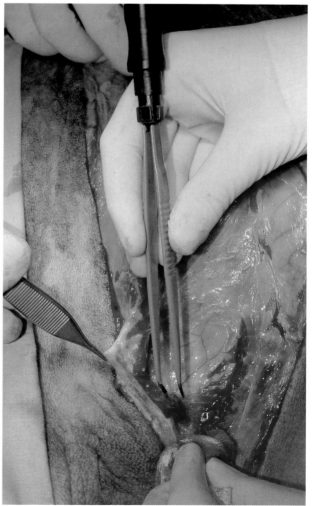

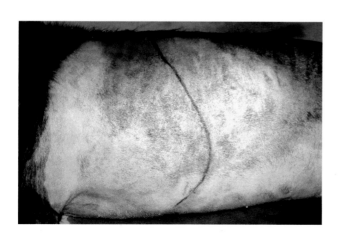

图8-206 经第8肋间开胸术的术部准备。

图8-207 使用双极电凝控制出血是非常重要的技术，可以避免术后并发症。

然后，用剪刀沿背侧方向剪开背阔肌，沿腹侧方向剪开胸肌（图8-208）。

外科医生应从最后一根肋骨（共有12个肋间隙）开始倒数，以确认是否正确选择了肋间隙，并切开斜角肌和腹锯肌，以识别肋骨和肋间肌（图8-209）。

> 如果开胸手术是计划通过第4肋间隙，一个很好的解剖学参考点是腹外斜肌在第5肋骨上的附着点。

图8-208　经第4肋间隙进行左胸切开术，病患的背阔肌和胸肌已经切开。

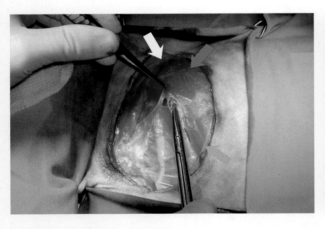

图8-209　沿着锯肌（蓝色箭头）纤维方向剪开，以减少组织损伤。这张图还显示了已经被切断的背阔肌（白色箭头）和附着于第5肋骨上的腹外斜肌（黄色箭头）。

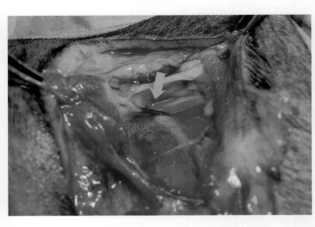

图8-210　这张图显示了切开后的背阔肌血供（箭头）。这些血管应保留，以避免肌肉缺血和坏死。

> 如果对选择哪个肋间有疑惑，那么选择靠后的肋间，因为后面的肋骨更容易退缩，有利于暴露术野。

> 在切开胸壁肌肉时，应注意这些肌肉的血供都是沿其内侧面行走，应尽可能加以保护（图8-210）。

当外科医师准备打开胸腔时，应提醒麻醉师，因为会出现气胸。应从肋骨的前侧穿透肋间肌（图8-211）。

图8-211　在打开胸腔时，趁动物吸气中用钝头钳穿透肋间肌和胸膜。这样，肺就会脱离胸壁，避免受伤。

　　当空气进入胸腔，肺立即远离胸壁，不易受伤。接下来，用剪刀沿背侧和腹侧经肋间肌扩大切口，不要损伤到胸内血管（图8-212、图8-213）。

　　对于大型动物而言，可从后肋获取附着于肋间肌的骨膜瓣，以改善开胸术后的密闭性（图8-214）。

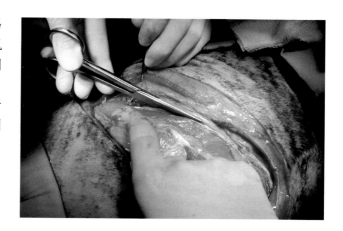

图8-212　沿胸壁切口后侧肋骨前缘剪开肋间肌。

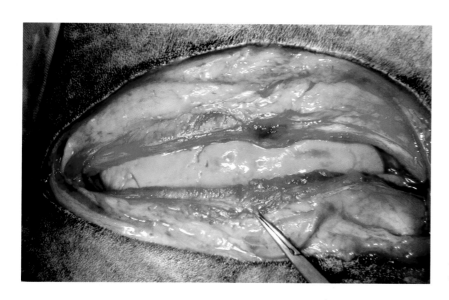

图8-213　肋间肌已剪开。与前述操作相同，对剪开的肌肉小心止血，要特别注意肋骨前缘。

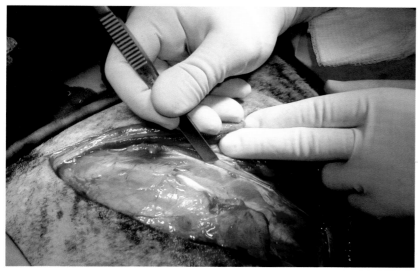

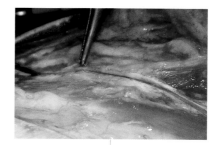

图8-214　将后面肋骨的骨膜全长切开，用骨膜剥离器或手术刀柄将骨膜前部与肋骨分离（右边小图）。

在开胸术中，应避免损伤背侧区域的血管（旋肱后动脉）和靠近胸骨的血管（腹壁前浅血管、胸内外血管）损伤。

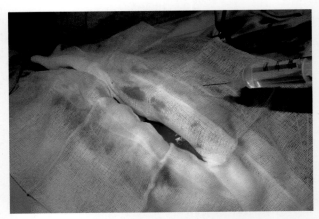

胸腔切口边缘要用无菌微温生理盐水浸湿的纱布保护（图8-215）。为打开术野，并保持肋骨分离，使用创伤学中使用的Finochietti肋骨牵开器或其他自固定牵开器（图8-216）。

图8-215　为避免伤及胸壁的肌肉，胸腔切口边缘用无菌生理盐水浸湿的纱布进行保护。

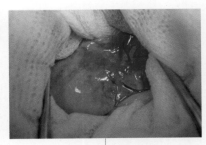

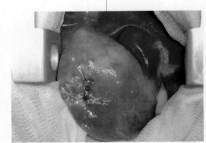

图8-216　为保持术野开放状态，需要使用Finochietti或Gelpi型肋骨牵开器。

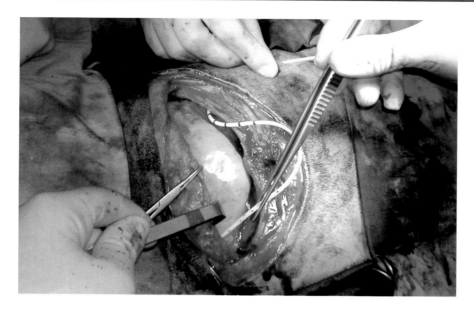

在完成计划的胸部手术后，确定没有出血的血管或其他内部病变，则关闭胸壁。

如果要放置胸腔引流管，应该在关闭胸腔前放置。引流管头部不能超过第二肋间（图8-217）。

图8-217　如果术后保留胸腔引流管，关闭胸壁前应将其放在正确位置。

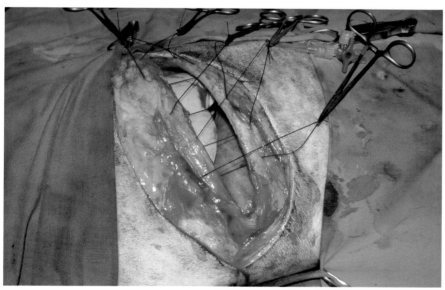

为了稳定开胸术的切口，需要做几个环绕切口两侧肋骨的缝合（图8-218）。根据动物的大小，应使用型号2/0 ～ 2的慢吸收性缝线。

图8-218　放置胸腔引流管之后，环绕肋骨放置几根缝线以固定胸壁切口两侧的肋骨，保证该区域的稳定，并促进愈合。

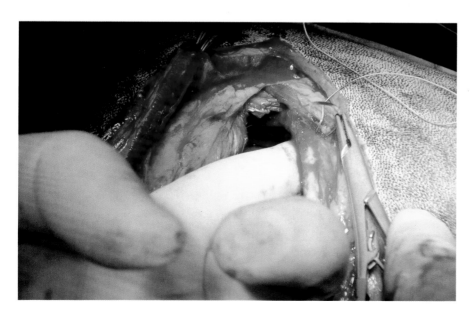

为避免损伤肋骨后缘的血管，缝合时应从肋骨后缘入针；这样，针尖就不会对肋后缘血管造成伤害，避免了血胸（图8-219）。

图8-219　为避免损伤肋骨血管，缝针应向后插入，使针眼穿过组织而无切割现象。外科医生手指放在胸壁内侧，防止损伤肺部。

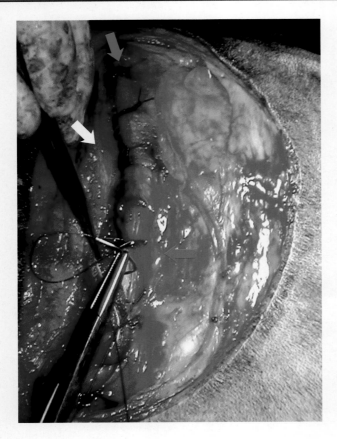

为了便于打结，用Backhaus毛巾夹将切口两侧的肋骨连在一起，或由助手交叉并收紧中央缝合线的两端，在外科医生对其余缝线打结时使肋骨连在一起。

如果骨膜瓣已与肋间外肌一起制备，则用合成的可吸收材料行连续缝合将该皮瓣缝合到尾侧肋间隙（图8-220）。接着缝合腹侧锯肌、斜角肌、胸肌，最后缝合背阔肌（图8-221、图8-222）。使用合成的可吸收材料进行简单连续缝合即可。

图8-220　将环绕肋周的缝线打结（蓝色箭头）后，把肋间肌（白色箭头）缝合在尾侧肋间隙的肌肉（绿色箭头）上。如果把开胸时制备的骨膜瓣附着在肋间肌上，操作会更容易。

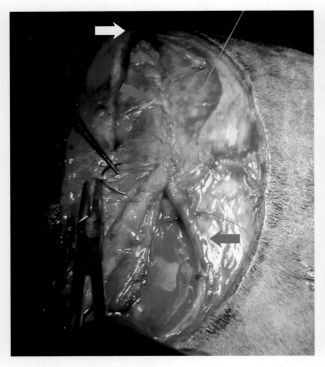

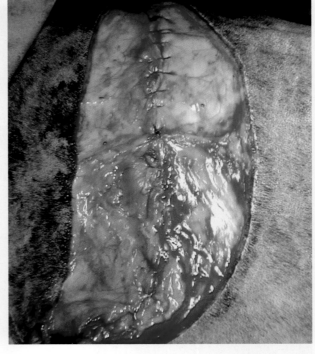

图8-221　用可吸收单丝材料连续缝合肌肉层。注意胸肌的开始位置（绿色箭头）；腹侧锯肌已经缝合（蓝色箭头），背阔肌（白色箭头）将在下一层缝合。

图8-222　这张图显示了缝合背阔肌的最终结果：与之前的肌肉一样，选择了连续缝合，使用了安装在圆形无损伤缝针上的单丝合成可吸收材料。

如果未放置胸腔引流管，麻醉师应让动物保持中等压力的吸气，直至每一层肌肉的最后一针打结完毕。

按照切缘对缝合针分类见图8-223。

所有的缝合都应该使用圆形无损伤针，最好是钝头。

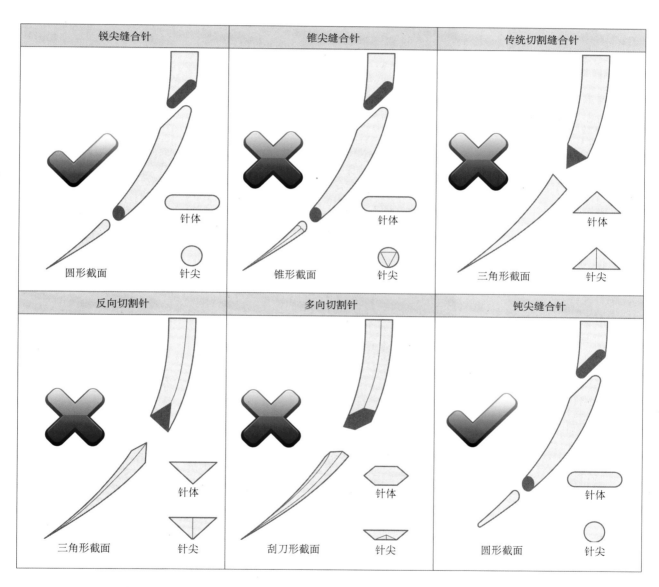

图8-223 按切缘对缝合针分类

在皮下组织和皮肤的缝合过程中，助手开始通过胸腔引流管抽吸胸腔残留的空气（图8-224）。

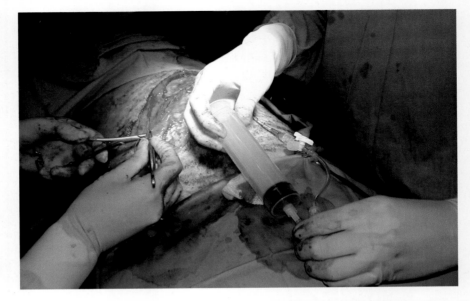

图8-224 一旦重建了肌肉层，开始排空残留的空气和胸腔内液体。

手术结束时，在胸壁切口两侧肋间隙进行麻醉阻滞，如果之前没有做过的话（图8-225）。

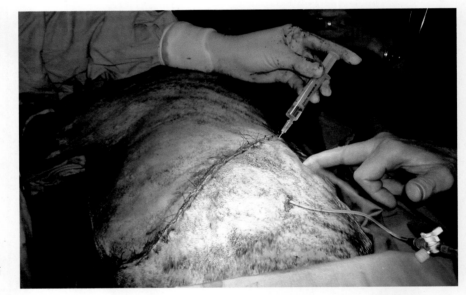

图8-225 肋间隙（胸壁切口两侧各两个）的浸润麻醉包括从胸膜间隙到皮下所有组织。

放置非压迫性胸壁绷带，用以保护胸壁切口和胸腔引流管（图8-226）。

术后护理建议可以参考开胸概述章节。

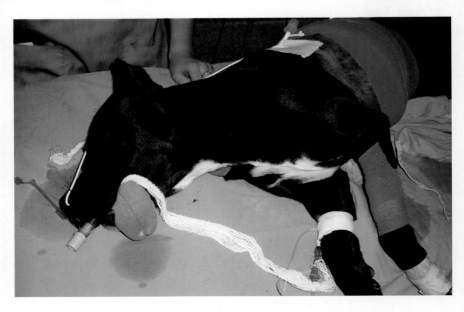

图8-226 手术后，对该区域进行无压力包扎，留出连接注射器和胸腔引流管的三通接头管头。推荐术后立即使用鼻导管给氧。

中线开胸术

临床常见度					
技术难度					

中线开胸术或胸骨切开术是通过切开胸骨中线进行的。

❋ 在行胸骨中线切开时，第一个和最后一个胸骨节应保持完整，可保证胸廓的稳定性，减少术后疼痛，使胸骨更容易愈合。

病患仰卧位，术部剃毛和消毒，无菌准备后，在胸骨中线处切开皮肤（图8-227）。接着，使用骨膜剥离器、手术刀刀背或组织剪分离胸浅肌附着点（图8-228）。

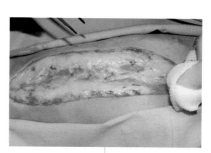

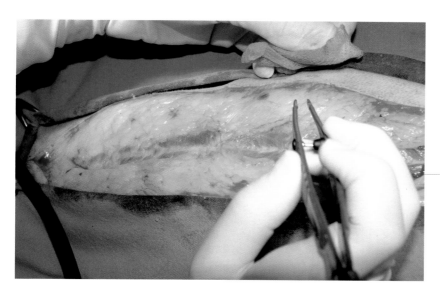

图8-227　从胸骨柄至剑突做皮肤切口，使用双极电凝镊控制出血。

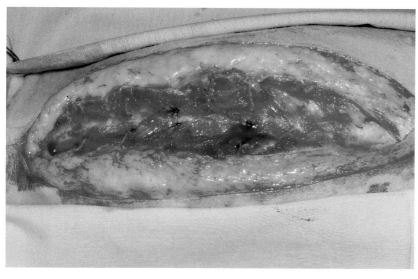

图8-228　用骨膜剥离器或手术刀的刀背将胸浅肌的附着点从中线分开。分离胸肌时，任何血管出血都应通过双极电凝镊持续止血。

接着，纵向切开胸骨。根据病患的体格大小和胸骨骨化程度，可以使用骨刀、骨锤、骨凿或摆锯（图8-229、图8-230）。

切开的胸骨通常会表现弥漫性出血，可以用骨蜡控制。

✳ 如果使用摆锯，应持续用无菌生理盐水冷却，防止胸骨被灼伤。

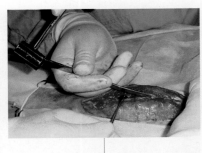

图8-229　用摆锯、骨锤和骨凿切开胸骨。应从胸骨中线切开胸骨，以利于胸骨闭合，提高术后胸廓的稳定性。

图8-230　用摆锯切开胸骨。保留第一个和最后一个胸骨节完整，以提高术后胸廓的稳定性。

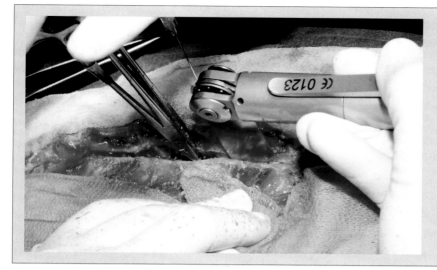

为了帮助锯开胸骨，助手可用Senn Miller牵引器或如图8-231所示，用两个弯头动脉钳撑开切口。后一种选择可以解放一只手，用以冲洗和冷却摆锯。

图8-231 用两个弯头动脉钳撑开切口。

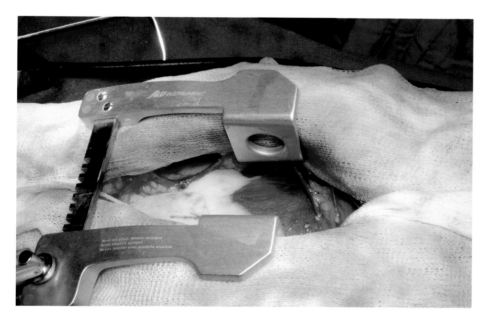

要采取一切可能的预防措施，确保不损伤肺叶或心脏。

放置纱布垫可以防止胸骨出血，并保护胸骨切开的创缘。纱布垫一旦放好，用Finochietto牵开器分离切口创缘，以确保术野显露（图8-232）。

图8-232 胸骨切开术的创缘用无菌盐水浸湿的纱布保护，并使用Finochietto牵开器撑开胸壁。

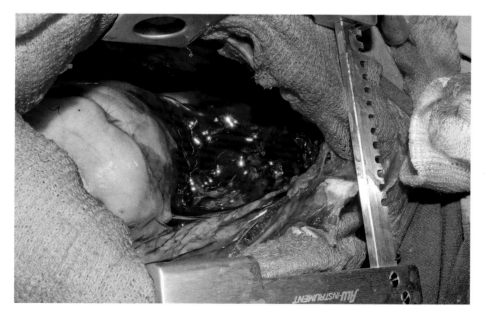

接下来，可以进行计划好的手术（图8-233）。

图8-233 在这个病例中，通过开胸探查寻找外伤性血胸的根源。将右肺切除了。

手术结束时，检查是否有出血或肺部病变，然后进行胸腔冲洗和抽吸（图8-234），并闭合胸骨切口。如果放置胸腔引流管，应该在胸骨闭合前进行。

图8-234 当手术结束时，用无菌微温生理盐水冲洗胸腔，通过抽吸以清除手术期间的任何污染，并检查呼吸道缝合的密闭性。

胸腔引流管不能经胸骨穿出，应在肋间放置。

胸骨切开后的闭合要用粗缝线对胸骨环绕（图8-236）。对于体重超过15～17kg的病患，应使用不锈钢丝（18～22号）（图8-237至图8-243）。

* 如侧壁开胸术放置环肋缝线那样，应采取相同方式进针以免损伤血管，导致血胸。

固定胸骨的缝线应该以"8"字形缠绕，这种缝合可以使胸骨更稳定，避免其侧方或者前后移动（图8-235）。

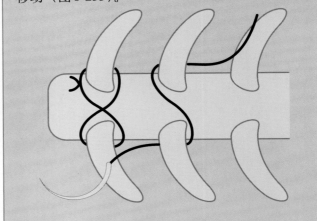

图8-235 "8"字形放置缝线以固定胸骨。

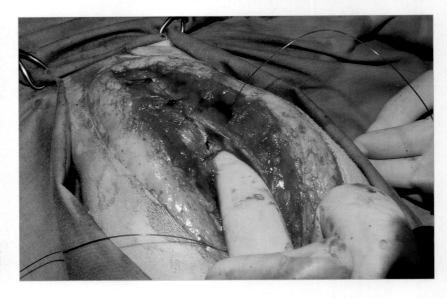

图8-236 使用合成的单丝可吸收缝线缝合胸骨，在肋软骨结合处周围采用"8"字形缝合法。

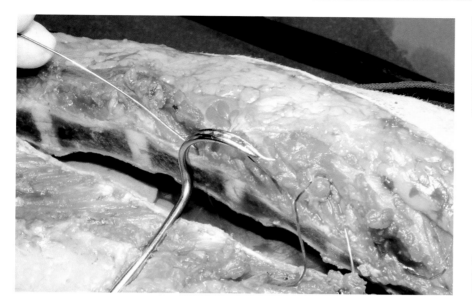

优良的钢丝环扎技术对于防止伤口裂开和保证伤口稳定性非常重要。

图 8-237 使用 Deschamps 引导器将手术用钢丝绕过肋软骨结合处。缝合时尽可能少带入肋骨周围的组织。

图 8-238 这种引导器为钝头，可以避免血管损伤。在拉出来之前，要把钢丝的尖端折弯，避免钢丝穿过时伤及肋骨周围组织。

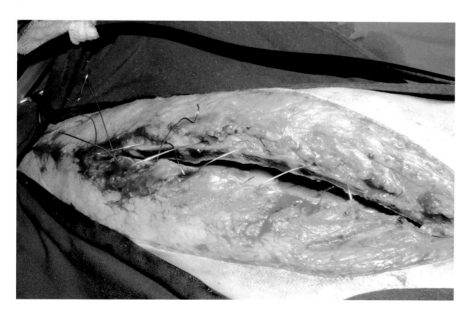

图 8-239 为了便于放置所有的环扎钢丝，将每条钢丝都放好后再将它们拉紧。

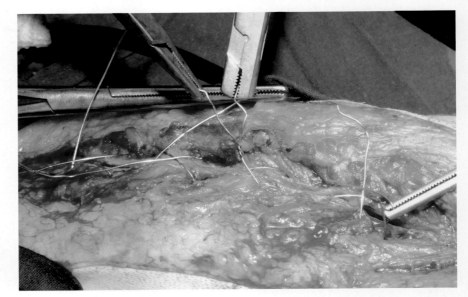

图 8-240　当外科医生拉紧钢丝两端时，助手在接近胸骨处协助，在有张力的情况下按顺时针方向拧紧钢丝。

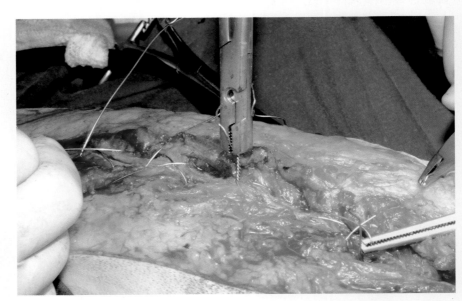

图 8-241　为使环扎后的钢丝比较紧，用钳子夹住钢丝，保持稳固的牵引力，逐渐扭转直到胸骨结合。不能对钢丝施加太大的拉力，否则它会断开。

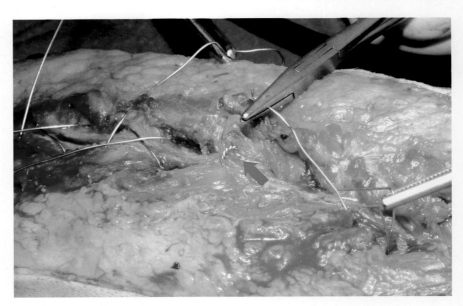

图 8-242　用钳子将拧好的一端切断，保留长度约 5mm，将其弯曲，使尖端与胸骨接触，而不会伤及其他组织。

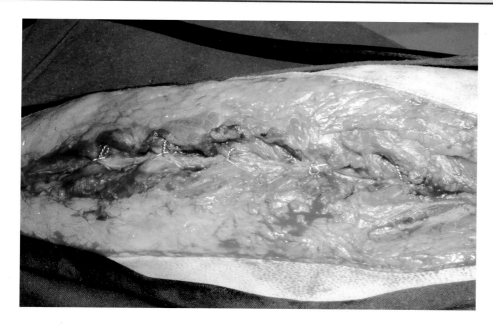

图8-243 用外科钢丝闭合胸骨的最终外观。

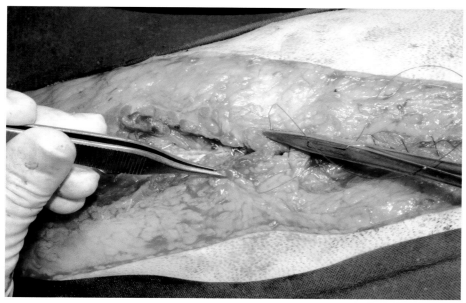

图8-244 胸浅肌的缝合应完全覆盖切开的胸骨。缝合处应宽而牢固，以保证良好的密封。

> 环扎钢丝尽可能靠近胸骨放置，以避免损伤胸腔内的血管。

> 胸骨骨节的愈合非常快。

接下来，使用可吸收材料分别连续缝合胸肌和皮下组织（图8-244），并用外科医生选择的技术缝合皮肤。

> 术后护理建议参考开胸概述章节。